中等职业学校规划教材·化工中级技工教材

甲醇生产工艺

赵建军　主编
薛利平　主审

化学工业出版社

·北京·

本书主要介绍了甲醇生产的基本原理、工艺条件、工艺过程、主要设备和操作注意事项。内容包括：甲醇及其水溶液的性质；合成甲醇的工业发展概况；以天然气为原料制甲醇原料气；以固体燃料为原料制甲醇原料气；空气的液化分离；甲醇原料气中一氧化碳的变换；干法脱硫、湿法脱硫以及硫磺的回收方法；低温甲醇洗、碳酸丙烯酯法、聚乙二醇二甲醚法脱除二氧化碳；甲醇合成反应；粗甲醇的精馏。

本书可作为中等职业学校化工工艺专业教材，也可作为化工企业中级技工培训教材。

图书在版编目 (CIP) 数据

甲醇生产工艺/赵建军主编. —北京：化学工业出版社，2008.6（2024.10重印）
中等职业学校规划教材·化工中级技工教材
ISBN 978-7-122-02925-6

Ⅰ. 甲… Ⅱ. 赵… Ⅲ. 甲醇-生产工艺-专业学校-教材 Ⅳ. TQ223.12

中国版本图书馆 CIP 数据核字（2008）第 070051 号

责任编辑：旷英姿 于 卉　　　　　文字编辑：林 嫒
责任校对：蒋 宇　　　　　　　　　装帧设计：韩 飞

出版发行：化学工业出版社（北京市东城区青年湖南街 13 号　邮政编码 100011）
印　　装：北京七彩京通数码快印有限公司
787mm×1092mm　1/16　印张 11　字数 275 千字　2024 年 10 月北京第 1 版第 8 次印刷

购书咨询：010-64518888　　　　　　售后服务：010-64518899
网　　址：http://www.cip.com.cn
凡购买本书，如有缺损质量问题，本社销售中心负责调换。

定　　价：30.00 元

前　言

本书是根据中国化工教育协会批准颁布的《全国化工中级技工教学计划》，由全国化工高级技工教育教学指导委员会领导组织编写的全国化工中级技工教材，也可作为化工企业工人培训教材使用。

本书主要介绍甲醇生产的基本原理、工艺条件的选择、工艺流程、主要设备的结构及作用，以及甲醇生产过程中开、停车和正常生产的控制与调节、一般事故的分析与处理等技能。

为了体现中级技工的培训特点，本教材内容力求通俗易懂、涉及面宽，突出实际技能训练。本书按"掌握"、"理解"和"了解"三个层次编写，在每章开头的"学习目标"中均有明确的说明以分清主次。每章末的思考与练习题主要是为掌握基础理论和指导实际操作随学习进度所应完成的训练内容，有助于培养分析和解决实际问题的能力。本书为满足不同类型专业的需要，增添了教学大纲中未作要求的一些新知识和新技能。教学中各校可根据需要选用教学内容，以体现灵活性。

本书在处理量和单位问题时执行国家标准（GB 3100~3102—93），统一使用我国法定计量单位。

本书由陕西工业技术学院赵建军主编、山西省工贸学校薛利平主审。全书共分八章。绪论、第一、第二和第三章由赵建军编写；第四、第五章由新疆化工学校李庆宝编写；第六、第七章由山东省化工高级技校赵霞编写；第八章由河南化工高级技校张迎新编写，全书由赵建军统稿。

本教材在编写过程中得到中国化工教育协会、全国化工高级技工教育教学指导委员会、化学工业出版社及陕西工业技术学院等学校领导和同行们的大力支持和帮助，在此一并表示感谢。

由于编者水平有限，不完善之处在所难免，敬请读者和同行们批评指正。

编者

2008 年 3 月

目　录

绪　论

学习目标

1. 了解甲醇的用途。
2. 了解甲醇的生产路线。
3. 掌握甲醇的物理性质和化学性质。

第一节　概　述

甲醇最早由木材和木质素干馏制得，故俗称木醇，这是最简单的饱和脂肪族醇类的代表物。但用 60～80kg 的木材来分解蒸馏只获得大约 1kg 的甲醇，产量甚低。20 世纪 30 年代初，几乎全部由木材蒸馏制造甲醇，世界的甲醇产量仅约 45000t。

1923 年，德国苯胺苏打制造厂，在实现了氨合成工业化 10 年之后，首次用一氧化碳和氢在锌铬催化剂上，在高压高温下实现了甲醇合成的工业化。甲醇合成与氨合成的过程有许多相似之处，氨合成中所获的高压操作的经验无疑对甲醇催化过程的发展是有帮助的。这一人工合成方法得到很快的发展，50 多年来，几乎成为工业上生产甲醇的唯一方法，生产工艺不断地得到改进，生产规模日益增大，扩大了甲醇的消费范围。

甲醇在有机合成工业中，是仅次于烯烃和芳烃的重要基础有机原料。近年来，世界甲醇的生产能力发展速度较快。目前，全球甲醇生产能力 4060 万吨，预计 2010 年达到 5099 万吨。2004 年甲醇需求超过 3200 万吨，预计 2010 年需求超过 4500 万吨，供需基本平衡。预计 2010 年需求量将突破 7000 万吨。我国甲醇需求增长强劲。由此而见，甲醇化工已成为工业中一个重要的领域，其潜在的耗用量远远超过其化工用途，渗透到国民经济的各个部门。特别是随着能源结构的改变，甲醇有未来主要燃料的候补燃料之称，需用量十分巨大。

甲醇工业的迅速发展，是由于甲醇是多种有机产品的基本原料和重要的溶剂，广泛用于有机合成、染料、医药、涂料和国防等工业。

近年来，随着技术的发展和能源结构的改变，甲醇又开辟了许多新的用途。

① 甲醇是较好的人工合成蛋白的原料，蛋白转化率较高，发酵速度快，无毒性，价格便宜。目前，世界上已有年产 10 万吨甲醇制蛋白的工业装置在运转，年产 30 万吨的大型装置已经设计。

② 甲醇是容易输送的清洁燃料，可以单独与汽油混合作为汽车燃料，用它作为汽油添加剂可起节约芳烃、提高辛烷值的作用，汽车制造业将成为耗用甲醇的主要部门；由甲醇转化为汽油方法的研究成果，开辟了由煤转换为汽车燃料的途径。

③ 甲醇是直接合成醋酸的原料，孟山都法实现了在较低压力下甲醇和一氧化碳合成醋酸的工业方法。甲醇可直接用于还原铁矿（甲醇可以预先分解为 CO、H_2，也可以不作预分

解），得到高质量的海绵铁。特别是近年来碳一化学工业的发展，甲醇制乙醇、乙烯、乙二醇、甲苯、二甲苯、醋酸乙烯、醋酐、甲酸甲酯和氧分解性能好的甲醇树脂等产品，正在研究开发和工业化中。甲醇化工已成为化学工业中一个重要的领域。

制造甲醇主要依赖于碳资源。目前，碳资源包含有天然气、石油、煤等；今后，甚至树木、农作物、有机废料以及城市垃圾等，均可作为制造甲醇的原料。这就能够长期地、充分地提供足以生产大量甲醇所需的原料，以适应对甲醇的巨大需求。

我国甲醇的产量近年来发展速度较快，近二十年来其年均增长速度约为12%。从我国能源结构出发，甲醇可由煤制得，其生产技术并不复杂，将来在我国甲醇有希望替代石油燃料和石油化工的原料，蕴藏着潜在的巨大市场。我国甲醇工业无疑将迅速发展起来。

第二节　甲醇及其水溶液的性质

一、甲醇的一般性质

甲醇的化学式为CH_3OH，其相对分子质量为32.04。常温常压下，纯甲醇是无色透明、易流动、易挥发的可燃液体，具有与乙醇相似的气味。其一般性质列于表0-1。

表 0-1　甲醇的一般性质

性　　质	数　据	性　　质	数　据
密度(0℃)/(g/mL)	0.8100	热导率/[J/(cm·s·K)]	2.09×10^{-3}
相对密度(d_4^{20})	0.7913	表面张力(20℃)/(mN/m)	22.55
沸点/℃	64.5~64.7	折射率(20℃)	1.3287
熔点/℃	−97.8	蒸发潜热(64.7℃)/(kJ/mol)	35.295
闪点/℃	16(开口容器),12(闭口容器)	熔融热/(kJ/mol)	3.169
自燃点/℃	473(空气中),461(氧气中)	燃烧热/(kJ/mol)	727.038(25℃液体)
临界温度/℃	240		742.738(25℃气体)
临界压力/Pa	79.5×10^5	生成热/(kJ/mol)	238.798(25℃液体)
临界体积/(mL/mol)	117.8		201.385(25℃气体)
临界压缩系数	0.224	膨胀系数(20℃)	0.00119
蒸气压(20℃)/Pa	1.2879×10^4	腐蚀性	在常温无腐蚀性,对于铅、铝例外
热容	2.51~2.53J/(g·℃) (20~25℃液体)	爆炸性/%(体积分数)	6.0~36.5(在空气中爆炸范围)
	45J/(mol·℃)(25℃气体)		
黏度(20℃)/Pa·s	5.945×10^{-4}		

甲醇的密度、黏度和表面张力随温度的升高而减小。

甲醇的电导率主要决定于它含有的能电离的杂质，如胺、酸、硫化物和金属等。工业生产的精甲醇都含有一定量的有机杂质，其一般电导率为1×10^{-6}~7×10^{-7}S/cm。

甲醇可以和水以及许多有机液体如乙醇、乙醚等无限地混合，但不能与脂肪族烃类相混合。它易于吸收水蒸气、二氧化碳和某些其他物质，因此，只有用特殊的方法才能制得完全无水的甲醇。同样，也难以从甲醇中清除有机杂质，产品甲醇含有机杂质约0.01%以下。

甲醇具有毒性，内服10mL有失明的危险，30mL能致人死亡，空气中允许最高甲醇蒸气浓度为0.05mg/L。

甲醇的饱和蒸气压并不高，但是随着温度的升高却急剧增高。

二、甲醇-水系统的性质

甲醇和水可以无限地混合，混合后的甲醇-水系统的性质，是研究甲醇性质的一个重要组成部分。

1. 密度

甲醇水溶液的密度，随着温度的降低而增加，在相同的温度下，几乎是随着甲醇浓度的增加而增加。

2. 热容

甲醇水溶液的热容，随着甲醇浓度的增高和温度的升高而增加。

3. 黏度

甲醇水溶液的黏度与组成有关，在所有研究过的温度下，当甲醇含量为 50% 时均有一最大值，在任何情况下，混合物的黏度都比纯甲醇的黏度大。

4. 甲醇水溶液的闪点

甲醇水溶液即使在甲醇含量比较低的情况下，其闪点仍然较低，这是不应忽视的，在 $9.6 \times 10^4 Pa$ 压力下，甲醇水溶液的闪点如表 0-2。

表 0-2　$9.6 \times 10^4 Pa$ 压力下甲醇水溶液的闪点

甲醇体积分数/%	闪点/℃	甲醇体积分数/%	闪点/℃	甲醇体积分数/%	闪点/℃
7.5	65.25	40	30.00	80	16.75
10	58.75	50	26.00	50	13.25
20	44.25	60	22.75	100	9.50
30	36.00	70	20.23		

三、甲醇与有机物的共沸

甲醇可以任意比例同多种有机化合物相混合，而且与其中的一些有机化合物生成共沸混合物。据文献记载，现已发现与甲醇一起生成共沸混合物的物质有 100 种以上。在蒸馏粗甲醇时，可以蒸馏出的一些共沸混合物的组成和沸点见表 0-3。

表 0-3　与甲醇生成共沸混合物的物质和共沸物的沸点

化　合　物	化合物沸点/℃	共沸混合物沸点/℃	甲醇浓度/%
丙酮(CH_3COCH_3)	56.4	55.7	12.0
醋酸甲酯(CH_3COOCH_3)	57.0	54.0	19.0
甲酸乙酯($HCOOC_2H_5$)	54.1	50.9	16.0
双甲氧基甲烷[$CH_2(OCH_3)_2$]	42.3	41.8	8.2
丁酮($CH_3COC_2H_5$)	79.6	63.5	70.0
丙酸甲酯($C_2H_5COOCH_3$)	79.8	62.4	4.7
甲酸丙酯($HCOOC_3H_7$)	80.9	61.9	50.2
二甲醚[$(CH_3)_2O$]	38.9	38.8	10.0
乙醛缩二甲醇[$CH_3CH(OCH_3)_2$]	64.3	57.5	24.2
丙烯酸乙酯($CH_2=CHCOOC_2H_5$)	43.1	64.3	84.4
甲酸异丁酯($HCOOC_4H_9$)	97.9	64.6	95.0
环己烷(C_6H_{12})	80.8	54.2	61.0
二丙醚[$(C_3H_7)_2O$]	90.4	63.3	72.0

从表 0-3 中可以看出，许多共沸混合物的沸点，与甲醇的沸点相接近，虽然在个别情况下甲醇的浓度是很低的。由于有共沸混合物的生成，且沸点与甲醇的沸点相接近，将影响到蒸馏过程中对有机物的清除。

四、气体在甲醇中的溶解

许多气体在甲醇中具有良好的溶解性，工业上广泛利用气体在甲醇中高的溶解性，使用甲醇及其溶液作为吸收剂，除去工艺气体中的杂质。例如，用低温甲醇（$-60\sim-20℃$）洗涤合成气中的二氧化碳和硫化氢，当在高压下，甚至用常温甲醇对硫化氢也有很高的吸收能力。

对高压下气体混合物在甲醇中的溶解度研究表明，混合物各组分的溶解度与单一气体存在下在甲醇中的溶解度有极大的不同。

五、甲醇的化学性质

① 甲醇可在银催化剂作用下在 $600\sim650℃$ 进行气相氧化或脱氢，生成甲醛。这是目前工业上生产甲醛的主要方法。

$$2CH_3OH+O_2 \longrightarrow 2HCHO+2H_2O \tag{0-1}$$
$$CH_3OH \longrightarrow HCHO+H_2 \tag{0-2}$$

② 甲醇分子羟基中的氢可以被碱金属取代而生成甲醇钠。

$$2CH_3OH+2Na \longrightarrow 2CH_3ONa+H_2 \tag{0-3}$$

甲醇钠在没有水的条件下才稳定，因为水可以使它水解生成甲醇和氢氧化钠。

工业上生产甲醇钠的方法，是将甲醇与氢氧化钠在 $85\sim100℃$ 下连续反应脱水而制得。

$$CH_3OH+NaOH \longrightarrow CH_3ONa+H_2O \tag{0-4}$$

③ 高温下，在催化剂上进行甲醇的脱水，可以制取二甲醚。

$$2CH_3OH \longrightarrow (CH_3)_2O+H_2O \tag{0-5}$$

④ 加压下，在 $370\sim400℃$ 有脱水催化剂存在时，甲醇与氨生成甲胺。然后，经萃取、精馏，将一甲胺、二甲胺、三甲胺进行分离。

$$NH_3 \xrightarrow[-H_2O]{+CH_3OH} CH_3NH_2 \xrightarrow[-H_2O]{+CH_3OH} (CH_3)_2NH \xrightarrow[-H_2O]{+CH_3OH} (CH_3)_3N \tag{0-6}$$

⑤ 在硫酸存在下，甲醇与芳胺作用生成甲基胺。例如，在 $200℃$ 和 30.40×10^5Pa （30atm）下，它与苯胺反应生成二甲基苯胺。

$$C_6H_5NH_2+2CH_3OH \longrightarrow C_6H_5N(CH_3)_2+2H_2O \tag{0-7}$$

⑥ 酸与甲醇反应时，甲醇分子中的甲基易为取代，在有强无机酸存在时反应加快。如甲酸与甲醇生成甲酸甲酯。

$$HCOOH+CH_3OH \longrightarrow HCOOCH_3+H_2O \tag{0-8}$$

氯乙酸与甲醇在 $90℃$ 以上进行酯化反应，生成氯乙酸甲酯。

$$CH_2ClCOOH+CH_3OH \longrightarrow CH_2ClCOOCH_3+H_2O \tag{0-9}$$

丙烯酸与甲醇在离子交换树脂催化剂存在下，在沸点下进行酯化反应生成丙烯酸甲酯。

$$CH_2=CHCOOH+CH_3OH \longrightarrow CH_2=CHCOOCH_3+H_2O \tag{0-10}$$

甲醇与三氧化硫作用很容易生成硫酸二甲酯。

$$2CH_3OH+2SO_3 \longrightarrow (CH_3)_2SO_4+H_2SO_4 \tag{0-11}$$

⑦ 与氢卤酸反应得到甲基卤化物。

$$CH_3OH + HCl \longrightarrow CH_3Cl + H_2O \tag{0-12}$$

与亚硝酸作用生成烈性炸药硝基甲烷。

$$CH_3OH + HNO_2 \longrightarrow CH_3NO_2 + H_2O \tag{0-13}$$

⑧ 在 20.27×10^5 Pa（20atm）下，$150 \sim 170 ℃$ 时，在碱金属的醇化物存在下，甲醇与乙炔作用生成甲基乙烯基醚。

$$CH_3OH + CH \equiv CH \longrightarrow CH_3OCH = CH_2 \tag{0-14}$$

⑨ 在 30.40×10^5 Pa（30atm）下，$150 \sim 220 ℃$ 时，在铑催化剂的存在下，一氧化碳和甲醇可以合成醋酸。

$$CH_3OH + CO \longrightarrow CH_3COOH \tag{0-15}$$

⑩ 以离子交换树脂作催化剂，在 $100 ℃$ 以上，甲醇与异丁烯进行液相反应，生成甲基叔丁基醚，加在汽油里可以提高辛烷值而取代有害的烷基铅。

⑪ 在常温下，甲醇是稳定的，$350 \sim 400 ℃$ 和 10^5 Pa，在催化剂上它分解成一氧化碳和氢。

甲醇具有上述多种重要的物理化学性质，使它在许多工业部门得到广泛的应用。特别是由于能源结构的改变和碳一化学工业的发展，因甲醇的特殊性质，其许多重要的工业用途正在研究开发中。例如，甲醇可以裂解制氢，用于燃料电池，日益引人注目。甲醇通过 ZSM-5 分子筛催化剂转化为汽油已经工业化，为固体燃料转化为液体燃料开辟了捷径。甲醇加一氧化碳加氢可以合成乙醇。又如甲醇可以裂解制烯烃，这对石油化工原料的多样化，和面对石油资源日渐缩紧对能源结构的改变具有重要意义。甲醇化工的新领域不断地被开发出来，其广度和深度正发生深刻的变化。

第三节　甲醇的生产方法

早期用木材或木质素干馏法制甲醇的方法，今天在工业上已经被淘汰了。今后，木材以及农作物、有机废料以至城市垃圾等，都可能作为制造甲醇的主要原料，这些物质是作为碳资源，转化为碳的化合物，再以人工合成方法而制取甲醇。

目前，可以制取甲醇的方法有以下几种。

一、氯甲烷水解法

$$CH_3Cl + H_2O \longrightarrow CH_3OH + HCl \tag{0-16}$$

上述反应即使与碱溶液共沸至 $140 ℃$，其水解速率仍很缓慢。在 $300 \sim 350 ℃$，在硝石灰作用下氯甲烷可以定量地转变为甲醇和二甲醚，反应式如下。

$$2CH_3Cl + Ca(OH)_2 \longrightarrow CaCl_2 + 2CH_3OH \tag{0-17}$$

$$CH_3Cl + CH_3OH \rightleftharpoons CH_3OCH_3 + HCl \tag{0-18}$$

$$CH_3OCH_3 + H_2O \rightleftharpoons 2CH_3OH \tag{0-19}$$

在 $350 ℃$，于流动系统中进行这一过程时，所得到的甲醇产率为 67%，二甲醚为 33%，氯甲烷的转化率达 98%。

尽管指标尚好，又是常压，工艺简单，但氯以氯化钙的形式永远损失了，因此水解法价格昂贵。虽然水解法在一百多年前就被发现了，但没有得到工业上的应用。

二、甲烷部分氧化法

甲烷直接氧化生成甲醇的反应式如下。

$$2CH_4 + O_2 \longrightarrow 2CH_3OH \tag{0-20}$$

这种制甲醇的方法工艺流程简单，建设投资节省，且将便宜的原料甲烷变成贵重的产品甲醇，是一种可取的制甲醇方法。

但是，这种氧化过程不易控制，常因深度氧化生成碳的氧化物和水，而使原料和产品受到很大损失，致使甲醇的总收率不高。在催化剂存在、10～20MPa、350～470℃下，有利于生成甲醇的反应。

由于目前的甲醇收率不高（30％），虽然已有运行的工业试验装置，甲烷氧化制甲醇的方法仍未实现工业化。但它具有上述优点，在这方面的研究一直没有中断，应该是一个很有工业前途的制取甲醇的方法。

三、由碳的氧化物与氢合成

碳的氧化物与氢合成甲醇的反应式如下。

$$CO + 2H_2 \longrightarrow CH_3OH \tag{0-21}$$

$$CO_2 + 3H_2 \longrightarrow CH_3OH + H_2O \tag{0-22}$$

以上反应是在铜系催化剂或锌铬催化剂存在下，在 $(50.66 \sim 303.98) \times 10^5 Pa$（50～300atm）温度240～400℃下进行的。显然，一氧化碳与氢合成仅生成甲醇 [式(0-21)]，这是所需要的，而二氧化碳与氢合成甲醇需多消耗一分子氢，生成一分子水 [式(0-22)]。但两种反应都生成甲醇，工业生产过程中，一氧化碳和二氧化碳的比例要视具体工艺条件而定。

自从1923年工业上实现了这种人工合成甲醇的方法以后，甲醇生产迅速发展，成为目前世界上工业生产甲醇的唯一方法。本书就是阐述和研究这一方法的原理和过程。

碳的氧化物与氢合成甲醇的生产过程，不论采用怎样的原料和工艺流程，大致可以分为以下几个工作，见图0-1。

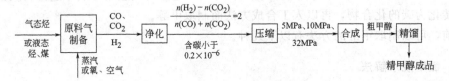

图 0-1　甲醇生产流程示意图

1. 原料气的制备

合成甲醇，首先是制备原料氢和碳的氧化物。以上述合成甲醇反应式已知，若以氢和一氧化碳合成甲醇，其分子比应为 $n(H_2) : n(CO) = 2 : 1$，与二氧化碳反应则为 $n(H_2) : n(CO_2) = 3 : 1$。一般合成甲醇的原料气中含有氢、一氧化碳和二氧化碳，所以应满足式 $\dfrac{n(H_2) - n(CO_2)}{n(CO) + n(CO_2)} = 2$。

制造甲醇原料气，一般以含碳氢或含碳的资源如天然气、石油气、石脑油、重质油、煤和乙炔尾气等，用蒸汽转化或部分氧化加以转化，使其生成主要由氢、一氧化碳和二氧化碳组成的混合气体，以及残余未经转化的甲烷或少量氮。显然，甲烷和氮不参加甲醇合成反应，是惰性气体，其含量愈低愈好，但这与制备原料气的方法有关。另外，根据原料不同，原料气中还可能含有少量有机硫和无机硫的化合物。

为了满足氢碳比例，如果原料气中氢碳不平衡，当氢多碳少时（如以甲烷为原料），则在制造原料气时，还要补碳，一般采用二氧化碳，与原料同时进入转化设备，反之，如果碳多，则在以后的工序要脱去多余的碳（以 CO_2 形式）。

2. 净化

净化有两个方面。一是脱除对甲醇合成催化剂有毒害作用的杂质，如硫的化合物。原料气中硫的含量即使降至 1ppm(10^{-6})，对铜系催化剂亦有明显的毒害作用，因而缩短其使用寿命。对锌系催化剂也有一定的毒害。经过脱硫要求使进合成塔气体中的硫含量降至小于0.2ppm。脱硫的方法一般有湿法和干法两种。脱硫工序在整个制甲醇工艺流程中的位置，要视原料气的制备方法而定。如以管式炉蒸汽转化的方法，因硫对转化用镍催化剂亦有严重毒害作用，脱硫工序需设置在原料气制备之前；其他制原料气方法，则脱硫工序设置在后面。二是调节原料气的组成，使氢碳比例达到前述甲醇合成的比例要求，其方法有二。

（1）变换　如果原料气中一氧化碳含量过高（如水煤气、重质油部分氧化），则采取蒸汽部分变换的方法，使其形成如下变换反应：$CO+H_2O \Longleftrightarrow H_2+CO_2$。这样增加了有效组分氢气，提高了系统中能的利用效率，若是二氧化碳显得多余，也比较容易脱除。

（2）脱碳　如果原料气中二氧化碳含量过多，使氢碳比例过小，可以采用脱碳方法除去部分二氧化碳。脱碳方法，一般均采用溶液吸收，有物理和化学两种方法。

3. 压缩

通过往复式或透平式压缩机，将净化后的气体压缩至合成甲醇所需要的压力，压力的高低主要视催化剂的性能而定。

4. 合成

根据不同的催化剂，在不同的压力下，温度为 240～300℃ 或 360～400℃，通过催化剂进行碳的氧化物与氢的合成反应生成甲醇，由于受催化剂选择性的限制，生成甲醇的同时，还有许多副反应伴随发生，所以得到的产品是以甲醇为主和水以及多种有机杂质混合的溶液，称为粗甲醇。

5. 蒸馏

粗甲醇通过蒸馏方法清除其中有机杂质和水，而制得符合一定质量标准的较纯的甲醇，称精甲醇。同时，可能获得少量副产物。

四、合成甲醇的工业发展情况

近十年来，随着甲醇工业的迅猛发展，以碳的氧化物与氢合成甲醇的方法，在原料路线、工艺技术、能源利用和生产规模等方面，取得了许多新的成就。目前，世界上关于这一甲醇制造方法的发展概况大致如下。

1. 原料路线

甲醇生产的原料大致有煤、石油、天然气和含 H_2、CO（或 CO_2）的工业废气等。早期以煤为制造甲醇的主要原料，生产水煤气制造甲醇。从 20 世纪 50 年代开始，天然气逐步成为制造甲醇的主要原料，因为它简化了流程，便于输送，降低了成本，据估算，其约为以煤为原料投资的 65%，成本约为 50%。目前，世界甲醇总产量中约有 70% 左右是以天然气为原料的。另外，利用工业废气（如乙炔尾气或乙烯裂解废气）更为经济，但数量有限，受到限制。

以不同原料制取甲醇的经济效果，可以简单地对比如下（以褐煤为100）。

	褐煤	焦炉气	天然气	乙炔尾气
投资	100	70～85	65	35
成本	100	80	50～55	40

可见，以煤为原料制取甲醇的投资和成本最高。但是，随着能源的紧张，石油价格的大幅上涨，世界煤的储藏量远远超过天然气和石油，我国情况更是如此，从长远的战略观点来看，将来终将以煤制取甲醇的原料路线占主导地位。

2. 合成方法

合成甲醇方法，有高压法（19.6～29.4MPa）、中压法（9.8～19.6MPa）和低压法（4.9～9.8MPa）三种。

（1）高压法　这是最初生产甲醇的方法。采用锌铬催化剂，反应温度为360～400℃，由于脱硫技术的进展，高压法也有采用活性强的铜催化剂，以改善合成条件，达到提高能效率和增产甲醇的效果，高压法已经有50多年的历史。

（2）低压法　这是20世纪60年代后期发展起来的，主要由于铜系催化剂得到了工业应用，铜系催化剂的活性高于锌系，其反应温度240～300℃，因此在较低压力下即获得相当的甲醇产率。开始工业化时选用压力为4.9MPa(50atm)。铜系催化剂不仅活性好，且选择性好，因此减少了副反应，改善了粗甲醇质量，降低了原料的消耗，显然，由于压力低，工艺设备的制造比高压法容易得多，投资少，能耗约降低1/4，成本亦降低，显示了低压法的优越性。

（3）中压法　随着甲醇工业规模的大型化，已有日产2000t的装置，甚至更大的规模，如采用低压法，势必将工艺管路和设备制造得十分庞大，且不紧凑，因之出现了中压法。中压法仍采用高活性的铜系催化剂，反应温度与低压法相同。具有与低压法相似的优点，且由于提高了合成压力，相应提高了甲醇的合成效率。出反应器气体中的甲醇含量由低压法的3%提至5%。目前，工业上一般中压法的压力为8MPa左右。

我国独创的联醇工艺，实际上也是一种中压法合成甲醇的方法。

据不完全统计，中低压法装置的合计能力约占目前世界甲醇装置总能力的80%以上，其余为各式各样的高压法装置。

五、发展趋势

20世纪70年代以来，国外甲醇工业发展总趋势如下。

① 新建厂多采用中低压法，不外加二氧化碳，该法具有设备少、操作与控制简单、投资及操作费用低、产品纯度高等许多优点。

② 高压法处于停滞状态，为中低压法所替代。旧有的高压法，也在努力改善催化剂的活性，对合成塔作某些改进后，其生产能力可提高20%～50%，其能源利用率亦有显著提高。

③ 生产装置趋向于大型化，由于大型装置设备利用率和能源利用率较好，可以节省单位产品的投资和降低产品的成本。

随生产能力的增加，装置的单位产品投资和成本递减缓慢，因此对生产规模的选择亦不宜过大，更多的是要考虑产品的地理位置。目前大型甲醇装置已达到年产60万～75万吨。

④ 继续研制活性及选择性更高、耐热性更好、使用寿命更长的甲醇合成铜系催化剂，达到简化合成塔结构和强化生产的目的。许多国家在这方面做了大量研究工作。

⑤ 降低甲醇制造过程的能量消耗，这是新建甲醇装置普遍重视解决的课题；旧有的甲醇装置也极重视这方面的技术改进工作。如热能的充分利用，原料气制备的工艺改进，采用透平压缩机，使用高活性催化剂等，都取得了显著的节约能量消耗的效果。研究进一步提高碳的氧化物与氢合成甲醇单程转化率的新工艺，在强化生产的同时，实质也是节约能量的重要手段。

 思考与练习题

1. 甲醇的用途有哪些？
2. 合成甲醇的原料有哪些？合成甲醇的工厂有哪些主要生产工序？各工序的作用是什么？
3. 甲醇的主要物理性质和化学性质有哪些？

第一章 以天然气为原料制甲醇原料气

学习目标

1. 了解天然气造气在甲醇生产中的意义。
2. 掌握天然气造气的基本原理、工艺条件的选择、工艺流程及主要设备的结构与作用。
3. 掌握天然气蒸汽转化催化剂的组成、使用条件及催化剂的活化原理。
4. 掌握异常现象的判断及常见事故的处理。

含一氧化碳、二氧化碳与氢气的甲醇原料气是碳一化学中合成气的一种，可以从生产合成气的一切原料中制得。因此，工业合成甲醇的原料来源是一致的，这就是天然气、石脑油、重油、焦炭、焦炉气、乙炔尾气等。

最初制备合成气采用固体燃料，如焦炭、无烟煤，固体燃料在常压下气化，用水蒸气与氧气（或空气）为气化剂，生产水煤气供甲醇合成，或生产半水煤气供合成氨之用。当用固体燃料生产甲醇时，需要通过变换与脱除二氧化碳调节气体组成。早期，以固体燃料制得水煤气成为生产甲醇的唯一原料。

20世纪50年代以来，原料结构发生很大变化，以气体、液体燃料为原料生产甲醇原料气，不论从工程投资、能量消耗、生产成本看都有明显的优越性，很快得到重视。于是甲醇生产由固体燃料为主转移到以气体、液体燃料为主，其中天然气的比重增长最快。随着石脑油蒸汽转化抗析炭催化剂的开发，无天然气国家与地区发展石脑油制甲醇的工艺流程。在重油部分氧化制气工艺成熟后，来源广泛的重油也成为甲醇生产的重要原料。

选用何种原料生产甲醇，取决于一系列因素，包括原料的储量成本、投资费用与技术水平等。目前，无论是国外或国内，以固体、液体、气体燃料生产甲醇都得到了广泛应用。

天然气是制造甲醇的主要原料。天然气的主要组分是甲烷，还含有少量的其他烷烃、烯烃与氮气。以天然气生产甲醇原料气有蒸汽转化、催化部分氧化、非催化部分氧化等方法，其中蒸汽转化法应用最广泛。

第一节 天然气蒸汽转化的基本原理

一、蒸汽转化反应与反应平衡

1. 天然气蒸汽转化反应及反应热效应

甲烷与水蒸气在转化催化剂上发生如下反应：

$$CH_4 + H_2O \Longrightarrow CO + 3H_2 \qquad \Delta H_{298}^{\ominus} = 206.29 \text{kJ/mol} \qquad (1\text{-}1)$$

$$CH_4 + 2H_2O \Longrightarrow CO_2 + 4H_2 \qquad \Delta H_{298}^{\ominus} = 165.27 \text{kJ/mol} \qquad (1\text{-}2)$$

$$CO + H_2O \Longrightarrow CO_2 + H_2 \qquad \Delta H_{298}^{\ominus} = -41.19 \text{kJ/mol} \qquad (1\text{-}3)$$

$$CO_2 + CH_4 \Longrightarrow 2CO + 2H_2 \qquad \Delta H_{298}^{\ominus} = 247.30 \text{kJ/mol} \qquad (1\text{-}4)$$

天然气中所含的多碳烃类与水蒸气发生类似反应：

$$C_mH_n + mH_2O \Longrightarrow mCO + \left(m + \frac{n}{2}\right)H_2 \qquad (1\text{-}5)$$

$$C_mH_n + 2mH_2O \Longrightarrow mCO_2 + \left(2m + \frac{n}{2}\right)H_2 \qquad (1\text{-}6)$$

在一定条件下可能发生析炭反应：

$$2CO \Longrightarrow CO_2 + C \qquad (1\text{-}7)$$

$$CO + H_2 \Longrightarrow C + H_2O \qquad (1\text{-}8)$$

$$CH_4 \Longrightarrow C + 2H_2 \qquad (1\text{-}9)$$

上述反应中，甲烷与多碳烃的蒸汽转化反应是强吸热反应，变换反应是放热反应，但总的过程是强吸热的，为了实现这一过程的工业化，通常采用管式炉从外部提供反应热量。

2. 甲烷蒸汽转化反应的化学平衡

反应式(1-1)～式(1-4)中，有五个反应组分CH_4、CO、CO_2、H_2、H_2O，有三个元素C、H、O，独立反应数为两个，只要在其中任选两个反应均可以计算甲烷蒸汽转化过程的化学反应平衡常数。多碳烃类的蒸汽转化可视为先经过中间步骤生成甲烷，然后再进行甲烷蒸汽转化反应，平衡组成的计算是类似的。

反应式(1-1)的平衡常数K_{p_1}

$$K_{p_1} = \frac{p_{CO}^* \, p_{H_2}^{*3}}{p_{CH_4}^* \, p_{H_2O}^*} \qquad (1\text{-}10)$$

式中，p_{CO}^*、$p_{H_2}^*$、$p_{CH_4}^*$、$p_{H_2O}^*$为CO、H_2、CH_4、H_2O的平衡分压，MPa。

反应式(1-3)的平衡常数

$$K_{p_2} = \frac{p_{CO_2}^* \, p_{H_2}^*}{p_{CO}^* \, p_{H_2O}^*} \qquad (1\text{-}11)$$

式中，$p_{CO_2}^*$、$p_{H_2}^*$、p_{CO}^*、$p_{H_2O}^*$为CO_2、H_2、CO、H_2O的平衡分压，MPa。

平衡常数的计算值随定压热容等基础数据的差异而略有差异。

不同温度下反应式(1-1)与式(1-3)的热效应与平衡常数的数值见表1-1，甲烷蒸汽转化反应通常在加压下进行，高压对平衡常数的计算有一定影响，现有甲醇生产的转化炉在3.0～5.0MPa下操作，出口状态下的压力对平衡常数计算的影响偏差在5%以内，可不考虑压力的较正。

3. 平衡组成的计算

当甲烷蒸汽转化过程中原料气组成、反应温度、反应压力与水碳比已知时，根据反应前后的物料衡算式及平衡常数计算式，可以计算该条件下的平衡

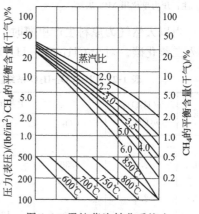

图1-1 甲烷蒸汽转化系统中
甲烷平衡含量
1lbf/in² = 6894.76Pa

组成。

若原料气中只有 CH_4 与 H_2O，在不同温度、不同压力与不同水碳比下的平衡组成可从有关著作中查取。图 1-1~图 1-3 可用于粗略估计指定条件下的平衡组成。

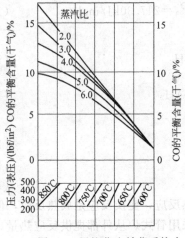

图 1-2　甲烷蒸汽转化系统中
一氧化碳平衡含量
$1lbf/in^2 = 6894.76Pa$

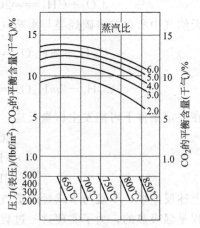

图 1-3　甲烷蒸汽转化系统中
二氧化碳平衡含量
$1lbf/in^2 = 6894.76Pa$

表 1-1　甲烷蒸汽转化与变换反应的热效应与平衡常数

温度/℃	$CH_4 + H_2O \rightleftharpoons CO + 3H_2$		温度/℃	$CO + H_2O \rightleftharpoons CO_2 + H_2$	
	$K_{p_1} = \dfrac{p_{CO}^* p_{H_2}^{*3}}{p_{CH_4}^* p_{H_2O}^*}$	$K_{p_2} = \dfrac{p_{CO_2}^* p_{H_2}^*}{p_{CO}^* p_{H_2O}^*}$		$K_{p_1} = \dfrac{p_{CO}^* p_{H_2}^{*3}}{p_{CH_4}^* p_{H_2O}^*}$	$K_{p_2} = \dfrac{p_{CO_2}^* p_{H_2}^*}{p_{CO}^* p_{H_2O}^*}$
500	9.694×10^{-3}	4.878	800	1.68	1.015
550	7.948×10^{-4}	3.434	850	5.237	8.552×10^{-1}
600	5.163×10^{-3}	2.527	900	14.78	7.328×10^{-1}
650	2.758×10^{-2}	1.923	950	38.36	6.372×10^{-1}
700	1.246×10^{-1}	1.519	1000	92.38	5.610×10^{-1}
750	4.880×10^{-1}	1.228			

注：压力单位用 MPa 表示。

当以天然气为原料生产甲醇时，为了使合成气的氢碳比满足要求，常需在原料天然气中加入二氧化碳。对于 CH_4-CO_2-H_2O 物系，在不同温度与压力下的平衡组成见表 1-2。

表 1-2　CH_4-CO_2-H_2O 系统 $[n(CO_2):n(CH_4)=0.2]$ 平衡组成与温度、压力关系

压力	$n(H_2O):$ $n(CH_4)$	干基平衡组成/%（摩尔分数）				$n(H_2):$ $n(CO)$	$\dfrac{n(H_2)-n(CO_2)}{n(CO)+n(CO_2)}$
		CO_2	CO	H_2	CH_4		
		温度		1100K			
0.1	2.0	6.30	21.81	71.82	0.08	3.29	2.33
	4.0	11.49	15.06	73.44	0.01	4.88	2.33
2.0	2.0	9.00	17.56	64.67	8.78	3.68	2.10
	4.0	12.38	13.71	70.96	2.95	5.18	2.24
5.0	2.0	11.21	13.61	57.08	18.09	4.19	1.86
	4.0	13.73	11.26	66.14	8.86	5.87	2.10

压力	$n(H_2O):$ $n(CH_4)$	干基平衡组成/%(摩尔分数)				$n(H_2):$ $n(CO)$	$\dfrac{n(H_2)-n(CO_2)}{n(CO)+n(CO_2)}$
		CO_2	CO	H_2	CH_4		
温度 1200K							
0.1	2.0	5.24	23.20	71.56	微量	3.08	2.33
	4.0	10.03	16.96	73.01	微量	4.30	2.33
2.0	2.0	6.01	21.92	69.39	2.68	3.17	2.27
	4.0	10.20	16.68	72.52	0.60	4.35	2.32
5.0	2.0	7.48	19.47	64.90	8.16	3.33	2.13
	4.0	10.86	15.68	70.74	2.78	4.51	2.26
温度 1300K							
0.1	2.0	4.46	24.20	71.34	微量	2.96	2.33
	4.0	8.86	18.40	72.66	微量	3.03	2.33
2.0	2.0	4.62	23.94	70.84	0.61	2.96	2.32
	4.0	8.90	18.43	72.56	0.11	3.94	2.33
5.0	2.0	5.18	22.99	69.03	2.80	3.00	2.27
	4.0	9.04	18.18	72.12	0.68	3.97	2.32

由表 1-2 可见，在同一温度下，甲烷的平衡转化率随压力增高而降低；在同一压力下，甲烷平衡转化率随温度升高而增大。即使在 6.0MPa 下，在 1000℃ 以上时，甲烷的平衡含量也很低。平衡组成中的 $f=\dfrac{n(H_2)-n(CO_2)}{n(CO)+n(CO_2)}$ 大多在 2.0～2.33 之间，与合成甲醇的总体要求相适应。

对于天然气中所含其他烃类，可按其含碳数折算成甲烷当量数，然后加以计算。

4. 二段转化反应机理

以天然气为原料采用蒸汽转化法制甲醇原料气，若不加入二氧化碳，则所得原料气的氢碳比偏高。甲醇生产流程采用二段转化工艺，第二段中加入适量纯氧，反应在装有催化剂的立式绝热炉中进行。二段炉进行的主要反应如下：

$$H_2 + \frac{1}{2}O_2 \longrightarrow H_2O \tag{1-12}$$

$$CO + \frac{1}{2}O_2 \longrightarrow CO_2 \tag{1-13}$$

$$CH_4 + \frac{1}{2}O_2 \longrightarrow CO + 2H_2 \tag{1-14}$$

在催化剂层以上空间进行燃烧反应，均为放热反应。

在催化床层中发生转化及变换反应，反应方程式见式(1-1)、式(1-3)。

上述反应中，氢与氧反应最快，在二段炉顶空间主要进行氢、氧燃烧反应，反应中生成水，并放出大量热量。当混合气到达催化床时，氧气几乎耗尽，在催化床中主要是甲烷转化与变换反应。二段炉中进行的反应总体上是自热反应，无需外部供热。加氧量主要决定于出口气体组成满足甲醇生产 $f=\dfrac{n(H_2)-n(CO_2)}{n(CO)+n(CO_2)}=2.05～2.10$ 的需要。出口气体的组成同样由式(1-1)及式(1-3)决定，其温度由热平衡决定。

二、粒内扩散对宏观反应速率的影响

甲烷蒸汽转化反应在含镍催化剂上进行，在工业甲醇生产装置管式炉生产条件下，外扩

13

散过程影响已基本消除，但研究工作与工厂实际操作数据均表明内扩散过程对宏观反应速率有严重影响，是控制宏观反应速率的关键步骤。研究表明，催化剂粒度减小，颗粒的内表面利用率提高。例如，900℃、0.1MPa 下，颗粒直径由 5.4mm 减小为 1.2mm，内表面利用率由 0.07 增加到 0.30。甲烷蒸汽转化催化剂的内表面利用率很低，因此转化反应属内扩散控制。工业上，若采用减少催化剂粒径、改变催化剂形状、选择合适微孔结构、开发活性不均匀分布催化剂等方法，可以提高宏观反应速率。

第二节　天然气蒸汽转化催化剂

天然气蒸汽转化是可逆吸热反应，在高温下进行反应对化学平衡是有利的，但若不采用催化剂，反应速率极慢，工业生产中需采用催化剂加速反应。迄今为止，镍是最有效的催化剂。由于转化反应在很高温度下进行，条件苛刻。催化剂晶粒易长大，而催化剂的活性又取决于活性比表面的大小，所以必须把镍制备成细小分散的晶粒，为防止微晶增长，要把活性组分分散在耐热载体上。而且催化剂在高氢分压与高水蒸气分压下操作，管内气体空速很高，这就要求催化剂有高机械强度。此外，催化剂要抗析碳。总之，高活性、高强度与抗析碳是天然气蒸汽转化催化剂必须具备的基本条件。

常用的天然气蒸汽转化催化剂的特性见表 1-3。

表 1-3　甲烷蒸汽转化催化剂

国别	型号	化学组成(质量分数)/%							形状及尺寸/mm 外径×高×内径	堆密度 /(kg/L)
		NiO	Al_2O_3	CaO	MgO	SiO_2	Fe_2O_3	K_2O		
中国	Z102	13.84	48.7	15.3	0.68	1.98	1.02		19×19×9,环状	1.0~1.1
	Z107	14.16	84.0	3		<0.2	<0.2		16×16×6,环状	1.21~1.25
英国 (ICI 公司)	ICI57-1	27.0	46.0	12.0	<0.2	0.1			17×17×5,环状	1.0
	ICI57-3	12.0	—75	10.0					17×17×7,环状	
美国 (UCI 公司)	C11-9-02	12.0±1.0	80~86	<0.1		<0.1			16×16×6,环状	
法国	RG5C	14.0	85.0			<0.2		<0.1	15×15,带槽柱状	

一、主要组分及其作用

1. 活性组分

元素周期表第Ⅷ族元素对甲烷蒸汽转化反应均有催化活性，从性能及经济上考虑，以镍最适合，因此镍是目前天然气蒸汽转化催化剂的唯一活性组分。在制备好的镍催化剂中，镍以 NiO 形态存在，含量一般为 4%～30%（质量分数）。部分氧化与间歇转化过程的催化剂含镍 4%～10%。蒸汽转化则为 10%～30%，镍含量提高，催化剂活性也提高。用不同方法制造的催化剂上单位镍含量的催化活性是不同的，其最佳含镍量也不相同，例如，浸渍型转化催化剂含氧化镍 10%～14%时，已相当于沉淀型催化剂含氧化镍 30%～35%时的活性。

2. 助催化剂

转化催化剂中添加助催化剂是为了抑制熔结过程，防止镍晶粒长大，从而使它有较稳定的高活性，延长使用寿命并提高抗硫抗析碳能力。许多金属氧化物可作为助催化剂，如 Cr_2O_3、Al_2O_3、MgO、TiO_2 等。助催化剂的添加效果因加入量不同而有变化，现在天然气蒸汽转化催化剂用量一般为镍含量的10%以下。

3. 载体

镍催化剂中的载体应当具有使镍的晶粒尽量分散，达到较大比表面以及阻止镍晶体熔结的作用。转化催化剂的载体都是熔点在2000℃以上的金属氧化物，它们能耐高温，而且有很高的机械强度。常用的载体有Al_2O_3、MgO、CaO、K_2O等。载体加入主要以下两种方式。

（1）铝酸钙型　用含多种铝酸钙的水泥制成，在转化过程中由于脱水、相变及高浓度碳氧化物作用，机械强度有较大变化，可添加Al_2O_3、TiO_2、ZrO_2等耐高温氧化物或采用特殊养护办法。

（2）低表面积耐火材料型　为烧结型载体，其比表面积小，结构稳定，耐热性能好，使用时机械强度不降低，常采用的载体有$\alpha\text{-}Al_2O_3$、$Al_2O_3\text{-}MgO$、$Al_2O_3\text{-}ZrO_2$、$Al_2O_3\text{-}CaO$等。

实际上Al_2O_3、MgO、CaO既是载体，也起助催化剂作用。

二、转化催化剂的制备

镍催化剂可用共沉淀法、混合法、浸渍法等制备，无论采用哪种方法都有高温焙烧过程，以便使载体与活性组分或载体组分之间更好结合，具有高的机械强度。通常烧结温度越高，时间越长，形成固溶体程度就越大，催化剂耐热性就越好。

共沉淀法可以得到晶粒小、分散度高的催化剂，因而活性高，目前广泛采用。但在烧结时会使一部分镍与载体形成尖晶石，不易还原，降低了镍的利用率。浸渍法含镍量低，且熔结温度低，载体与氧化镍不易生成尖晶石结构，容易还原，能提高镍的利用率，但因浸渍的镍量不高，活性较低。

转化催化剂多制成环状，可提高催化剂内表面利用率，并降低阻力，也有的制成带槽柱状与车轮状。转化催化剂的形状与尺寸对活性、阻力、强度等均有明显影响，正确选择其形状与尺寸颗粒，可强化传热，提高活性；下部装大尺寸颗粒，因越往下部，反应混合物体积越大，阻力也越显著。带槽柱状与车轮状也是兼顾了各方面性能要求，具有较大的几何表面，使表面活性高，空隙率大，阻力小，且拥有较高机械强度，但制造费用较大。

三、转化催化剂的还原与钝化

1. 催化剂的装填

天然气蒸汽转化催化剂装填在几百根长十余米垂直悬挂的管子中，底部设有筛板或托盘，填装中必须保证气体均匀从各转化管流过。理想的装填应是使每根炉管中装有相同体积、相同质量、相同高度的催化剂，且装填的松紧程度一样，即空隙一样。装填前，需将新催化剂过筛，筛掉少量碎粒及粉尘，并检查管内情况，测定空管阻力。装填时要分层装填，分层检查，并要保证在运转过程中催化剂下沉一定高度后转化管的加热段都装满催化剂，否则无催化剂的区域会产生炉管过热。装填后，应逐个测量每根炉管的压降，测压降的空气流量应使炉管产生的压降与实际运转时的压降相近，各炉管之间的压降偏差应在5%以内，且床层高度偏差应小于75mm，才为装填合格。

2. 催化剂的还原

转化用镍催化剂一般以氧化态提供，并无催化活性，使用前必须进行还原，还原按下述反应进行：

$$NiO + H_2 \Longrightarrow Ni + H_2O \qquad\qquad (1-15)$$

$$NiO + CO \Longrightarrow Ni + CO_2 \qquad\qquad (1-16)$$

还原过程中反应热效应很小，实际还原的反应中看不出温升。

工业上常用氢气和水蒸气或甲烷（天然气）和水蒸气来还原镍催化剂，加入水蒸气是为了提高还原气流的流速，促进气体分布均匀，同时也能抑制烃类的裂解反应。为了还原彻底，还原温度以高一些为好，一般控制在略高于转化操作温度。

3. 催化剂的钝化

已还原的催化剂与空气接触，其活性镍会被氧化并放出大量热量，所以，当转化炉停车时，要对催化剂进行钝化处理，当转化系统发生故障时，为了保护催化剂，常将催化剂置于水蒸气气流中，此时催化剂也会被钝化，镍被氧气或水蒸气氧化的反应式为

$$Ni + H_2O \Longrightarrow NiO + H_2 \qquad \Delta H^{\ominus}_{298} = -1.26\text{kJ/mol} \qquad (1-17)$$

$$Ni + \frac{1}{2}O_2 \Longrightarrow NiO \qquad \Delta H^{\ominus}_{298} = -240.7\text{kJ/mol} \qquad (1-18)$$

反应式(1-17)放热量不大，反应式(1-18)是强放热反应，若在水蒸气中有1%氧气，会造成130℃的温升，在氮气流中则会造成165℃温升，所以催化剂在停车需要氧化时，应严格控制氧含量，还原态的镍在200℃以上时不可和空气接触。

镍催化剂被氧化的速度随温度升高而加快，在400℃以上时，氧化镍会与三氧化铝作用生成镍铝尖晶石 $NiAlO_4$，这是一种极难还原的物质，在催化剂制备与运转过程中要避免生成镍铝尖晶石。

四、催化剂的中毒与再生

镍催化剂的毒物主要有硫、砷、卤素等。

硫是严重的毒物。原料气中有机硫在蒸汽转化条件下会与水蒸气作用生成硫化氢。硫中毒是因为硫与催化剂中暴露的镍原子发生化学吸附破坏了镍晶体表面的活性中心的催化作用。只要有极低量的硫就会使镍催化剂严重中毒，原料气中即使残留ppm数量级的硫，就能使转化气中残余甲烷含量增加，炉管温度也随之升高。硫化物允许量随催化剂、反应条件的不同而异，催化剂活性高，能允许的硫含量就低；温度就低，硫的毒害也越大。管式炉催化床进口端温度为550～650℃，为使这段区间催化剂不中毒，通常要求原料气总含硫在0.5ppm以下，因此，蒸汽转化前，天然气需先经脱硫。硫对催化剂的中毒是可逆的暂时中毒，已中毒的催化剂只要使原料中含硫量降到规定标准以下，活性又可恢复。

砷中毒是不可逆的永久性中毒，砷沉积不能用蒸汽吹除，中毒严重时要更换催化剂。

卤素也是有害毒物，具有与硫相似的作用，也会造成催化剂暂时中毒，一般要求卤素含量在0.5ppm以下。

第三节 天然气蒸汽转化的工艺操作条件

天然气蒸汽转化过程中的主要工艺操作参数是温度、压力、水碳比、空速、二氧化碳加入量等。工艺操作条件不能孤立考虑，不能只顾及它们本身反应的影响，还要考虑到炉型、原料、炉管材料、催化剂等对这些参数的影响。而且参数的合理确定，不仅要考虑对本工序的影响，也要考虑对压缩、合成等工艺影响，合理的工艺操作条件最终应在总能耗及投资上表现出来。

一、温度

无论从化学平衡与反应速率考虑，提高温度都对转化反应有利，可以降低残余甲烷含量。但温度对炉管的寿命影响严重，例如对 HK40 材料制成的合金钢管，炉壁温度从 950℃ 增加至 960℃，使用寿命从 84000h 减少到 60000h。考虑到炉管壁温度存在轴向与周向的不均匀性，为使炉管有较长的寿命，最高炉壁温度应不超过 930℃，所以炉管出口炉气温度应维持在 830℃ 以下。

工业生产中，转化炉出口气体实际温度比出口气体组成所对应的平衡温度要高，这两个温度之差为"平衡温距"。"平衡温距"与催化剂活性及操作条件有关，其值越小，说明催化剂活性越高。甲烷蒸汽转化管式炉的平衡温距约为 10～15℃。

二、压力

天然气蒸汽转化的主要反应是甲烷与水蒸气反应，生成一氧化碳、二氧化碳与氢的反应，是物质的量增加的反应，从化学平衡角度来看，增加压力对正反应不利。由图 1-4 可见，压力越高，出口气体平衡组成中甲烷含量越高，在温度较低时尤为显著。为减少出口气体中甲烷含量，在加压的同时，采取的措施是提高水碳比及温度，也可以使出口气体平衡组成中甲烷含量降低。

虽然压力对反应平衡不利，但天然气蒸汽转化的操作压力的发展趋势仍是加压到 3.0～6.0MPa，其主要的原因是加压下操作节省能耗。当在 6.0MPa 下操作时，甚至可以省去原料气压缩机。甲烷蒸汽转化反应的气体混合物物质的量增加1.67～2.0倍，压缩反应物比压缩生成物所消耗的功要节约得多；同时，由于甲醇是在更高压力下合成的，合成气压缩的功耗与压缩前后的压缩比的对数成正比，压缩机吸入压力愈高，功耗愈低。

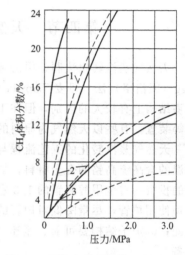

图 1-4　甲烷含量与操作压力的关系
实线—原始组成 CH_4+2H_2O；
虚线—原始组成 CH_4+4H_2O；
1—627℃；2—727℃；3—827℃

同时，转化压力愈高，水蒸气分压也愈高，气体露点温度愈高，蒸汽冷凝利用价值愈大，可回收热量愈多。当然，转化压力提高，功耗愈低。

三、二氧化碳添加量

二氧化碳的添加是为了调整气体组成，甲醇原料气生产中，二氧化碳一般在转化前加入，也可以在转化后加入。二氧化碳的加入量应保证甲醇合成工序新鲜气中 $f=\dfrac{n(H_2)-n(CO_2)}{n(CO)+n(CO_2)}=2.1～2.3$ 为宜，在转化前加入时一般取 $n(CO_2)/n(CH_4)=0.2$ 左右，在转化后加入时，二氧化碳加入量约为转化量的 10% 左右。加入的二氧化碳要严格脱除杂质（如硫化氢等）。

四、水碳比

提高水碳比从化学平衡角度有利于甲烷转化，而且对抑制析碳也是有利的，但水碳比提高，意味着蒸汽耗量增加，多余水蒸气同样也要在炉管中升温，致使能耗增加，炉管热负荷提高。因此在满足工艺要求的前提下，要尽可能减少水碳比，实际生产中以天然气为原料制甲醇时，水碳比为4.0～4.5左右。

五、空速

空速的提高意味着生产强度的提高，因此在可能的条件下要用高空速。但是空速过高，气体在反应器中停留时间过少，甲烷转化率降低，出口气中甲烷残余含量增加，一般需以提高操作温度与水碳比来弥补。空速提高，所需显热与所需化学反应热都增加，炉管的热负荷提高，必须要增加传热来适应。增加传热的方法，一种是设备不变，提高传热推动力，即提高传热温差，这样势必提高炉管外壁温度，这种方法不可取，另一种方法是提高传热面积，这可用减少管径的办法，增加单位催化剂体积的传热面积，以改善传热效果。另外，增加空速，会使阻力增加，总之选择空速要从反应与传热两个方面综合考虑。

第四节　天然气蒸汽转化的工艺流程与设备

天然气蒸汽转化法制备甲醇原料气，有多种工艺流程与转化炉型，典型的有美国Kellogg（凯洛格）法、丹麦TopsФe法、英国帝国化学工业公司ICI法等。这些方法在炉型与烧嘴结构上有较大的区别，但在工艺流程上都大同小异，都包括转化炉、原料预热及余热回收等装置。有些以天然气为原料的甲醇工艺流程还设置有两段转化炉。

天然气蒸汽转化的工艺流程与主要设备转化炉应满足以下要求：①由于炉管一般是用耐高温的含高镍高铬的合金材料，如25Ni20Cr合金钢材，这种钢材十分昂贵，整个管式反应炉的投资约占全甲醇装置的1/3左右，而炉管的投资约占转化炉的一半，所以炉子设计时要合理使用炉管，尽量降低对炉管的要求，防止局部过热；②传热过程的设计要与反应过程相匹配；③炉子结构要可靠、紧凑，热能利用率要高。下面分别介绍几种典型的工艺流程与设备。

一、ICI法

1. 工艺流程

脱硫后的天然气与二氧化碳、工艺蒸汽混合，预热至400℃左右，通过上集气管经上猪尾管进入转化炉管，工艺气由上而下，在炉管中边加热边反应，出口温度800℃左右，出口转化气经下猪尾管引入集气总管，然后进入废热锅炉。燃料也用天然气，减压后和预热助燃空气在烧嘴中混合进炉燃烧。离开辐射段的烟气温度920℃左右。

2. 转化炉

转化炉为顶烧炉型，见图1-5，操作压力2.0～3.0MPa。

ICI天然气蒸汽转化管式炉的主要特点如下。

① 由于是顶烧炉型，工艺气与烟气平行向下流动，传热过程与反应过程适应，炉顶温度最高，管内气体可很快加热至高温，反应最剧烈之处正是供热量最多的地方，因此轴向温度分布比较合理。但是从顶部往下30%～40%处管外壁温度最高，容易局部过热，应予注意。

② 烧嘴在顶部，每排炉管可受到双面辐射，周向辐射传热较均匀。本炉型烧嘴数量较

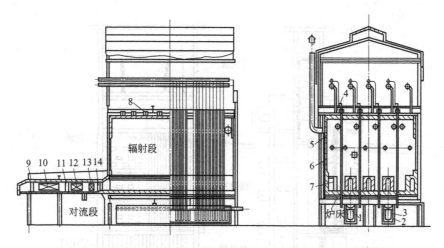

图 1-5　ICI 顶烧炉

1—出口总管；2—保温管；3—出口猪尾管；4—悬吊炉顶；5—悬挂炉墙；6—绝热耐火墙；
7—烟道；8—烧嘴；9—天然气预热器；10—废热锅炉；11—蒸汽过热器；
12—天然气蒸汽加热器；13—工艺空气加热器；14—废热锅炉保护管

少，燃烧系统配置简单，燃料进入燃烧系统的流量或压力调节方便，投资较少。

③ 炉管上端固定在钢架上，下端伸出炉外，采用冷底式猪尾结构，用法兰密封，可自由膨胀，以猪尾管与下集气管连接。操作中炉管不会弯曲变形，卸催化剂方便，当炉管损坏时，可将该炉管上下猪尾管"夹死"，不影响其他炉管操作。但是这种形式的炉管，合金钢材料利用率低，伸出炉外部分不能用于反应与传热，保温困难，热利用率低。

④ 辐射段结构紧凑，炉子宽度不受限制，适宜大型化；对流段安排在炉侧，安装拆修方便，但占地较大。

二、Topsøe 法

1. 工艺流程

脱硫后的原料天然气与二氧化碳、蒸汽混合，进对流段预热后，由辐射室顶部的集气管经上部猪尾管分配至各炉管，原料气从上而下进行反应，工艺转化气由下部猪尾管引出，经 lncoloy-800 材料制造的集气支管，每个辐射室有多个集气支管，再与一个内衬耐火材料的集气总管相连，工艺气由集气总管出来进下一设备。离辐射段烟气温度达 1025℃，经置放于炉子上面的对流段降至 250℃ 左右从引风机排出。

2. 转化炉

转化炉为侧烧炉型，见图 1-6，转化炉有两个平行排列的辐射室，顶部共用一对流段，侧烧型转化炉的主要特点如下。

① 管壁温度可以通过自由调节的侧壁烧嘴来调节，它不仅适合于天然气为原料，也适用于石脑油为原料使用 RKNR 催化剂的转化炉，因为 RKNR 催化剂低温活性好，又不可升温过快而造成高级烃裂解析碳，侧烧炉可以调节喷嘴负荷使其满足工艺要求。但侧烧炉喷嘴数量较多，结构较复杂。

② 侧烧炉周向传热不均匀，炉管周向温差较大，面对喷嘴的一面温度高容易烧炉，且易造成炉管弯曲，影响管使用寿命。

③ 对流段设置在炉顶部，占地面积较少，但安装检修不太方便。

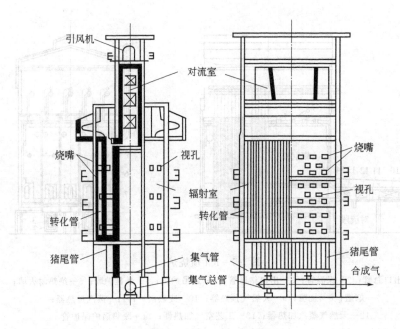

图 1-6 Topsфe 型侧烧炉

④ 炉管用热底式与上下猪尾管连接，一旦炉管损坏，可以"夹死"上下猪尾管，其他炉管仍可以生产。同时热底式炉管，节省了一部分伸出管外的材料，避免了炉底漏风，但仍存在上下猪尾管的保温困难问题，有一定的热损失。催化剂需从炉顶抽出，不能由下部卸出。

三、Kellogg 法

1. 工艺流程

脱硫后的天然气与二氧化碳、蒸汽混合后预热至 510℃ 左右，由上集气管经上猪尾管进入转化炉管内，气流自上而下，转化气从炉管出来后，经下集气管，再经上升管继续被加热数十摄氏度，经炉顶集合总管进入下一设备。燃料天然气经顶部烧嘴燃烧后垂直向下，出辐射段时高达 1025℃，经对流段回收热量后由排风机排出。

2. 转化炉

转化炉为顶烧炉型，见图 1-7，炉管材料为 HK-4，下集气管材料为 Incoloy-800，上升管以超热合金钢制成。Kellogg 法炉型与 ICI 一样，具有顶部炉特点，此外，还具有下述特点。

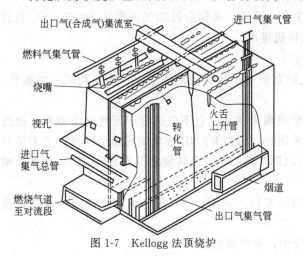

图 1-7 Kellogg 法顶烧炉

① 采用了"竖琴式炉管结构"，即每排炉管下端与一个下集气管焊接，下集气管外面由轻质绝热材料保温，集气管中间又焊上一根上升管，上升管升出炉顶与集气总管连接，集气总管内衬耐火材料。这种结构取消了下猪尾管，整排炉都焊接在下集气管上，工艺气需经过上升管引入炉外，炉管与上升管都置于炉内，在高温下操作，虽然上升管温

度略高于转化炉管，但热膨胀相差不大，所产生的应力由炉顶弹簧支架承担。这种结构可节约管材，避免炉底空气漏入，降低烟气含氧量，并减少热损失。前两种炉型，转化气出炉管后至下一设备，温降 20～30℃，而这种炉型经上升管，反而上升 30℃。但这种炉型装卸催化剂不方便，需由炉顶抽出，一旦炉管局部损坏，必须停车，将整排炉管吊出更新，因此设计时应有较大的安全系数。

② 炉管内径在各种炉型中最小，前已述及，蒸汽转化反应的主要矛盾是传热，要提高传热效能，不可能增大管外壁温度，只能增大传热面，减小管径可增大单位催化剂体积的传热面，这有利于空速的提高；而空速的提高又可使气流雷诺数增大，传热系数增加，可使管壁减薄，节约用材。当然管径也不可减得太小。若管径太小，催化剂活性会成为主要矛盾，空速就不能再增加。同时炉管太多会造成连接上的困难。

③ Kellogg 炉的操作空速达 $1800h^{-1}$，为 ICI 炉的两倍，因而阻力较大，动力消耗较大。

四、一段炉、二段炉串联法

以天然气制甲醇原料气，由于氢碳比过高，所以要在蒸汽转化炉前或炉后补入一定量的二氧化碳，二氧化碳需来自相邻有二氧化碳多余的装置，也可从烟道气中回收，回收二氧化碳需要有一套比较复杂的装置。

由天然气两段转化制甲醇原料气的工艺，一段炉采用蒸汽转化法，二段炉采用部分氧化法。这种两段转化制甲醇原料气与制合成氨原料气不同之处在于，合成氨所用二段炉以空气作气化剂，而合成甲醇所用的二段炉以纯氧作气化剂。采用一段炉、二段炉串联的工艺，无需经转化炉前或炉后添加二氧化碳，就可达到合成甲醇原料气成分的要求。

 本章小结

一、天然气蒸汽转化的原理
二、天然气蒸汽转化催化剂
镍催化剂的组成、使用条件及催化剂的活化原理。
三、工艺条件的选择
温度、压力、二氧化碳添加量、水碳比、空速。
四、主要设备及其流程
ICI 炉、Topsφe 炉、Kellogg 炉的结构及其流程。

 思考与练习题

1. 甲烷蒸汽转化过程的主要反应有哪些？转化反应的特点是什么？
2. 镍催化剂在使用前为什么先要进行还原？如何进行还原？
3. 一段转化炉的作用是什么？

4. 二段转化炉的作用是什么？

5. 镍催化剂的毒物有哪些？各毒物对生产有何影响？

6. 甲烷蒸汽转化过程中加入二氧化碳的原因是什么？

7. 在甲烷蒸汽转化过程中，确定操作压力、温度、二氧化碳添加量、水碳比和空速的依据是什么？

8. 一段炉、二段炉串联法制甲醇原料气工艺中，二段炉以什么作为气化剂，加入该气化剂后会发生哪些化学反应？

第二章 以固体燃料为原料制甲醇原料气

学习目标

1. 了解固体燃料气化在甲醇生产中的意义。
2. 掌握固体燃料气化的反应原理。
3. 掌握水煤浆加压气化的原理，能对工艺条件的选择进行分析。
4. 掌握水煤浆加压气化的流程组织原则。
5. 掌握德士古气化炉的结构特点。

制造甲醇原料气的固体燃料主要指煤与焦炭，用蒸汽与氧气（或空气、富氧空气）对煤、焦炭进行热加工称为固体燃料气化，气化所得可燃性气体称煤气，进行气化的设备称为煤气发生炉。

如果以固体燃料为原料仅生产甲醇（又称"单醇流程"），此时应以水蒸气（或水蒸气与纯氧）为气化剂，所得的原料气为水煤气，主要成分为氢与一氧化碳，含量达85％以上。如果以固体燃料为原料，在生产合成氨的同时联合生产甲醇（又称"联醇流程"），此时应以水蒸气与适量空气（或水蒸气与富氧空气）为气化剂，生产低氮半水煤气。

"联醇流程"是针对我国中小型合成氨装置没有铜洗工序的特点，在脱碳与铜洗工序之间，设置甲醇合成工序，操作压力 10～12MPa。采用 C207 型铜基催化剂。设置联醇工序可使合成氨厂扩大产品品种，提高经济效益，而且可以使变换工序出口一氧化碳含量指标放宽，蒸汽消耗下降，铜洗工序进口一氧化碳含量亦有所降低，从而使变换、脱碳、铜洗工序能耗下降。"联醇流程"的原料气制造与合成氨相同，只是半水煤气的氮含量略低一些。

第一节 水煤气生产的基本原理与生产工艺

一、固体燃料气化的基本原理

固体燃料在气化炉中受热分解，先生成相对分子质量较低的碳氢化合物，燃料本身逐渐焦化，此时可将燃料视为碳，碳与气化剂发生一系列化学反应，生成气体产物。

1. 化学平衡

以空气为气化剂，碳与氧气之间发生化学反应的系统中含 C、CO、CO_2、O_2 四种物质（不计入 N_2），C、O 两种元素，故系统独立反应数为 2，一般取以下两式为独立反应：

$$C + O_2 \rightleftharpoons CO_2 \tag{2-1}$$

$$C + CO_2 \rightleftharpoons 2CO \tag{2-2}$$

由于氧的含量甚微，仅用式(2-2) 即可计算平衡组成。

以水蒸气为气化剂，碳与水蒸气之间发生化学反应的系统中含 C、H_2O、CO、CO_2、H_2、CH_4 六种组分，C、O、H 三种元素，故系统中独立反应数为 3，一般取以下三式为独立反应：

$$C+H_2O \Longrightarrow CO+H_2 \qquad (2-3)$$

$$CO+H_2O \Longrightarrow CO_2+H_2 \qquad (2-4)$$

$$C+2H_2 \Longrightarrow CH_4 \qquad (2-5)$$

在一定的温度与压力下，根据三个独立反应的化学平衡式物料衡算关系就可以计算各组分的平衡组成。不同温度与压力下的计算结果如图 2-1 所示，由图可见，0.1MPa 下，温度高于 900℃，平衡产物中含有几乎相等的 H_2、CO，而其他组分接近于零。随着温度降低 H_2O、CO_2、CH_4 平衡含量渐增。所以高温下进行水蒸气与碳的反应，水蒸气分解率高，水煤气中 H_2+CO 含量高。由图还可见，在相同温度下，压力升高，气体中 H_2+CO 含量减少，而 CO_2、H_2O、CH_4 含量增大。所以要制取 H_2+CO 含量高的水煤气，应在低压高温下进行。

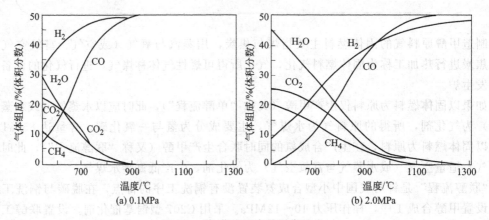

图 2-1 碳-蒸汽反应的平衡组成

2. 反应速率

碳与气化剂之间的反应是气固相非催化反应，宏观反应速率仅与碳和气化剂之间的表面化学反应速率有关，而与扩散速率无关。

碳与氧的反应，一般认为先生成 CO_2，然后生成的 CO_2 再与碳进行反应，生成 CO。

对于碳与氧生成二氧化碳的反应，研究表明在 775℃ 以下属于动力学控制，$r_c = k y_{O_2}$，气化速率 r_c 是氧的一级反应。

碳与水蒸气生成一氧化碳和氢的反应，在 400～1100℃ 范围内速率较慢，为动力学控制，温度超过 1100℃，开始为扩散控制。在一般煤气炉中，还原层温度在 1100℃ 以下。

二、固体燃料气化分类

煤气化分类无统一规定，按供热方式可分为外热式和内热式两种。外热式属间接供热，煤气化时的吸热反应所需的热量由外部供给；内热式气化是指在气化床内燃烧掉一部分原料，以此获得热量供另一部分燃料的气化吸热反应的需要，这种气化方式又称为自热式气化。本书所述及的固体原料的气化都属于内热式气化。

内热式气化分类最常用的是按原料在气化炉内的移动方式分成固定床、流化床和气流床三种。也可按煤的粒度、气化剂种类、气化压力、灰渣排出方式、气化过程是否连续等方式来划分。按原料的移动方式又可根据原料与气化剂的相对流动方式分为逆流、并逆流和并流三种。与这三种方式相对应的则是固定床（移动床）、流化床（沸腾床）和气流床（夹带床）。

1. 固定床间歇气化法

固定床间歇气化法是国内合成甲醇装置广泛采用的方法，大多数合成氨联产甲醇的原料气也用固定床间歇气化法生产。煤气发生炉是钢制直立圆筒，内衬耐火砖，炉内维持一定的煤层，如图 2-2 所示。块状固体燃料从炉顶加入，气化剂通过燃料层发生反应，灰渣落入灰箱后排出炉外。典型的固定床间歇气化工艺流程如图 2-3 所示，包括煤气发生炉、废热锅炉、煤气的除尘、降温及储存设备。由于是间歇操作，吹风气必须放空，水煤气需要回收，故有两套管路轮流使用，分别进行吹风与制气作业。同时，因为每个工作循环有吹风、蒸汽吹净、蒸汽上吹、蒸汽下吹、二次蒸汽上吹与空气吹净六个阶段，所以流程中必须安装足够的阀门，并通过自控机对阀门的启闭进行控制。

在气化过程中，为了充分利用煤燃烧的热量，防止煤气与空气相遇时发生爆炸，以及回收吹扫管中与废热锅炉中的煤气，制造原料气的实际过程一般分为以下六个步骤，六个步骤构成一次制气循环，每个循环约 3min，循环往复实现操作。

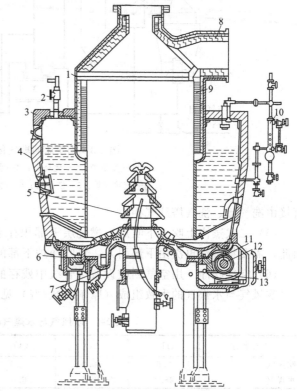

图 2-2　固定床煤气发生炉

1—炉体；2—安全阀；3—保温材料；
4—夹套锅炉；5—炉箅；6—灰盘接触面；
7—底盘；8—保温砖；9—耐火砖；
10—液位计；11—蜗轮；12—蜗杆；13—油箱

（1）吹风　空气经鼓风机自下而上通过固体燃烧层燃烧，产生热量，提高煤层温度。生成的吹风气经燃烧室，燃烧室中加入二次空气，将吹风气中可燃烧的气体燃烧，使室内蓄热砖温度升高，燃烧室盖子亦有安全作用，当系统压力过高时，可以泄压，再经过废热锅炉，利用气体中的热量产生蒸汽，出废热锅炉气体温度降低到 200℃ 左右，由烟囱排入大气。

（2）蒸汽吹净　吹风后，炉膛与管道中残存了很多的 CO_2 与 N_2，若带入气柜会影响水煤气质量。所以，在制气前必须先用蒸汽将这些残存气体吹入大气中去。

（3）蒸汽上吹　将蒸汽从煤气发生炉下部吹入，使蒸汽与灼热的燃烧层反应，而生成水煤气。水煤气经燃烧室，废热锅炉回收余热，再经过洗气箱、洗气塔进入气柜。

（4）蒸汽下吹　蒸汽上吹时，由于蒸汽的分解反应吸收了大量的热，燃烧层下部温度降低，但上部保持有大量的热能。为利用这部分的热能，将蒸汽改由上部吹入，制得的水煤气由下部引出。下吹的水煤气温度低，废热的利用价值小，不必经燃烧室与废热锅炉，

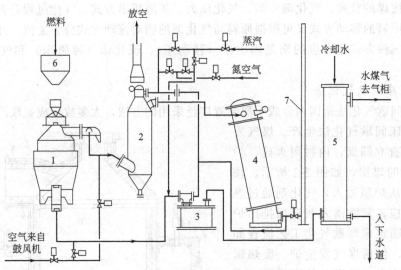

图 2-3 固定床间歇气化工艺流程
1—煤气发生炉；2—燃烧室；3—水封槽（即洗气箱）；
4—废热锅炉；5—洗涤塔；6—燃料贮仓；7—烟囱

直接由洗气箱、洗气塔到气柜。

（5）二次蒸汽上吹 下吹后，燃烧层下部积存了大量煤气，不能立即吹风，以防爆炸，因此，需要将蒸汽再次由下部引入，以吹净炉下部的煤气。

（6）空气吹净 用空气回收设备与管线中残存的水煤气，送入气柜。

吹风气与水煤气的大致组成（摩尔分数/％）见表 2-1。

表 2-1 吹风气与水煤气的大致组成　　　　　　　　　　　单位：％

煤气名称	H_2	CO	CO_2	N_2	CH_4	O_2
吹风气	2.6	10.0	14.7	72.0	0.5	0.2
水煤气	48.4	38.5	6.0	6.4	0.5	0.2

气化过程的工艺操作条件往往随燃料不同而有很大差别，一般根据以下原则来考虑。

① 温度 炉温高，显然对制气过程是有利的，无论从平衡与反应速率来讲，都有利于提高（H_2+CO）的含量。但是制气时的高炉温度是靠吹风阶段提供的。吹风时的温度越高，吹风气中的 CO 越多，吹风气的显热与潜热损失越多，因此，需要燃烧室与废热锅炉充分回收吹风的显热与潜热，并加大风量，减少吹风气中的 CO 含量。所以在不结疤的前提下，尽量采用高温操作。

② 燃烧层高度 吹风与制气阶段对燃料层的高度要求是矛盾的。吹风阶段要求燃料层稍短，与空气接触时间少，生成的 CO 少些，制气阶段要求燃料层稍高，与蒸汽接触时间长，有利于提高蒸汽分解率。一般说来，粒度较大、热稳定性好的燃料，用较高的燃料层高度，反之，则用较低的燃烧层高度。

③ 风量 提高风量，可以提高炉温，并可以减少吹风气中的 CO 含量，从而减少热损失；但鼓风机动力的消耗增加，且导致飞灰增加，粒度变大，甚至导致燃烧层吹翻或出现风洞。因此，要选择合适的风量。

④ 蒸汽用量 蒸汽用量与煤气产量和质量有密切关系。一次上吹，炉温较高，煤气产量与质量较好，随着制气的进行，气化区温度下降，气化区位置上移，特别是某些对下次蒸

汽进行预热的流程，由于蒸汽温度高，制气良好，所以下吹时间比较长。

⑤ 循环时间　一般循环时间选用 3min。而循环中各结块堵死出口，热煤气和熔融灰渣在气化炉底部的水中骤冷，熔渣固体为粗玻璃渣，熔渣定期由封闭渣斗排出。

固定床间歇气化法的优点是制气时可以不用氧气，不需设空分装置，但缺点是生产过程间歇，发生炉生产强度低，对煤的质量要求很高，固定床间歇气化对煤的质量要求是：煤的粒度要均匀，块煤的粒度最好在 13～75mm 之间，煤粉需制成煤球使用，块度太大不易燃烧，块度太小使气体阻力增加，粒度不均匀使气固接触不均匀，影响制气质量。煤的机械强度与热稳定性要好。煤中固定碳的含量要高，灰分要低。煤的灰熔点要高，否则为易熔融结疤，使气体分布不均。

2. 固定床连续气化法

固定床间歇式气化方法虽然应用广泛，但它存在许多缺点。例如吹风阶段要通过大量空气，吹风末期燃烧层温度高，对燃料的粒度、稳定性及灰分熔点要求都比较高。而且燃料层温度波动，不可能一直在燃烧层温度的最高点上操作，气化效率较低，加之有近三分之一时间用在吹风与切换阀门上，有效制气时间少，气化强度低，操作管理也比较复杂。

用氧与蒸汽的混合物为气化剂连续制取水煤气可克服上述缺点。在加压下以氧与蒸汽连续气化是大型甲醇装置提高经济效益的方法。加压连续气化可用于生产甲醇，也可用于联产甲醇与氨，或联产甲醇与城市煤气。

加压连续气化的优点是：

① 加压条件下，可以降低气化过程的反应温度，因而可以采用灰熔点较低的燃料。加压气化时，气化剂入炉气速较低，带出量较小。可采用较小粒度的燃料（3～20mm），燃料的机械强度与热稳定性的要求相应降低了。近年来，经过改进的 Lurgi 炉能气化各种煤，除无烟煤外，烟煤与褐煤也可以使用，扩大了燃料使用范围。

② 可以降低动力消耗，由于生成的煤气体积远大于氧气体积，所以压缩氧气的动力消耗远低于压缩煤气的动力消耗。据计算，在 3.0MPa 下操作，所需要氧气体积仅为生成煤气量的 14%～15%，加压操作比常压操作可省动力 2/3。

③ 本气化设备生成能力大，装置紧凑，同时，由于气化过程连续操作，有利于实现自动化。

但是此法也存在一些缺点，除固有的高压设备的复杂性外，为维持氧化层不结渣，必须使气体中有大量蒸汽，导致气体分解率下降，同时气化过程中有大量甲烷生成，是甲醇合成的惰性气体。

固定床加压气化最典型的是 Lurgi 法，Lurgi 炉加压气化流程见图 2-4，煤经过皮带输送机通过煤箱间歇加入气化炉内，氧化过热蒸汽由混合总管进入炉下部。固体燃料层自下而上为燃烧区、气化区、干馏区，在燃烧区主要进行碳与氧的燃烧反应，在气化区主要进行碳与蒸汽的反应，生成的煤气温度约为 200～250℃，进入喷淋冷却器与循环水直接接触，煤气冷却至150℃与酚水混合物经过煤气冷却器，用水间接冷却至30℃，送往煤气分离器，分掉焦油、酚水后，煤气送至净化系统。冷却煤气后的酚水及分离下来的焦油可以回收酚和焦油。

Lurgi 式加压气化炉见图 2-5。其主要特点是：加料时采用旋转煤分布器，供燃料在炉内分布比较均匀。下部采用回转炉箅，通过空心轴从炉箅加入气化剂，炉箅随空心轴转动。由自动控制装置将灰渣排入灰箱，用水力或机械出灰，炉壁设有水套夹，以生产中压蒸汽。

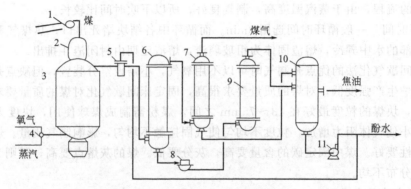

图 2-4 Lurgi 炉加压气化流程

1—皮带输送机；2—煤箱；3—煤气发生炉；4—氧和过热蒸汽混合总管；5—喷淋冷却器；
6—煤气冷却器；7—煤气分离器；8—分罐器；9—酚水冷却器；
10—酚水中间罐；11—循环酚水泵

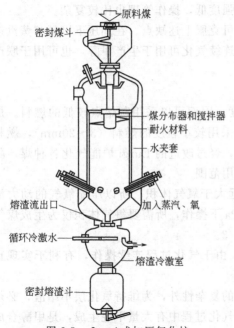

图 2-5 Lurgi 式加压气化炉

Lurgi 炉的操作压力为 2.0～3.0MPa，由于生成的甲烷耗氧量少，一般 O_2/H_2O 仅为 0.13～0.14m³（标）/kg，目前炉径已有 ϕ3.6m、3.9m、4.27m 等数量规格，单炉发气量达 30000～50000m³（标）/h。同时，熔融排渣 Lurgi 炉也已经投入运行，以使用该法所用的煤更加广泛，制气效率进一步提高。

现在介绍一种采用 Lurgi 熔渣炉的日产千吨甲醇装置。工艺流程见图 2-6。气化炉由英国煤气公司 BGC 将常规 Lurgi 气化炉改进而来，气化压力 3.0MPa。由于气化前，新鲜煤先经过炭化，因此煤气中除含有 CO、H_2、CO_2 外，尚含有焦油、轻油和较多甲烷，故在甲醇合成前需要进一步进行转化。

煤被粉碎，过细的颗粒经过筛后用于辅助锅炉，筛下的煤料加到熔渣气化炉顶上闭锁的料斗，加入气化炉中，该处约为 550℃，随着床层下移，炉温上升，煤被干燥与热解，床下部的半焦在足够高度的温度下，与氧气、蒸汽反应，灰分熔化，熔融的灰渣通过底部渣口排出。从气化炉顶出来的煤气被冷却到 160℃，冷凝出绝大部分焦油和一些碳氢化合物，煤气全气量通过装有钴钼型催化剂的变化炉，除发生一氧化碳变换反应外，有机硫也转变成了无机硫。再由低温甲醇洗脱除去 CO_2 与 H_2S。净化气在进入合成工序前，再被加热到高温，加入适量蒸汽与氧气，使甲烷转换为氢与一氧化碳，随后被压缩至 5.0MPa，并送往甲醇合成工序。

3. 流化床与气流床气化法

采用固定床气化生产甲醇，必须采用块状原料，不能直接使用小颗粒与粉状固体燃料。即使使用煤粉加工成煤球，对煤种也有要求。为了能扩大煤种范围，使用烟煤、褐煤、无高硫煤及性能较差的无烟煤制气，为了使煤粉能适应于气化作业，开发了流化床与气流床制气技术，并用于甲醇生产。

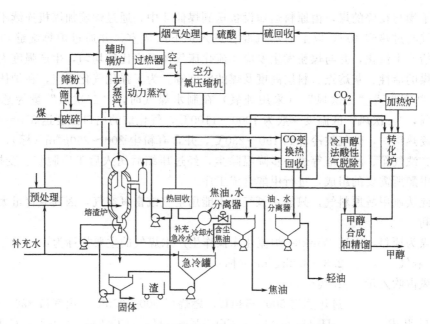

图 2-6 Lurgi 熔渣炉的日产千吨甲醇装置工艺流程

（1）流化床气化法　所谓流化床气化就是将气化剂（蒸汽与氧气）引入炉内，供燃料在炉内呈流化状态，进行气化反应，发展较早而且在工业上成熟应用的是 Winkler（温克勒）炉，见图 2-7。

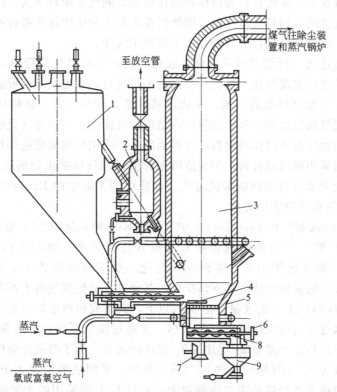

图 2-7　Winkler 炉

1—煤储斗；2—开工发生炉；3—产品煤气发生炉；4—灰耙；5—炉栅；6—螺旋；

7—输送机传动装置；8—螺旋输送机；9—用水冷却的灰斗

经过干燥与粉碎的煤，由原料运输设备送到煤储斗中，通过螺旋加煤机连续不断送至气化炉。氧气与过热到 400℃ 以上的蒸汽混合进入炉下吹风室，并通过炉算细缝均匀吹入炉内，使煤粉产生流化，并与煤粉发生发应。流化床气体温度比较均匀，生产强度大，温度条件决定于煤的活性、灰熔点、料层高度及煤的粒度等。为了强化气化反应，在炉体中部通过 18～24 个喷嘴吹入"二次风"（采用纯氧）在制水煤气时，"二次风"量为总吹入量的 25%～35%，"二次风"区温度一般为 1000～1100℃，气化炉的出口温度达 850～900℃，经过直流式废热锅炉，炉气被冷却到 190～230℃，并含有粉尘 200～250g/m³（标），依次经旋风除尘器、洗气箱、洗气塔等进一步降温除尘，经过压缩后送入后工序脱硫、变换与脱碳，制成合成甲醇所需要的组成，进行甲醇合成工序。

采用此法制甲醇原料气，只能用氧气，不能用空气或富氧空气，因其氮含量太高，对合成甲醇不利。

以褐煤为原料，上述 Winkler 炉流化床操作生产水煤气的主要指标为：

蒸汽/氧气　　　2.3～3.2kg/m³（标）

二次风占吹入量　25%～35%

温度　　　　　　过热蒸汽 500～530℃，燃烧层 900～950℃，出气口 850～900℃

出气口组成　　　H_2 4%～44%，CO 25%～31%，CO_2 24%～28%，CH_4 0.8%～2.0%、N_2 1.0%～2.5%，H_2S<0.2%，O_2<0.2%，出气口含尘 200～250mg/m³（标）。

流化床气体可以采用化学活性好的劣质煤，制气系统过程连续进行。气化炉生产强度大。但是需要空分装置，基建投资与操作耗电比较大，制气系统较庞大，除尘设备复杂。

流化床气化改进的方向是多段气化，即燃料在多段流化床中逐级进行处理，如第一段流化床去除挥发物，使燃料焦化，下段流化床主要用于气化。

（2）气流床气化法　所谓气流床气化，就是在固体燃料气化过程中，气化剂（氧与蒸汽）夹带煤粉入炉进行并流气化。反应在高温火焰区进行，煤粉及其释放出来的气态烃以极短的时间通过了一个温度极高的区域，在此区域迅速分解与气化，燃料与气化剂的反应很快，煤粉不会在塑性阶段凝聚，从而消除炉内结疤的可能性。气流床气化的工业实现必须考虑以下问题：①用氧气与蒸汽作气化剂，以得到高温；②用更细粒度的煤粉，以保证足够的反应表面；③炉衬采用耐高温材料；④灰渣熔融排渣；⑤气体带出物的除尘；⑥废热回收。上述问题，在工业上都已有不同的解决方法。合成甲醇工业中的 Kopers-Totzek 炉与 Texcao 炉都是气流床气化法的应用实力。

① Kopers-Totzek 炉　Kopers-Totzek 炉（简称 K-T 炉）见图 2-8，煤粉（85% 通过 200 目，即 <0.1mm）被氧气与蒸汽混合物并流喷入高温炉头，瞬间着火反应，温度高达 2000℃，火焰末端即气化炉中部，煤粉完全气化，反应时间仅为 1s，温度高达 1500～1600℃。60%～70% 的灰粒以液态从下部排出，其余细灰被生成气自上部带出。由于是高温反应，生成气中（CO+H_2）的含量高达 85% 以上，其组成相当于炉口温度下水煤气反应的平衡组成。出口水煤气通过废热锅炉回收余热，并通过洗气系统进一步降温除尘。K-T 炉可在常压或加压下操作，炉温由氧/煤比或氧/蒸汽比调节，为了得到反应区的高温，一般加入蒸汽量较少，仅为 0.5m³（标）蒸汽/m³（标）氧气。采用氧的浓度大于 98%。早期 K-T 炉为双炉头型，当前发展趋势是能力逐渐加大，新型 K-T 炉采用四个炉头，对称排列，单炉发气量达 50000m³（标）/h。

现在介绍一种采用 K-T 炉工艺日产千吨甲醇装置，见图 2-9。K-T 炉用 0.1mm 以下的

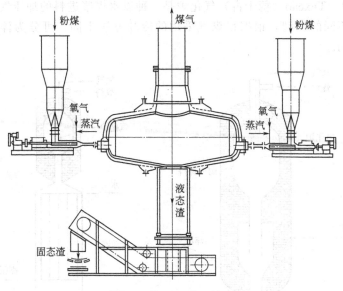

图 2-8 Kopers-Totzek 炉

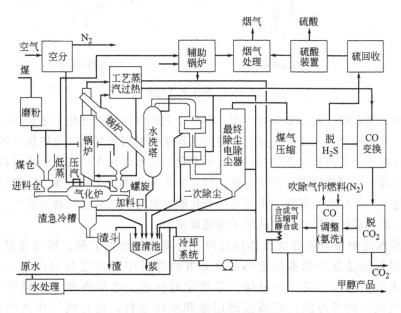

图 2-9 采用 K-T 气化炉的日产千吨甲醇装置流程

煤粉作原料，与水蒸气和氧气结合，通过四个加料器入炉，在气化炉上 1600～1800℃下燃烧，灰粉熔融，一些熔灰形成稠厚的渣层黏附在气化炉的耐火砖上，熔融灰渣流入位于气化炉下面的熔渣冷凝槽。急冷水用生产的蒸汽向上通过气化炉，与煤气一起通过气化炉顶部出口，在出口处喷少量水把煤气冷至灰熔点以下，使煤灰不致黏附在锅炉表面，气体先通过辐射锅炉与废热锅炉回收热量，然后进入洗涤塔，从洗涤塔出来的煤气进入湿式机械除尘器，最后进入电除尘器把灰尘除净，送往气柜。将煤气压缩到 5.0MPa，进行脱硫、部分变换与脱碳，配成合成甲醇所需要的气体组成，送往合成工艺。甲醇合成回路在 5.0MPa 下操作，整个系统只要一台压缩机。气体每次通过甲醇合成塔后，含有 5% 的甲醇，煤气中少量的 N_2 与 CH_4 在合成系统中累计，要不断吹除放空。

31

② Texcao 炉　Texcao（德士古）气化炉是一种以水煤浆进料的加压气流床气化装置。

该炉有两种不同的炉型，根据粗煤气采用的冷却方法不同，可分为淬冷型和全热回收型，如图 2-10 所示。

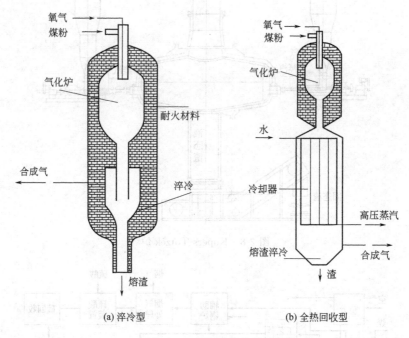

(a) 淬冷型　　　　　　　　　(b) 全热回收型

图 2-10　德士古气化炉

两种炉型下部合成气的冷却方式不同，但炉子上部气化段的气化工艺是相同的。德士古加压水煤浆气化过程是并流反应过程。合格的水煤浆原料同氧气从气化炉顶部进入。煤浆由喷嘴导入，在高速氧气的作用下雾化。氧气和雾化后的水煤浆在炉内受到高温衬里的辐射作用，迅速进行着一系列的物理、化学变化：预热、水分蒸发、煤的干馏、挥发物的裂解燃烧以及碳的气化等。气化后的煤气中主要是一氧化碳、氢气、二氧化碳和水蒸气。气体夹带灰分并流而下，粗合成气在冷却后，从炉子的底部排出。

在淬冷型气化炉中，粗合成气体经过淬冷管离开气化段底部，淬冷管低端浸没在一水池中。粗煤气经过急冷到水的饱和温度，并将煤气中的灰渣分离出来，灰熔渣被淬冷后截留在水中，落入渣罐，经过排渣系统定时排放。之后冷却了的煤气经过侧壁上的出口离开气化炉的淬冷段。然后按照用途和所用原料，粗合成气在使用前进一步冷却或净化。

在全热回收型炉中，粗合成气离开气化段后，在合成气冷却器中从 1400℃ 被冷却到 700℃，回收的热量用来生产高压蒸汽。熔渣向下流到冷却器被淬冷，再经过排渣系统排出。合成气由淬冷段底部送下一工序。

现在介绍一种采用 Texcao 炉日产千吨甲醇装置的工艺流程，见图 2-11。

煤被粉碎，在一特制的棒磨机中磨细，达到一定的粒度分布。用来自洗涤塔和灰渣处理系统的含尘水配制成低黏度的优质水煤浆，通过搅拌和再循环保持均匀浓度，由高压煤浆进料泵送至气化炉。气化炉在 5.5MPa 下操作，在气化炉中煤浆与纯氧在一特制燃烧器中进行燃烧，操作温度略高于灰渣熔点，若温度太高将导致耐火材料腐蚀加剧，温度太低会造成渣结块堵死出口。热煤气和熔融灰渣在气化炉底部水浴骤冷，熔渣固化为粗粒玻璃体，溶渣定

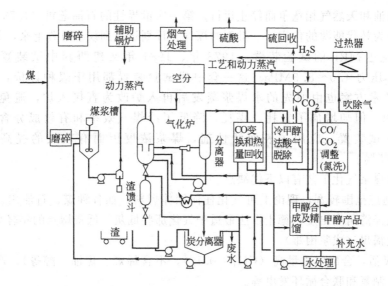

图 2-11 采用 Texcao 炉日产千吨甲醇装置的工艺流程

期由封闭渣斗排出。煤气导出时为水煤气饱和并夹带未燃尽的煤尘，离开气化炉的热煤气在文丘里洗涤器洗涤塔中洗涤，清洁的饱和煤气进入 CO 变换系统，以调整 CO_2 量得到适合于甲醇合成的原料气，也将有机硫转换为无机硫。随之用低温甲醇洗涤把全部硫化物和过量 CO_2 除掉，再送往甲醇合成工序。

第二节　水煤浆加压气化的生产过程

一、概况

提高气化压力，可大幅度节省合成气的压缩功耗，所以各类气化方法都向加压气化方向发展。在 20 世纪 50～70 年代，常压操作的 K-T 式粉煤气化曾获得较大的发展，一度成为世界（中国除外）上煤制合成氨的主要工艺方法。在常压粉煤气化基础上，发展加压粉煤气化技术本应是顺理成章的事，但由于对粉煤连续升压装置的研制难度较大，无法实现，因而开发加压粉煤气化工艺被长期搁置下来。

美国德士古发展公司从开发重油气化工艺中得到启发，于 1948 年首先提出水煤浆气化的概念，取名为德士古煤气化工艺，简称 Texaco 法，即用煤粉和水配制成可泵送的水煤浆，在外热式的蒸发器内，水煤浆经预热、蒸发和过热三阶段，最终形成蒸汽-粉煤悬浮物。上述的外热方式先采用直接火加热，以后发展为用烟道气加热。由于当时的技术水平所限，未使用分散剂、减黏剂，水煤浆浓度只有 50% 左右，相对应的悬浮物中蒸汽与煤的比例约 1:1（质量比），而气化反应所需要的 $H_2O:C$ 比例大致为 0.5:1，因此粉煤蒸汽悬浮物需分离出过剩的蒸汽后入炉。这种粉煤加料工艺实质上在入炉时已是干法加料，水煤浆只是一种便于输送的中间体而代替煤粉直接升压。

第一套水煤浆气化中试装置于 1948 年建于德士古公司在美国洛杉矶郊区的孟特培罗研究实验室，气化规模约 1.5t 煤/d，1956 年由美国矿务局与 TDC 合作，在西弗吉尼亚州的摩根城建立了一套示范装置（又称原形炉），规模为 100t/d。示范厂断断续续开工两年，因煤气化无法与油和天然气相竞争而停止运行。第一次世界性的石油危机（1973 年），促使人们重视用煤作为替代能源的作用，一批新的煤气化计划被提到议事日程上来，其中包括德士古于 1975 年重建 MRL 的试验装置。1978 年、1981 年又建两套中试装置，规模都是 1.5t/d，操作压力 4.0～8.5MPa。这三套中间试验装置都用于煤种评价，为设计提供基础数据。技术方案也由原先的水煤浆蒸发后再入炉改为直接入炉，避免因蒸发而引起的诸多问题。但却增加了氧耗、煤耗，降低了冷煤气效率和有效成分含量。重建的水煤浆气化中试装置，应用了表面活性剂，煤浆浓度因而有较大的提高，由早期的 50% 提高到 65%。

德士古水煤浆气化工艺有以下优缺点。

① 煤种适应范围较宽，理论上可气化任何固体燃料，如各种煤、石油焦、煤的液化残渣等，只是从经济角度出发，德士古法最适于气化那些低灰、低灰熔点的年轻烟煤，一般情况下不宜气化褐煤（成浆困难）。

② 工艺灵活，合成气质量高（$CH_4 < 0.1\%$，不含烯烃、焦油、醇等），产品气可适用于化工合成，制氢和联合循环发电等。

③ 水煤浆进料简单可靠，工艺流程简单，气化压力最高可达 6.5MPa 并实现大型化，国外单台炉最大日处理煤量 1800t。

④ 不污染环境，"三废"处理较方便。

⑤ 可实现过程的计算机控制和最优化操作。

⑥ 主要缺点为氧耗高，约为 $0.38～0.45m^3$（标）/m^3（标）（$CO + H_2$）。

⑦ 另一缺点为气化温度高（$T_3 + 50℃$），磨蚀强，对迎火面耐火材料要求高，价格昂贵。

二、水煤浆的开发和应用

德士古发展公司（TDC）开创的水煤浆气化工艺有利地解决了煤粉升压和输送的难题，使粉煤气流床部分氧化有了突破性的进展（实现加压操作）。为提高综合气化效率（有效成分含量、冷煤气效率）和降低氧、煤耗，必须在满足水煤浆输送的前提下，尽可能提高煤浆浓度减少入炉水量，这也是水煤浆气化工艺关键所在。

1. 水煤浆的性质

水煤浆是粉煤分散于水介质中所形成的固液悬浮体。如欲提高水煤浆气化的技术经济效益必须首先制备出高浓度（含固量）、低黏度、易泵送和稳定性好的煤浆。

水煤浆中固体颗粒直径大多大于 $20\mu m$，属于粗分散体系，而且是一个不均匀、动力不稳定的体系，存在着重力沉降问题。特别是在流速较低或静止的情况下，由于重力作用，该体系随时间发生变化，其结果是在煤水悬浮体中分成上层低浓度（或水）和下层高浓度（或沉积物）两部分。当外力作用（如强烈搅拌）下，分界层面会逐步消失而再次形成较均匀和较稳定的固液悬浮体系，这种现象称为触变现象。

作为牛顿流体的显著特征是黏度不随剪切速率（搅拌速度）的变化而变化。而水煤浆的重要特征之一是黏度不是定值，是随速度梯度（剪切速率、搅拌速率）而发生变化的，这与作为牛顿型流体的纯水相比，显然偏离了牛顿规律，因此水煤浆属于非牛顿流体。水煤浆黏度随浓度的变化示于图 2-12，黏度随速度梯度（剪切速率）的变化示于图 2-13，剪切应力与速度梯度的关系示于图 2-14。

由图 2-12 可知，某种煤制成的水煤浆浓度超过 50%，黏度急剧增高，超过 60% 就很难流动。图 2-13 表示煤浆黏度随速度梯度的增加而降低，同时随着煤浆浓度的提高，黏度下降的趋势更加显著。造成煤浆黏度值有差异的根本原因是分散体系中煤粒的重力沉降。

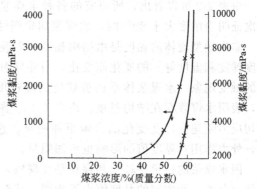

图 2-12　水煤浆黏度与浓度的关系

由图 2-14 可知，低浓度（35%）时剪切应力与速度梯度基本上呈直线关系，说明此时水煤浆尚属于牛顿型流体。而当煤浆浓度大于 50% 时，已明显偏离线性关系。剪切应力随速度梯度上升的上行流动曲线与速度梯度下降的下行流动曲线之间出现了差异，并随着煤浆浓度的提高，上下行流动曲线的差别愈大。

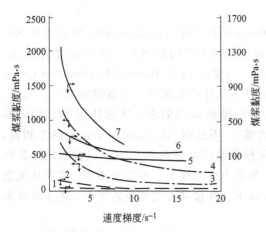

图 2-13　水煤浆黏度与速度梯度的关系
水煤浆浓度：1—35%；2—40%；3—45%；
4—50%；5—55%；6—57%；7—60%

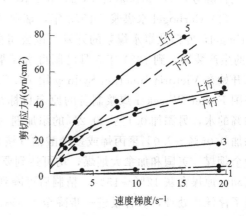

图 2-14　不同水煤浆剪切应力与速度梯度的关系
1dyn/cm² = 0.1Pa
水煤浆浓度：1—35%；2—40%；3—45%；
4—50%；5—55%

具有代表性的非牛顿流体的剪切应力 τ 关联式：

$$\tau = K(du/dy)^n \tag{2-6}$$

式中　K——均匀系数，K 值愈大，流体的黏度愈大；

　　　n——流变特性系数，n 表示流体偏离牛顿型流体的程度；

　　　u——流体流速；

　　　y——垂直流速方向上的位移。

各种水煤浆的流变特性见表 2-2。

表 2-2　水煤浆的流变特性

200 目的粉煤含量/%	67.0		61.6	49～51.2		
煤浆浓度/%	50	55	55	55	60	60①
n	0.518	0.480	0.530	0.548	0.392	0.570
K	17.20	42.20	41.79	23.97	100.28	58.87

① 加入添加剂。

由表 2-2 可以看出，所研究的各种水煤浆的 n 值均小于 1，它具有拟塑性流体的特征，再次证明当浓度大于 50% 时，水煤浆属拟塑性流体。

非牛顿型流体的黏度是由结构黏度和牛顿黏度两部分组成。结构黏度易受外界因素（如速度梯度和温度等）的变化而变化，当外界因素的影响消除后又可恢复原状，这就是通常所称的触变现象。水煤浆体系的剪切应力随速度梯度的变化而变化，且流动曲线呈非线性关系，表明水煤浆存在结构黏度。由图 2-13、图 2-14 可知，随着浓度的增长，水煤浆黏度及剪切应力随速度梯度变化的影响更加明显。这说明水煤浆的浓度愈大，体系的结构黏度愈大，外力作用对黏度值的影响也更加明显。

因水煤浆的稳定性较差和存在触变现象，人们很难测定其黏度值。采用不同的测定方法或测定条件，所实测的黏度值也不相同，甚至差异很多，严格说来是表观黏度。

2. 水煤浆的开发现状

目前看来，水煤浆开发工作最有成效的国家是美国和瑞典，主要是燃烧用水煤浆，有以下三种牌号，即 Carbogel、Co-Al 和 ARC-Coal。

(1) Carbogel 水煤浆 1973 年，瑞典 AB Boliden 和 AB Scaniain-ventor 联合成立 Ab-carbogel，专门从事水煤浆的开发。该公司在基础研究和小试的基础上，于 1980 年建成 8t/h 的生产装置，到 1981 年 5 月已制得水煤浆 700t。加拿大 Cape Breton Development Corp. 也开始在 Victoria Junction Sydney 用 AB Carbogel 方法生产水煤浆，装置规模 7t/h，另外，美国 Foster Wheeker 煤浆制备的原定目标是 70% 的煤和 30% 的水，实际达到 74% 的煤和 26% 的水，另添加 0.1%～0.2% 的添加剂（未透露）。不过据 AB Scanian-ventor 的专利说，添加 0.05%～2.0% 聚丙烯或多磷酸钠（铵），可使煤浆浓度提高到 80%。试验采用原苏联冶金烟煤、美国和加拿大烟煤，均可达到要求。但在上述浓度下，不加添加剂，煤浆便无法流动，原煤含灰 12%～15%，精制后可降到 4% 以下。在加拿大的制备装置中，由于对煤采用了浮沫法处理，灰含量进一步降至 1.6%。

如原煤热值在 29300kJ/kg（即 7000kcal/kg 标煤）时，制成的 70% 水煤浆热值为 20500kJ/kg，大约 2kg 水煤浆相当于 1kg 重油。该煤浆密度为 1.25g/mL，黏度为 800～1500mPa·s，并且在 -20℃～+30℃ 之间大致不变。煤浆具有较好的稳定性，可储存 8 个月不沉降。

Carbogel 水煤浆曾在 RCH/RAG 的德士古气化炉中进行过九次试验。由于炉温较低（1250℃），因而碳转化率较低，生成气含 H_2 36.5%、CO 46.5%、$CO_2 + H_2S$ 16.4%、$N_2 + Ar$ 1.3%、CH_4 0.2%。还曾在一个 3.5MW 燃烧装置进行过 18 个月的燃烧试验，结果表明比燃油锅炉出力下降 5%～30%，热效率下降 3%～5%。

(2) Co-Al 水煤浆 Co-Al 水煤浆由美国 Alfred 大学陶瓷工程实验室（Cearmic Engineeing Laboratories）的 James. E. FUNK 研究成功，而料浆技术公司（SLurry Tech Inc.）拥有销售权。1982 年该公司在美国宾夕法尼亚州的丹佛市建成 75t/d 的示范制备装置，制得了浓度高达 81.5% 的水煤浆，并开始设计 50 万吨/年的工业生产厂。

J. E. Funk 通过控制煤粉粒度及其分布，并添加 Diamond Shamrock Chemical Co. 生产的一种缩聚磺酸萘作为减黏剂，使成品浆具有高浓度、低黏度，可以远距离输送。例如用 90%< 200 目的匹茨堡煤，添加 0.5% 缩聚磺酸钠，制得的水煤浆黏度只有 200～300mPa·s，含固体量为 75% 的水煤浆用 Brookfield 黏度计在 60r/min 下测得的黏度≤1000mPa·s。

Co-Al 水煤浆的制法可用 J. E. Funk 的一则专利说明。在该专利中，将 pH 为 5～12，含煤 65%～85%、水 15%～35% 和 0.01%～4%（以干煤计）添加剂的水煤混合物进行研磨。水煤浆具有下列特征：至少有 85%煤粒<250μm，有 5%~36%呈胶状（<3μm），胶粒的净电位为 15~85mV，料浆屈服应力为 0.1~10Pa，可在 20~90℃下输送，其剪切速率至少为 20s^{-1}，在一个实例中，将水 30 份、褐煤 22.5 份、添加剂 0.075 份和 NaOH 0.075 份混合，研磨到 45%<3μm，然后加入干煤粉（分开研磨）47.35 份（78%<79μm）即可制得 70%浓度的水煤浆。

（3）ARC-Coal 水煤浆　ARC-Coal 水煤浆系美国大西洋研究公司（Atlantic Research Co.）开发的成果。该公司于 1982 年在 Spotsyvahia 建立了 90t/d 的中试装置，并在 Alexandria 建立规模为 10t/d 的水煤浆输送管道，准备以此代替 6 号燃料油。煤浆浓度在 66%~77%。

典型的水煤浆含 70%煤、29%水和 1%添加剂，添加剂主要是碱土金属的有机磺酸盐。水煤浆由四部分组成：① 10%~30%最大颗粒为 10μm 的超细粉；② 有 20~200μm 的较大颗粒，其数量足以保证水煤浆所需的浓度；③ 1%~2%（以煤计）的添加剂；④ 另加入碱性金属盐如磷酸盐作为缓冲剂，使 pH 保持在 5~8。上述混合物至少在 500s^{-1} 的剪切速率下可制得 50%~70%的水煤浆。这种煤浆在储存和运输条件下均较稳定。

水煤浆技术的开发，包括两项互有联系和互相独立的技术，即水煤浆的制备技术和应用技术。从目前来看，关键在于应用，例如 Texaco 水煤浆气化制合成原料气技术。

3. 粉煤粒度分布及控制

对于给定煤种，水煤浆浓度主要取决于煤的粒度分布及添加剂的应用。粉煤粒度分布，目前主要沿用 Rosin 和 Rammler 在 20 世纪 30 年代提出的以下经验关联式。

$$R=100\exp(-bx^n) \text{ 或 } R=\exp[-(x/x_0)^n] \tag{2-7}$$

式中　R——比粒度或筛孔以上煤粒的质量分数；

　　　　x——筛孔径，μm；

b，x_0，n——常数。

对上式取二次对数，则得以下线性方程。

$$\ln[\ln(100/R)]=\ln b+n\ln x \tag{2-8}$$

显然，n 是直线的斜率，而 b 或 x 可从 $\ln x=0$ 时直线在 $\ln[\ln(100/R)]$ 轴上的截距求得。

对原式进行微分，则得到：

$$dR/dx=-100bnx^{n-1}\exp(bx^n) \tag{2-9}$$

这就是煤粉的粒度分布曲线方程式。

在所试验的六种磨机中，球磨机、环球磨机和刚玉粉磨机所制得的煤粉的特性曲线几乎不受煤种的影响，因而相应的 n 和 b 值与煤种无关。在管式磨、锤式磨和钉齿式磨中，煤种有一定影响。在煤粒大于 124μm 的范围中曲线偏离指数规律。各种磨机的 n 值和 b 值列于表 2-3。

表 2-3　六种磨机的 n 值和 b 值

磨机种类	n	b	磨机种类	n	b
球磨	1.16	0.0142	管式磨	1.04	0.0197
环球磨	1.175	0.0129	锤式磨	0.90	0.0262
刚玉粉磨	1.17	0.0124	钉齿式磨	0.92	0.0340

随着煤粉粒度减小，n 值减小，b 值增大。n 值小表示煤浆黏度增加。Ruskin 等人研究

了粒度分布对水煤浆流变性质的影响。当粒度分布 $25\% \sim 70\%$ 小于 $63\mu m$，n 值为 $1.4 \sim 0.6$。对长期静置形成的表层和底层水煤浆进行黏度测定，前者黏度可相差 12 倍，后者相差 $4 \sim 5$ 倍。

根据 J. Seipeubusch 等人的看法，制备高浓度煤浆的条件是：每个煤粒或聚集物必须包涂很薄的液膜，使彼此之间能作相对运动；包涂液膜的煤粒之间的空间，必须充满液体，以免毛细管和表面力阻碍上述相对运动。在给定的最大粒度下，黏附液和空间液的量取决于粒度分布曲线的斜率，即 n 值。随着粒度分布曲线的急剧下降，比表面减小，因而使黏附液减小，粒子间空隙加大，空间液增加，可制得较高浓度的煤浆。例如 RCH/RAG 示范装置，使用钉齿盘磨或钉齿胶体磨，粉煤粒度主要为 $50 \sim 500\mu m$，大于 $500\mu m$ 者占 15%，Rosin-Rammler 分布曲线的斜率（即 n 值）$\geqslant 1$，水煤浆（$50\% \sim 75\%$）具有狭窄的粒度范围，即使高达 75% 浓度的煤浆，也能泵送。

在对制备低黏度、高浓度水煤浆所需的黏度分布进行了广泛的研究，有了一些新的认识。多数研究者认为，粒度分布应呈现双峰形状，即有一个粗粒峰和一个细粒峰，加上使用添加剂后，煤浆浓度可达 80%。大西洋研究公司生产的 ARC-Coal 水煤浆也采用了双峰形分布。图 2-15 列出双峰分布形式与最高浓度的关系。

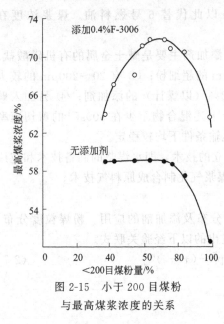

图 2-15　小于 200 目煤粉
与最高煤浆浓度的关系

James 和 Funk 研究的水煤浆却呈单峰形式的粒度分布。Funk 认为，煤粒之间应具有最小的空隙，例如当空隙率小于 8%，水煤浆浓度可达 80%。Funk 提出了下列最佳粒度分布式

$$\text{CPFT}(\%) = \frac{D_L^n - D_\mu^n}{D_L^n - D_s^n} \times 100\% \tag{2-10}$$

式中　CPFT（%）——比给定大小粒子还要小的粒子的累计质量（干基）；

$\quad\quad D_\mu$——粒子 U 的直径，μm；

$\quad\quad D_L$——煤粒中最大粒子的直径，μm；

$\quad\quad D_s$——煤粒中最小粒子的直径，μm；

$\quad\quad n$——分布指数。

Andreasen 假定煤粒成球形，提出了所谓最密填充式（2-11）。认为当 $n = 0.33 \sim 0.50$ 时为最佳填充。

$$\text{CPFT}(\%) = \left(\frac{D_\mu}{D_L}\right)^n \times 100\% \tag{2-11}$$

不管采用何种分布形式，在实际制得的水煤浆中必须控制最大粒度和最小粒度。

对最大粒度的控制，应满足使用要求；煤粒度过大，会降低碳的转化效率，也会造成输送过程中的沉降。一般最大粒度限制在 $0.4 \sim 0.5mm$，也有限制在 $0.25 \sim 0.15mm$ 以下的。

对最小粒度的控制，应满足输送要求：增加细煤粒（$<40\mu m$），可以改善煤浆的稳定性，停车时容易保持煤浆的悬浮状态，沉降堵塞也较少。美国 Black Mesa 长输管道（440km），煤浆浓度 $45\% \sim 55\%$，虽然最大颗粒达到 1.4mm，但有 $18\% \sim 20\%$ 的细粒煤

（<40μm）。

对制备高浓度水煤浆，则要求有更多更细的煤粉。Texaco 气化炉的二则专利要求，至少有 65%~89% 小于 44μm。最近的研究表明，高浓度水煤浆中至少有一部分煤达到胶体的细度。例如 Co-Al 水煤浆中含有 5%~36%<3μm，而 ARC-Coal 水煤浆则有 10%~30%<10μm。

不过煤粉也不是愈细愈好，这里存在一个最佳值。根据日本人的研究，最佳值大约相当 70%<200 目。用大同煤时，<200 目的粉煤大约在 55%~85% 范围内，均能获得 70% 以上浓度的水煤浆。其结果示于表 2-4。

表 2-4　粒度分布与煤浆浓度的关系

粒度分布/%			最高水煤浆浓度/%
32~48 目	48~100 目	<200 目	
30	—	70	72.2
—	30	70	71.6
50	—50	50	76.3
—	—	50	74.5

注：煤种为中国大同煤；添加剂 0.4%（以干煤计）。

要直接通过磨机制备出符合上述粒度分布的水煤浆，很难达到，而通过人为的粒级配比（粗粒和细粒混配）再制备水煤浆，未免加大生产成本。在实际制备中，只能控制最大和最小粒度以及它们的粗略比例，此外，为了提高煤浆浓度，必须求助于添加剂的应用。

4. 添加剂的使用

添加剂的使用比控制粒度配比更具有实用意义，添加剂可以显著地降低水煤浆的黏度，或者提高水煤浆的浓度。

笼统地说，添加剂的作用是提高煤粒的亲水性，使煤粒表面形成一层水膜，从而容易引起相对运动，提高煤浆的流动性。但是，添加剂加入后往往会影响煤浆的稳定性。在实际制备过程中，有时添加两种添加剂，能同时兼顾降低黏度和保持稳定性的双重目的。

各种磺酸盐及有机物的磺化产物是易得的常用添加剂，使用效果较好，特别应当指出的是，水煤浆黏度及各种流变特性与煤种有密切关系，在确定选用何种添加剂前必须根据具体煤种通过试验方可选定。

三、水煤浆加压气化法

固定层间歇气化法，是固体燃料气化中应用较早的一种方法，它的缺点是只能以储量有限的无烟煤和产量有限的焦炭为原料，且生产效率低。后来开发的多种气化方法，虽然扩宽了原料范围，生产效率也有很大的提高，但仍然具有一定的不足之处，因此推广应用速度较慢。水煤浆加压气化法是近年来国际上新开发的最成功的一种煤气化方法，不仅可以使用储量丰富的烟煤，而且生产效率高，因而发展速度较快。

水煤浆加压气化法的生产过程是将原料煤制成可以流动的水煤浆，用泵加压后喷入气化炉内，在高温下与氧进行气化反应，生成（H_2+CO）含量大于 75% 的水煤气。高温煤气与熔融态煤渣，由气化炉下部排出，降温后煤气与灰渣分离，煤气经进一步除尘后，送到后工序。该法的优点是原料煤种适应性强，碳转化率高，能耗低，生产强度大，污染少，排渣方便。

1. 反应原理

水煤浆的气化过程是在气化炉内进行的。气化炉是用钢板制成的圆筒形设备，内衬耐火保温材料，在顶部安装有喷嘴。浓度为60%~70%的水煤浆和纯氧气，由喷嘴并流向下喷入气化炉，水煤浆被氧气雾化，同时水煤浆中的水分遇热急速汽化成水蒸气。煤粉、氧气和水蒸气充分混合，在1300~1500℃的高温下，煤粉颗粒进行部分氧化反应。生成以氢和一氧化碳为主的水煤气，气化过程的基本反应可用下式表示：

$$C_m H_n S_y + \frac{m}{2}O_2 \longrightarrow mCO + \frac{n-2y}{2}H_2 + yH_2S + Q \tag{2-12}$$

由于反应温度高于灰的熔点，因此煤灰以熔融态的小颗粒分散在煤气中。煤气与熔渣的混合物，由气化炉底部排出。

在水煤浆加压气化过程中，煤粒夹带在气流中，固体颗粒的体积浓度较气体低，可以认为煤粒之间是被气体隔开的，难以相互碰撞，各煤粒独立进行燃烧和气化反应。整个反应是在高温的火焰中，在数秒钟内完成的。式(2-12)仅表示了反应的总过程，实际上气化炉内大致可分为以下三个区域。

(1) 裂解及挥发分燃烧区 当水煤浆与氧气喷入气化炉内后，迅速地被加热到高温，水煤浆中的水分急速变为水蒸气，煤粉发生干馏及热裂解，释放出焦油、酚、甲醇、树脂、甲烷等挥发分，煤粉变为煤焦。由于这一区域内氧气浓度高，在高温下挥发分迅速完全燃烧，同时放出大量热量。由于挥发分燃烧完全，因此煤气中只含有少量的甲烷（一般在0.1%以下），不含焦油、酚、高级烃等可凝聚产物。

(2) 燃烧及气化区 在这一区域，氧气浓度较低，煤焦一方面与残余的氧气发生燃烧反应，生成二氧化碳和一氧化碳气体，放出热量，另一方面煤焦在高温下又与水蒸气和二氧化碳发生气化反应，生成氢和一氧化碳。在气相中，氢和一氧化碳又与残余的氧发生燃烧反应，放出更多的热量。

(3) 气化区 在此区反应物中不含氧气，主要是煤焦、甲烷等与水蒸气、二氧化碳进行气化反应，生成氢和一氧化碳。

由以上的分析可知，水煤浆气化过程非常复杂，但是发生的主要反应可表示如下。

在热裂解区，一部分煤粉在高温下，裂解为甲烷及碳：

$$C_m H_n \rightleftharpoons \left(m - \frac{n}{4}\right)C + \frac{n}{4}CH_4 - Q \tag{2-13}$$

在燃烧区，一部分煤粉与氧气进行完全燃烧（氧化）反应：

$$C_m H_n + \left(m + \frac{n}{4}\right)O_2 \rightleftharpoons mCO_2 + \frac{n}{2}H_2O + Q \tag{2-14}$$

当氧气不足时，同时也可能发生下列不完全燃烧反应：

$$C_m H_n + \left(\frac{m}{2} + \frac{n}{4}\right)O_2 \rightleftharpoons mCO + \frac{n}{2}H_2O + Q \tag{2-15}$$

$$C_m H_n + \frac{m}{2}O_2 \rightleftharpoons mCO + \frac{n}{2}H_2 + Q \tag{2-16}$$

以上燃烧反应放出大量热量，为下一阶段的吸热反应提供热量，并使整个反应维持在1300~1500℃的高温下进行。

在气化区，煤焦、甲烷及碳与水蒸气、二氧化碳进行转化反应：

$$C_m H_n + mH_2O \rightleftharpoons mCO + \left(\frac{n}{2} + m\right)H_2 - Q \tag{2-17}$$

$$C_mH_n + mCO_2 \Longleftrightarrow 2mCO + \frac{n}{2}H_2 - Q \qquad (2\text{-}18)$$

$$CH_4 + H_2O \Longleftrightarrow CO + 3H_2 - Q$$

$$CH_4 + CO_2 \Longleftrightarrow 2CO + 2H_2 - Q$$

$$C + H_2O \Longleftrightarrow CO + H_2 - Q$$

$$C + CO_2 \Longleftrightarrow 2CO - Q$$

经上述反应生成的煤气离开气化炉之前，气相中 CO、H_2、CO_2 及水蒸气四种组分之间，存在着下面的反应关系：

$$CO + H_2O \Longleftrightarrow H_2 + CO_2 + Q$$

在水煤浆气化过程中，煤中硫以硫化氢及有机硫的形式进入气体中，其中 90％以上的硫转变为硫化氢。

气化反应生成的煤气中，主要含有 H_2、CO、CO_2 及水蒸气四种组成，另外还含有少量 CH_4 及 H_2S。

2. 工艺条件

水煤浆加压气化制取水煤气的目的，是要得到氢和一氧化碳，用作合成甲醇的原料气。因此，在生产中应该选择最有利于气化反应进行的操作条件，以便原料煤和氧消耗最少，一氧化碳和氢气的产率最大。影响水煤浆气化的主要因素有煤质、水煤浆浓度、氧气用量、煤粉粒度、温度及压力等。

(1) 原料煤的性质 古代植物被埋在地下，在一定的温度和压力下，受细菌作用而发生变化，先形成泥炭。泥炭在水分减少、温度和压力增加的情况下，经过长期的煤化作用，不断失去挥发分，逐渐转变为褐煤、烟煤和无烟煤。成煤时间越长，煤中挥发分含量越低，碳含量越高，煤的化学活性也越低。无烟煤就是成煤年代最久的煤。

煤的性质对气化过程有很大的影响，其中影响较大的是煤的变质程度和煤灰的黏温特性。

变质程度较浅的煤，与气化剂的反应能力较强（即化学活性高），气化反应性能好。反之，则气化反应性能较差。

煤灰的黏温特性是指熔融态的煤灰，在不同温度下的流动特性，一般用熔融态灰的黏度来表示。铜川焦坪煤和山东七五煤的灰渣黏温特性曲线如图 2-16。

在水煤浆加压气化过程中，为了保证煤灰以液态形式排出，煤灰的黏温特性是确定气化炉操作温度的重要依据。生产实践证明，为使煤灰从气化炉中能以液态形式顺利排出，熔融态煤灰的黏度以不超过 25Pa·s 为宜。从图 2-16 可以看出，为了使煤灰的黏度不超过 25Pa·s，铜川焦坪煤的操作温度应控制在 1420℃以上，山东七五煤须控制在 1500℃以上。

当以灰渣黏度较高的煤为原料时，为了使气化炉顺利排渣，操作温度必须控制得高些，例如山东七五煤的操作温度要控制在 1500℃以上。但是炉温过高，不仅煤耗和氧耗高，而且容易烧坏气化炉的耐火衬里、喷嘴和测温元件的套管。为了改善灰渣的黏温特性，降低熔融态灰渣的黏度，在水煤浆中加入石灰石（或者 CaO）作为助熔剂，可以收到良好的效果。

图 2-17 所示为添加石灰石后，对灰渣黏度的影响。图中石灰石添加量为占煤中灰分的质量分数。由图可见，石灰石的添加量在 25％以内时，随着水煤浆中石灰石添加量的增加，不仅灰渣黏度随之降低，而且扩大了熔渣得以顺利流动的温度范围。这样以高灰熔点、高灰渣黏度的煤为原料时，就可以降低操作温度，避免了因操作温度过高，给生产带来的不利影响。

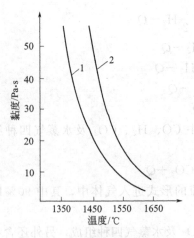

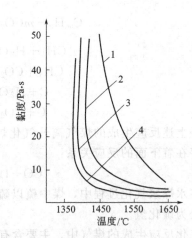

图 2-16 煤灰黏温特性曲线
1—铜川焦坪煤；2—山东七五煤

图 2-17 添加石灰石对灰渣黏度的影响
1—不加石灰石；2—加灰量 10%；
3—加灰量 20%；4—加灰量 25%

在水煤浆中加入石灰石能改善灰渣的黏温特性，是由于氧化钙在灰渣中作为氧化剂，破坏了硅聚合物的形成，从而使液态灰渣的黏度降低。但是当石灰石的添加量超过 30%，熔渣顺利流动的温度范围反而变小，熔渣黏度将随添加量的增加而增大。这是因为添加大量石灰石后，灰渣中高熔点的正硅酸钙（熔点为 2130℃）生成量增多，反而使灰渣的熔点升高。所以，石灰石的添加量不宜过多，一般不超过 20%。

（2）水煤浆浓度　水煤浆浓度是指水煤浆中固体的含量，以质量分数表示。水煤浆浓度及性能，对气化效率、煤气质量、原料消耗、水煤浆的输送及雾化等，均有很大的影响。

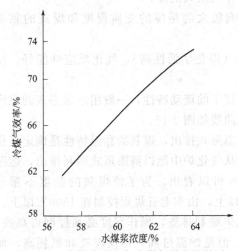

图 2-18 水煤浆浓度与冷煤气效率的关系

如果水煤浆浓度过低，则随煤浆进入气化炉内的水分量过多，由于水分的蒸发和被加热，要吸收较多的热量，降低了气化炉的温度，使气化效率和煤气中（$CO+H_2$）含量降低。水煤浆浓度对冷煤气效率 $\left(\dfrac{（CO+H_2+CH_4）的高热值}{煤的高热值}\times 100\%\right)$ 的影响如图 2-18 所示，如图可见，提高水煤浆的浓度，可以提高煤气中（$CO+H_2$）的含量，提高气化效率，降低能耗。

但是当水煤浆浓度过高时，黏度急剧增加，流动性变差，不利于输送和雾化。同时，由于水煤浆为粗分散的悬浮体系，存在着分散相因重力作用而引起沉降的问题，若水煤浆浓度过高，易发生分层现象，因此水煤浓度也不能过高。水煤浆浓度选择的原则是在保证不沉淀、流动性能好、黏度小的条件下，尽可能提高水煤浆的浓度。影响水煤浆浓度的主要因素有以下几个方面。

① 原料煤的性质　煤的变质程度、岩相组成、灰分组成及内在水分含量等，对水煤浆的浓度都有影响，其中煤的内在水分含量是影响水煤浆浓度的关键因素，煤的内在水分含量越低，制成的水煤浆黏度越小，流动性能也越好，因而可以制成浓度较高的水煤浆。反之，

煤的内在水分含量高，制成的水煤浆黏度大，流动性能差，因而只能制成低浓度的水煤浆。这是因为内在水分含量的高低，可以反映出煤内表面积的大小和亲水性能的好坏。煤的内在水分含量低，说明煤的内表面积小，且吸附水的能力差，因此在成浆时煤粒上吸附的水量小，形成的水化膜也较薄，致使占用的水量较少，在水煤浆浓度相同的条件下，固定于煤粒上的水量相对就少了，使煤浆具有流动性的自由水分量相对增多，使水煤浆具有较好的流动性。换而言之，为了使水煤浆具有相同的流动性，内在水分含量低的煤，其浓度必然会增高。因此煤的内在水分含量应愈低愈好，一般要求不超过 10%。内在水分含量高的煤不能用作制备水煤浆的原料。

② 煤粉粒度及其分布　水煤浆气化属于高温气流式反应，即煤粒在气流中与气化剂迅速反应，生成水煤气，因此煤粉粒度对气化效率影响很大。煤粒小，与气化剂接触面积大，反应速率快，碳的转化率（转化为含碳气体的碳量与煤中碳量的质量百分比）高，所以煤粒愈小，对气化反应愈有利。但是煤粉粒度过细，水煤浆的黏度反而增大，流动性变差，无法制备浓度较高的水煤浆。例如，粉煤中有 80%～90% 通过 200 目筛时，制成的水煤浆黏度大，无法输送，水煤浆浓度仅能达到 50% 左右。若改变为 50% 的煤粉通过 200 目筛，制成的水煤浆黏度降低一半，且浓度可提高到 61%。

在实际生产中，煤粉粒度及分布既要满足气化反应的需要，又要满足水煤浆制备的需要。据试验证明，当煤粉中有 50% 过 200 目筛，可同时满足上述要求。

③ 添加剂　在水煤浆制备过程中，加入木质素磺酸钠、腐植酸钠、硅酸钠或造纸废液等称为添加剂的物质，可以明显降低水煤浆的黏度，改善流动性和稳定性，其黏度由 2650mPa·s 降到 391mPa·s，由于黏度降低，流动性能好，为提高水煤浆浓度创造了条件，因此水煤浆浓度一般可提高 5%～10%。煤粉愈细，添加剂起的作用愈显著。黏度及流动性改善愈明显。

添加剂在水煤浆中具有分散作用，可降低煤粒表面的亲水性能和电荷量，从而降低煤粒表面的水化膜和粒子间的作用力，使固定在煤粒表面的水逸出，同时因煤粒间作用力减弱，使煤粒团聚体破坏，将部分包裹在煤粒表面上的水转变为自由水，导致水煤浆变稀，煤粒愈细，颗粒表面积愈大，添加剂可在更大的面积上发挥作用，作用也愈显著。

添加剂的种类和加入量，与煤种、水煤浆浓度、粒度等因素有关，通常要通过试验决定。添加剂的加入量，一般为干煤量的 1% 左右。在生产中，可以单独加入一种添加剂，也可两种或两种以上添加剂混合使用。

综上所述，水煤浆浓度对气化过程的影响较大，而影响水煤浆浓度的因素又比较复杂，所以水煤浆浓度要经过煤的试验来确定。在生产中，水煤浆浓度一般在 60%～70% 的范围内。

（3）氧气用量　氧气用量是指气化 1kg 干煤，在标准状况下所需氧气的体积，单位为 m^3/kg，称为氧煤比。根据水煤浆部分氧化反应式：

$$C_mH_nS_y + \frac{m}{2}O_2 \Longleftrightarrow mCO + \frac{n-2y}{2}H_2 + yH_2S$$

可知氧的理论用量，应该是氧原子数量等于煤中碳原子数，即 $n(O)/n(C)=1$。

例如，含碳 66% 的煤，理论氧煤比为：

$$\frac{0.66 \times 22.4}{2 \times 12} = 0.616 m^3/kg$$

煤中碳含量不同，理论氧煤比也不相同。在实际生产中，由于存在着煤中碳与氧完全燃

43

烧生成二氧化碳、氢与氧反应生成水、热损失等原因，氧煤比均高于理论用量。

在气化炉内，反应物的停留时间较短，仅数秒钟，在这样短的反应时间内，氧气直接参与氧化反应和部分氧化反应，因此氧煤比是影响气化反应的重要工艺操作条件之一。增加氧气用量，将有较多煤与氧发生燃烧反应，放出的热量多，气化炉温度将升高，氧煤比与炉温的关系如图 2-19 所示。同时由于炉温高，为吸热的气化反应提供的热量多，对气化反应有利，煤气中一氧化碳和氢含量增加，碳转化率显著升高，如图 2-20 所示。但是氧煤比过高，一部分碳将完全燃烧，生成二氧化碳，使煤气中无用的二氧化碳含量增加，反而使冷煤气效率降低。由图 2-21、图 2-22 可以看出，当氧煤比为 $0.7m^3/kg$ 时，煤气中二氧化碳含量最低，而此时的冷煤气效率却最高，因而存在一个最适宜的氧煤比。

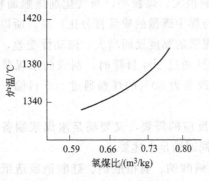

图 2-19 氧煤比与炉温的关系

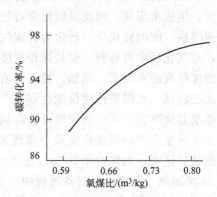

图 2-20 氧煤比与碳转化率的关系

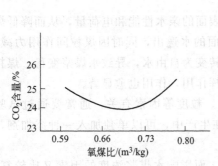

图 2-21 氧煤比与 CO_2 的关系

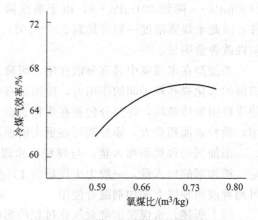

图 2-22 氧煤比与冷煤气效率的关系

若氧煤比过低，气化炉温度低，对气化反应不利，碳转化率及冷煤气效率降低。由于煤、碳及甲烷与二氧化碳的转化反应速率减慢，煤气中的二氧化碳含量反而增加。另外，如果炉温低于原料煤的灰熔点，将无法进行液态排渣，因此氧煤比也不能太低。在生产中，氧煤比一般控制在 $0.68\sim0.71m^3/kg$ 范围内。

（4）气化反应温度 煤、甲烷、碳与水蒸气、二氧化碳的气化反应为吸热反应，气化反应温度高，有利于这些反应的进行。但是为了保持较高的炉温，必须提高氧煤比，使氧耗直线上升，同时由于氧用量增大，将有较多的碳完全燃烧生成二氧化碳，使冷煤气效率直线下降。例如，炉温由 1350℃ 提高到 1550℃，冷煤气效率下降 4%，因而气化反应温度不能过高。但是气化温度也不能过低，否则将影响液态排渣。气化温度选择的原则是在保证液态排渣的前提下，尽可能维持较低的操作温度。具体的确定方法是使液态灰渣的黏度略低于

250mPa·s 的温度，即为最适宜的操作温度，由于煤灰的熔点和灰渣黏温特性不同，操作温度也不相同，工业生产中，气化温度一般控制在 1300～1500℃。

（5）气化操作压力　水煤浆加压气化反应是体积增大的反应，提高操作压力，对气化反应的化学平衡不利。但生产中普遍采用加压操作，其原因是：①在操作条件下，气化反应远未达到化学平衡，加压操作对化学平衡影响不大，但可增加反应物浓度，加快反应速率，提高气化效率；②加压操作有利于水煤浆的雾化；③加压下气体体积小，在产气量不变的情况下，可减小设备容积；④加压气化可节省压缩功。将水煤浆加压到气化压力所消耗的动力较少，而氧气仅为生成气量的 1/4 左右，因此加压气化比采用常压气化，然后再将生成气加压到气化压力时的压缩功消耗下降 30%～50%。但压力过高，压缩功的降低不明显，而对设备的要求更严，所以压力也不能太高，一般为 3～9MPa。

3．工艺流程和设备

水煤浆加压气化过程分为水煤浆制备、水煤浆气化和灰处理三部分。

（1）水煤浆制备工艺流程　水煤浆制备的任务是为气化过程提供符合质量要求的水煤浆，工艺流程如图 2-23 所示，煤料斗中的原料煤，经称量给料器加入磨煤机中。向磨煤机加入软水（一般为工艺冷凝液），煤在磨煤机内与水混合，被湿磨成高浓度的水煤浆。为了降低水煤浆的黏度，提高稳定性，需要加入添加剂，添加剂用添加剂泵加到磨煤机。氢氧化钠槽中的氢氧化钠溶液，用泵加到磨煤机，将水煤浆的 pH 值调节到 7～8。为了降低煤的灰熔点，需要加入助熔剂石灰。石灰由储斗经给料输送机，送入磨煤机。磨煤机制备好的水煤浆，经过滤除去大颗粒料粒，流入磨煤机出口槽，再经磨煤机出口槽泵，送到气化炉。磨机出口槽设有搅拌器。

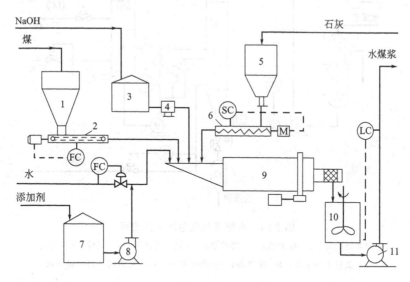

图 2-23　水煤浆制备工艺流程

1—煤料斗；2—称量给料器；3—氢氧化钠储槽；4—氢氧化钠泵；5—石灰储斗；6—石灰给料机；
7—添加剂槽；8—添加剂泵；9—磨煤机；10—磨煤机出口槽；11—磨煤机出口槽泵

采用水煤浆加压气化的大型工厂，磨煤机为棒磨机，它具有一个可转动的卧式外筒，筒内装有许多小短棒。当外筒转动时，原料煤等物料在小棒的冲击和相互摩擦作用下，磨成水煤浆。棒磨机外筒直径 3.35m，长 5.18m，每小时可处理 35t 原料煤。磨煤机也可采用球磨机。

（2）水煤浆加压气化工艺流程和主要设备

① 工艺流程　根据气化炉出口高温水煤气废热回收方式的不同，水煤浆气化的工艺流程可分为急冷式、废热锅炉式及混合式三种。急冷流程是高温水煤气与大量冷却水直接接触，水煤气被急速冷却，并除去大部分煤渣。同时水迅速蒸发进入气相，煤气中的水蒸气含量达到饱和状态。对于要求将煤气中一氧化碳全部变换为氢气的合成氨厂，适宜采用急冷流程，这样在急冷室可以得到变换过程所需的水蒸气。

废热锅炉流程是高温水煤气进入废热锅炉，煤气被冷却，同时得到副产蒸汽。这种流程适用于对煤气中氢与一氧化碳的比值不必调整或略加调整的生产厂，例如煤气用于发电或某些化工产品。

所谓混合流程，就是出气化炉的高温水煤气，先经过废热锅炉冷却，除去灰渣并副产蒸汽，再经急冷室用急冷水直接冷却，使煤气中含有一定量的水蒸气，以利于下一步的部分变换。这种流程适用于甲醇生产。

水煤浆气化急冷流程如图2-24所示。浓度为65%左右的水煤浆，经过振动筛除去机械杂质，进入煤浆槽，用煤浆泵加压后送到德士古喷嘴。由空分来的高压氧气，经氧缓冲罐，通过喷嘴，对水煤浆进行雾化后进入气化炉。氧煤比是影响气化炉操作的重要因素之一，通过自动控制系统控制。气化炉是一种衬有耐火材料的压力容器，由反应室和直接连在反应室底部的急冷室组成。

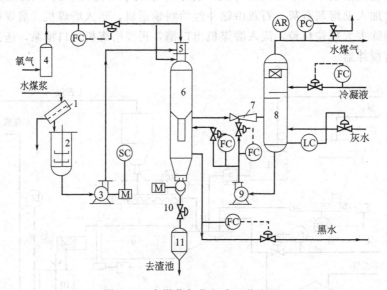

图 2-24　水煤浆气化急冷工艺流程

1—煤浆振动筛；2—煤浆槽；3—煤浆泵；4—氧气缓冲罐；5—喷嘴；6—气化炉；

7—文丘里洗涤器；8—洗涤塔；9—急冷水泵；10—锁渣阀；11—锁渣罐

水煤浆和氧气喷入反应室后，在压力为6.5MPa左右、温度为1300～1500℃的条件下，迅速完成气化反应，生成氢和一氧化碳为主的水煤气。气化反应温度高于煤灰熔点，以便实现液态排渣。为了保护喷嘴免受高温损坏，设置有喷嘴冷却水系统。

离开反应室的高温水煤气进入急冷室，用由碳洗涤塔来的水直接进行急速冷却，温度降至210～260℃，同时急冷水大量蒸发，水煤气被水蒸气所饱和，以满足一氧化碳变换反应的需要。气化反应过程产生的大部分煤灰及少量未反应的碳，以灰渣的形式从生成气中除去。根据粒度大小不同，灰渣以两种方式排出，粗渣在急冷室中沉积，通过水封锁渣罐，定期与水一同排出。细渣以黑水的形式从急冷室连续排出。设置带有锁渣罐循环泵的渣罐循环系统，有利于将煤渣排入锁渣罐。

离开气化炉急冷室的水煤气，依次通过文丘里洗涤器及洗涤塔，用灰处理工段送来的灰水及变换工段的工艺冷凝液进行洗涤，彻底除去煤气中的细灰及未反应的碳粒。净化后的水煤气，离开洗涤塔，送到一氧化碳变换工序。为了保证气化炉安全操作，设置压力为 7.6MPa 的高压氮气系统。

② 主要设备

a. 喷嘴　喷嘴也称为烧嘴，作用是将水煤浆充分雾化，使水煤浆与氧气混合均匀。喷嘴对气化操作特别重要，生产中要求喷嘴使用寿命长，雾化效果好，特别是要设计好雾化角，防止火焰直接喷射到炉壁上，或者火焰过长，燃烧中心向出渣口方向偏移，使煤燃烧不完全。目前常用的结构形式为三套管式，即物料导管由三套管组成，氧气为两部分，一部分走中心管，一部分走外套管，水煤浆走中间环管。外套管外面设有水冷盘管，通入冷却水，用以保护喷嘴。当喷嘴冷却水供给量不足时，气化炉会自动停车。工业化的三流式工艺烧嘴外形见图 2-25，烧嘴头部结构示意见图 2-26。

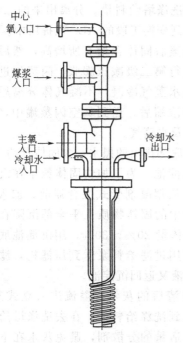

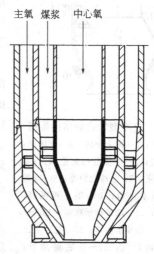

图 2-25　三流式工艺烧嘴　　　　　图 2-26　烧嘴头部结构示意图

b. 气化炉　气化炉的作用是使水煤浆与氧气在反应室进行气化，生成以氢和一氧化碳为主体，并含有二氧化碳及少量甲烷、硫化氢的高温水煤气，高温水煤气与熔融态煤灰渣在急冷室被水迅速冷却，水受热蒸发，水煤气为蒸汽所饱和，获得一氧化碳变换所需的蒸汽，并能除去水煤气中大部分灰渣。

水煤浆气化炉的结构，与重油气化日产千吨氨厂，急冷流程用气化炉的结构基本相同。反应室和急冷室在同一高压容器内，上部为反应室，内衬耐火保温材料，下部为急冷室。喷嘴安装在气化炉顶部。由反应室出来的高温水煤气，直接进入急冷室，被水迅速冷却。急冷室底部设有旋转式灰渣破碎机，将大块灰渣破碎，便于排除。为了调节控制反应物料的配比，在燃烧室中下部，设有测量炉内温度用的高温热电偶。为防止耐火砖破裂后，炉体受到

47

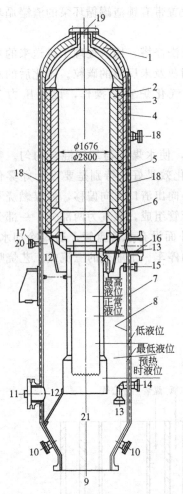

图 2-27　急冷型气化炉结构简图

1—浇注料；2—向火面砖；3—支撑砖；4—绝热砖；5—可压缩耐火塑料；6—燃烧段炉壳；7—急冷段炉壳；8—堆焊层；9—渣水出口；10—锁斗再循环；11—人孔；12—液位指示联箱；13—仪表孔；14—排放水出口；15—急冷水出口；16—出口气；17—锥底温度计；18—热电偶口；19—烧嘴口；20—吹氮口；21—再循环口

图中文字标注：φ1676；φ2800；最高液位正常液位；低液位；最低液位预热时液位

高温损坏，在炉体外壁设置一定数量的表面温度计，一旦超温便自动报警，即可及时处理。图 2-27 为急冷型气化炉结构简图。

（3）灰处理工艺流程　灰处理的任务是将气化过程送来的灰渣和黑水进行分离，回收的工艺水循环使用，灰渣及细灰作为废料，送出工段。

灰处理工艺流程如图 2-28 所示，从气化炉锁渣罐与水一起排出的粗渣，进入渣池，经链式输送机及皮带输送机，送入渣斗，排出厂区，渣池中分离出来的含有细灰的水，用渣池泵输送到沉淀池，进一步进行分离。

由气化炉工段急冷室排出的含细灰的黑水，经减压阀进入高压闪蒸罐，高温液体在罐内突然降压膨胀，闪蒸出水蒸气及二氧化碳、硫化氢等气体。闪蒸气经灰水加热器降温后，水蒸气冷凝成水，在高压闪蒸气分离器中分离出来，送到洗涤塔给料槽。分离出来的二氧化碳、硫化氢等气体，送到变换工段的 ABC 汽提塔中。

黑水经高压闪蒸后固体含量有所增高，然后送到低压灰浆闪蒸罐，进行第二级减压膨胀，闪蒸气进入洗涤塔给料槽，其中的水蒸气冷凝，不凝气体分离后排入大气。黑水被进一步浓缩后，送到真空闪蒸罐中，在负压下闪蒸出酸性气体及水蒸气。

从真空闪蒸罐底部排出的黑水，含固体量约 1%，用沉淀给料泵送到沉淀池。为了加快固体粒子在沉淀池中的重力沉降速度，从絮凝剂管式混合器前，加入阴、阳离子絮凝剂。黑水中的固体物质几乎全部沉降在沉淀池底部，沉降物含固体量 20%～30%，用沉淀池底部泵送到过滤给料槽，再用过滤给料泵送到压滤机，滤渣作为废料排出厂区，滤液又返回沉淀池。

在沉淀池内澄清后的灰水，溢流进入立式灰水槽，大部分用灰水泵送到洗涤给料槽。在去洗涤塔给料槽的灰水管线上，加入适量的分散剂，避免灰水在下游管线及换热器中，沉积出固体。从洗涤塔给料槽出来的灰水，用洗涤塔给料泵输送到灰水加热器，加热后作为洗涤用

水，送入碳洗涤塔。一部分灰水循环进入渣池。另一部分灰水作为废水，送到废水处理工段，防止有害物在系统中积累。

4. 气化炉的生产操作

（1）原始开车　新建或大修后的开车，称为原始开车，由于气化炉是由常温状态开车，也称为冷态开车，其步骤如下。

① 开车前的准备工作如下。

a. 系统内所有设备安装或检修完毕，并验收合格，设备及管道清理干净。

b. 电子计算机及自控仪表的各项功能经验证正常完好。自动阀门、传送器以及温度、

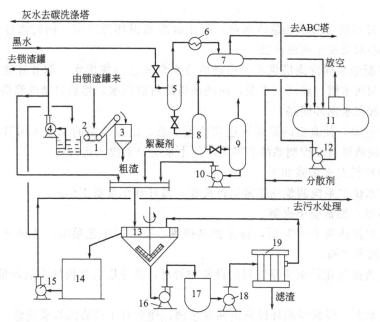

图 2-28　灰处理工艺流程

1—渣池；2—输送机；3—渣斗；4—渣池泵；5—高压闪蒸罐；6—灰水加热器；7—分离器；

8—低压闪蒸罐；9—真空闪蒸罐；10—沉淀给料泵；11—洗涤塔给料槽；12—洗涤塔给料泵；

13—沉淀池；14—灰水槽；15—灰水泵；16—沉淀池底泵；

17—过滤给料槽；18—过滤给料泵；19—压滤机

压力、流量、液位等测量装置正确无误，达到安全的要求。

c. 全部辅助设施已经开车，高低压蒸汽、仪表空气、中压氮气、预热用煤气、火炬点火用燃料气、新鲜水、电源、化学药品等供应已齐备，并送入车间管网截止阀前。

水煤浆制备系统已经开车，并生产出合格的水煤浆，储备于煤浆槽中待用。

d. 空分装置已开车，能提供合格的氮气。循环冷却水系统和废水处理系统已经开车，达到使用要求。

e. 所有转动设备单体试车合格，处于备用状态。

f. 向系统通入氮气，将压力升至正常操作压力进行试压试漏，用肥皂液检查泄漏处，压力降在 1h 内不超过 0.1MPa。

② 气化炉耐火衬里开车前需要进行预热升温。气化炉预热升温也称为烘炉，目的是缓慢除去耐火衬里中的水分，以防开车时在高温下水分急速蒸发，使耐火衬里损坏。同时烘炉时，将耐火衬里的温度升到 1200℃以上，为开车时投料点火创造条件。烘炉的步骤如下。

a. 向渣池和洗涤塔加入新鲜水达到正常液位，启动预热水循环泵，向急冷室加入热水，然后沿黑水管道流入渣池，建立急冷室热水循环回路。

b. 向开工抽引器分离器加水至正常液位，向抽引器加入 13MPa 蒸汽，启动开工抽引器。调节蒸汽流量，使气化炉内保持 18kPa 的真空度。

c. 用耐压软管将预热喷嘴和燃料气管连接起来，稍开预热喷嘴的风门和燃料气阀，在炉外点燃喷嘴，用电动吊车将喷嘴吊入炉内，安装在气化炉上，对气化炉进行烘炉。

d. 适当调节炉内负压、燃料气流量及风门开度，严格按照耐火材料制造厂提供的升温曲线，对耐火衬里进行预热升温。当气化炉预热到最终温度后，将炉温维持在 1200℃以上，等待投料开车。

e. 在升温过程要及时增加急冷水量，防止因高温损坏急冷室。同时渣池水温不能超过70℃，防止离心水泵发生高温汽蚀。

③ 启动冷凝液泵向洗涤塔供水。启动急冷水泵向急冷室供水，调节好液位。将系统热水加入沉淀池和灰水槽，启动灰水泵，向洗涤塔给料槽供水，然后启动洗涤塔给料泵向洗涤塔供水，建立起灰水循环回路。

④ 启动真空泵，使真空闪蒸系统达到负压状态。出急冷室的水加入闪蒸罐，停预热水循环泵。同时锁渣罐自动控制系统和喷嘴冷却水系统分别投入运行。

⑤ 气化炉投料点火步骤如下。

a. 高压灰水供水系统调整到正常运行流程，做好开车准备工作。

b. 火炬系统点燃常明小火炬。

c. 当气化炉预热到1200℃后，拆除预热喷嘴，安装好工艺喷嘴，连接好有关管线。关闭开工抽引器的蒸汽阀。

d. 用氮气置换气化炉至洗涤塔间的设备和管道，洗涤塔后置换气中氧含量小于2%为置换合格。

e. 启动煤浆泵，煤浆经循环回路返回煤浆槽，建立开工所需的煤浆流量。

f. 空分车间送合格的氧气，将压力调节到正常生产规定的压力，然后放空，建立开工所需要氧气流量。

g. 投料开车。(a)打开喷嘴中心管氧气阀，流量一般为氧气总量20%左右。打开煤浆阀。将煤浆通过喷嘴喷入气化炉内，开车时煤浆流量为正常生产时的50%左右。然后打开氮气吹除阀，向炉内通入高压氮气。(b)打开氧气阀，向炉内通入氧气点火（由于炉温被预热到1000℃以上，煤浆和氧气入炉后立即会点火燃烧），此时若气化炉温度上升、火炬管有大量气体排出，证明投料点火成功，否则投料点火不成功。若投料点火不成功，应立即按停车步骤关闭氧气阀和煤浆阀，用氮气置换，当炉温在1000℃以上时，再按上述投料步骤进行投料开车。(c)气化炉投料点火成功后，及时调节入炉煤浆和氧气流量，将炉温控制在1420℃左右，调节好急冷室和洗涤塔液位，检查喷嘴冷却水系统是否正常，并使系统各项工艺条件保持稳定。

⑥ 气化炉升压操作步骤如下。

a. 逐渐提高背压控制器的给定值，对系统逐渐进行升压，按每分钟升压0.1MPa的速率升到规定的压力。升压过程应注意炉温及炉压等工况的变化，出现问题应及时调节处理。

b. 气化炉压力升至1MPa时，检查系统密封情况。

c. 气化炉压力升至1.2MPa时，黑水排入高压闪蒸罐，高、中压闪蒸罐系统投入运行，将闪蒸罐的液位调节至正常液位。

⑦ 打开沉淀池底泵，向压滤机供料，使压滤机系统投入运行。

⑧ 开车结束后，将生产负荷由50%逐渐增加到满负荷。在加量时，必须先增加煤浆量，再增加氧气量，而且每次增加量不能过大，确保炉温平稳。同时将系统的各项工艺指标调节到正常值。当洗涤塔出口气体成分符合要求后，送到后系统，转入正常生产。

短期停车后再次开车时，由于炉温较高，也称为热态开车。在这种情况下开车时，省去了检查、置换、烘炉等过程。若开车时炉温在1000℃以上，直接投料点火开车。若炉温低于1000℃，需要预热到1000℃以上，再按投料点火开车步骤进行开车即可。

（2）气化炉停车操作

① 长期停车　长期停车是指系统全部停车，气化炉处于常温、常压状态的较长时间停车。长期停车一般是为了气化炉系统进行检修，其步骤如下。

a. 通知调度室、空分及净化准备停车，通知气化系统各岗位做停车准备。

b. 逐渐减负荷至 50% 左右，减量时按先减氧气、再减煤浆的顺序，分阶段平稳进行。

c. 适当增加氧煤比，将气化炉温度升到比正常操作温度高 $100\sim150℃$，维持 30min 左右，以便除去炉壁挂的灰渣。

d. 逐渐打开煤气去火炬系统的阀门，将煤气全部送到火炬系统。

e. 完成上述停车准备工作后，按下述步骤进行停车：（a）关闭氧气阀；（b）关闭煤浆阀，停煤浆泵；（c）打开冷灰水吸入阀，将冷灰水送入急冷室，防止洗涤塔内黑水因压力降低造成闪蒸而使泵抽空；（d）打开喷嘴冷却水阀，以保护喷嘴；（e）用高压氮气吹除喷嘴处的氧气管道和煤浆管道。

f. 逐渐打开系统去火炬的背压放空阀，以每分钟 0.1MPa 的速度卸压，严防卸压速度过快，造成设备及火炬损坏。炉压降至 1.2MPa 以下时，急冷室和洗涤排出的黑水排入真空闪蒸罐。当急冷室水温达到 190℃ 时，关闭去真空闪蒸罐的阀门，将黑水排入地沟，同时启动预热水循环泵向急冷室供水，打开渣池新鲜水补充阀，用新鲜水供急冷室。

g. 停急冷水泵、洗涤塔给料泵、渣池泵、灰水泵、破渣机、锁渣罐循环泵及锁渣罐自动控制系统，并用水冲洗煤浆管道。

h. 气化炉内压力降至常压后，用氮气置换气化炉系统，经放空阀排入火炬。当置换气中 $(CO+H_2)<0.5\%$ 为合格。

i. 开启开工抽引器，使气化炉真空度保持在 4kPa 左右。拆下工艺喷嘴，停喷嘴冷却水泵。

j. 通过自然通风，将气化炉温度降至 50℃ 以下，停开工抽引器。打开人孔，检修人员可进入炉内进行检修。

② 紧急停车　气化炉系统设有安全联锁装置，当有下列任何情况出现时，气化系统就会自动停车：a. 煤浆流量过低；b. 煤浆泵转速过低；c. 氧气流量过小；d. 急冷室出口气体温度过高；e. 急冷室液位过低；f. 仪表空气中断；g. 停电；h. 喷嘴及冷却水泵系统出现故障。

一旦出现紧急停车现象后，自动停车装置动作，气化系统将按照规定的停车步骤停车。停车后操作人员要立即查找造成停车原因，并及时排除，然后按开车步骤重新开车。

对于短时间停车，气化炉需要保温。保温方法是换上预热喷嘴，维护气化炉温度，开车时再换上生产喷嘴。

（3）正常操作及不正常现象的处理

① 正常操作时主要调节内容

a. 正常操作主要的是精心调节氧气流量，保持合适的氧煤比，将炉温控制在规定的范围内，保证气化过程正常进行。

b. 调节磨煤机生产能力，使之与气化炉煤浆需用量相匹配。同时要定期进行煤浆分析，颗粒分布及煤浆浓度要符合要求。

c. 要经常检查炉渣排放情况，确保气化炉能顺利排渣，无堵塞现象。

d. 分析煤气中微粒含量，若超过指标，应加大文氏洗涤器及洗涤塔水量。

e. 检测沉降池灰水中颗粒沉降速度，并根据检测结果调整絮凝剂加入量。

f. 及时检查和调节喷嘴、急冷室、文氏洗涤器、洗涤塔的冷却水量和水温，并进行水质分析，使各项指标达到工艺要求。

② 主要不正常现象及处理方法

a. 煤浆浓度过大。原因是磨煤岗位加煤量增加或水量减少。处理方法是减少煤量或增加水量，同时给煤浆槽中加水稀释至要求的浓度。由于煤浆温度过低，也能造成浓度增大，此时应向煤浆槽蒸汽夹套通蒸汽加热。

b. 由于煤浆中添加剂量减少，煤粉粒度过细或煤浆浓度过高，引起煤浆黏度增大，给输送和雾化造成困难。此时应增加添加剂量，调整煤粉粒度或降低煤浆浓度。

c. 煤浆管道堵塞。原因是管道内物料静止时间过长，或管内进入杂物。处理方法是用水冲洗，或者拆开管件疏通。

d. 气化炉出渣口堵塞。原因是炉温低于煤灰的熔点温度，液态渣的黏温特性不好，流动性差。此时应调整氧煤比，提高炉温，保证液态排渣。

e. 炉渣中夹带大量未燃烧的炭，气体成分有波动，炭转化率低。引起的原因是喷嘴磨损，发生偏喷现象，雾化效果差，或者中心管氧量调整不当，氧煤比不合理，炉温过低。处理方法是调整氧煤比和中心管的氧量，提高炉温，必要时更换喷嘴。

f. 气化炉壁温过高。原因是局部耐火砖衬里脱落，高温气沿砖缝窜气，或者炉温过高。处理办法是降低炉温，检查表面热电偶的准确性，必要时停车检查耐火衬里。

g. 破渣机超载停车。原因是炉内有大块落砖，或者破渣机出现机械故障，一般应停车。

 本章小结

一、水煤气生产的原理与工艺

1. 固体燃料气化的基本原理。
2. 固定床气化：固定床间歇气化的流程、工艺条件、主要设备及其特点；固定床连续气化的流程、工艺条件、主要设备及其特点。
3. 流化床气化：温克勒炉气化的流程、工艺条件、主要设备及其特点。
4. 气流床气化：K-T炉、Texcao炉的结构及其气化的工艺流程、工艺条件。

二、水煤浆加压气化

德士古气化的特点，水煤浆加压气化的原理、工艺条件、工艺流程；水煤浆制备流程；灰水处理流程；气化炉的生产操作。

 思考与练习题

1. 间歇法制半水煤气时向燃料层通入蒸汽的目的是什么？发生了哪些化学反应？
2. 间歇法制半水煤气一个工作循环包括哪几个阶段？各个阶段的作用是什么？流程是怎样的？
3. 水煤浆加压气化的原理是什么？
4. 喷嘴和气化炉的作用是什么？结构怎样？
5. 固定床加压连续气化的优点是什么？

6. 何为流化床气化？

7. 何为气流床气化？

8. 德士古水煤浆气化工艺有何特点？

9. 影响德士古水煤浆气化的工艺条件有哪些？

10. 简述德士古水煤浆气化工艺流程。

第三章　空气的液化分离

学习目标

1. 了解空气分离与惰性气体制备在合成甲醇生产中的意义。
2. 掌握分子筛脱除二氧化碳及水的原理及过程，理解冷箱前端净化的作用原理。
3. 掌握空气液化及分离的原理、流程及设备。
4. 了解惰性气体制备的工艺流程及主要设备的结构与作用。
5. 掌握空气液化分离的开停车操作，正常生产中的控制要点、异常现象的判断及处理。

采用重油气化、水煤浆加压气化及固定床加压连续气化的生产方法，均设有空气液化分离装置，不仅为气化过程提供所需要的氧气，而且提供氮气。用于系统置换、仪表保护等方面。以气态烃为原料的合成甲醇厂，由于气态烃蒸汽转化过程不需要氧气，所需氮气是由空气的变压吸附法直接提供，因此可无空分装置。

第一节　空气的液化分离

空气是一种由多种气体组成的混合物，干燥空气的组成如表 3-1 所示。

表 3-1　干燥空气的组成

组成	化学式	体积分数/%	组成	化学式	体积分数/%
氮	N_2	78.03	氦	He	5×10^{-4}
氧	O_2	20.93	氪	Kr	1×10^{-4}
氩	Ar	0.932	氙	Xe	8×10^{-6}
二氧化碳	CO_2	0.03	氢	H_2	5×10^{-5}
氖	Ne	1.05×10^{-3}	臭氧	O_3	1.5×10^{-6}

此外，空气中还有灰尘、水蒸气及少量乙炔等。由表可知，除了氧、氮、氩之外，其余组分的量是微乎其微的，因此可以把空气看成是氧-氮-氩三元混合物。如果把氩算在氮内，就可以把空气近似地看成是氧-氮二元混合物。

一、空气的温-熵图

1. 基本概念

物质的性质是由物质的组成和所处的状态决定的。决定物质状态的参数主要有温度、压力、体积、密度、内能、焓、熵等。这些状态参数发生变化时，物质所处的状态和性质也随之发生变化，因此，这些参数也称为状态函数。内能一般是指分子运动的动能和分子相互作用的位能之和，用 U 表示，单位为 J，单位质量的内能用 J/g 表示。影响内能的主要因素是温度，温度升高，内能增大，流体在流动时，后面流体对前面的流体做了功，这个功转变为流体的一部分能量，叫流动能，在数值上等于流体的压力 p 与所流过的容积 ΔV 的乘积。因此流体所具有的能量等于内能和流动能之和，这二者之和通常称为焓，用符号 H 表示。

即
$$H = U + p\Delta V$$

焓的单位为 J，单位质量的焓用 J/g 表示。在一定温度下物质传递的热量 Q 与该物质热力学温度 T 之比（Q/T）称为熵，用符号 S 表示，单位质量的熵用 J/(g·K) 表示。

当物系由某一状态变化到另一状态时，若过程的进行足够缓慢，或内部分子能量平衡的时间极短，当这个过程反过来进行时，能使物系和外界完全复原，这个过程称为可逆过程。反之，称为不可逆过程。

2. 温-熵图的构成及应用

以空气的温度 T 为纵坐标，以熵 S 为横坐标，并将压力 p 和焓 H 以及它们之间的关系，直观地表示在一张图上，这个图就称为空气的温熵图，简称 T-S 图。在空气的液化过程，用 T-S 图可表示出物系的变化过程，并可直接从图上求出温度、压力、熵和焓的变化值。

图 3-1 为空气的 T-S 图。图中向右上方的一组斜线为等压线；向右下方的一组线为等焓线；图下部山形曲线为饱和线，山形曲线的顶点 K 是临界点，通过临界点的等温线称为临界等温线。在临界点左边的山形曲线为饱和液体线，临界点右边的山形曲线为饱和气体线。临界等温线下侧和饱和液体线左侧的区域为液体状态区；临界等温线下侧和饱和气体线右侧，以及临界等温线以上的区域是气相区；山形曲线的内部是气液两相共存区，亦称为湿蒸汽区，两相共存区内任意一点表示一个气液混合物。

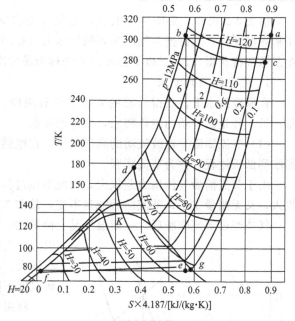

图 3-1 空气的 T-S 图

例如 e 点为气体和液体空气组成的气液混合物，线段 fe 和 eg 的长度比，表示气液混合物中气体与液体的数量之比，即 $fe : eg$＝气体量∶液体量。

在温度、压力、熵、焓四个状态函数中已知任意两个，便可利用空气的 T-S 图确定空气的状态。例如，当空气压力为 0.1MPa，温度为 30℃时，在 T-S 图上可用点 a 表示，点 a 的状态呈气态。利用空气的 T-S 图还可以表示各种变化前后的状态。例如，线段 ab 表示由压力为 0.1MPa、温度为 30℃ 的 a 点，等温加压到压力为 12MPa 的 b 点的等温加压过程。曲线 bc 表示由压力为 12MPa 的 b 点，等焓膨胀到 c 点的等焓膨胀过程。曲线 bd 表示当压力为 12MPa 时，空气由 b 点冷却到 d 点的等压冷却过程。

二、空气液化的基本原理

所谓液化，就是把一种物质从气体状态变成液体状态的过程。要将气体液化，必须把气体的温度降低到它的临界温度以下。一些气体的临界温度及沸点如表 3-2 所示。

表 3-2　一些气体的临界温度及沸点

气体名称	临界温度/℃	临界压力/MPa	沸点(0.01MPa)/℃
空气	−140.6	3.89	−192～195
氮	−146.9	3.51	−195.8
氧	−118.4	5.25	−182.9
氢	−239.6	1.34	−252.9
氩	−122.4	4.86	−185.7
氦	−267.9	0.23	−268.9
氖	−228.7	2.75	−245.9
氪	−62.5	5.50	−151.7
氙	16.6	5.88	−108.1
二氧化碳	31.0	7.63	−78.2
氨	132.4	11.30	−34.3
水蒸气	347.2	22.77	100.0

由表 3-2 可知，要使空气液化，必须首先将空气的温度降到临界温度 −140.6℃以下。在临界温度时，只有把空气压缩到临界压力（3.89MPa）或高于此压力时才能使它液化。工业上通常将获得 −100℃以下温度的方法称为深度冷冻法，简称深冷法。

1. 获得低温的方法

在深冷技术上，获得低温的方法主要有两种：一种是不做外功的绝热膨胀，即节流膨胀；另一种是做外功的绝热膨胀，即等熵膨胀。

（1）节流膨胀　连续流动的高压气体，在绝热和不做外功的情况下，经过节流阀急剧地膨胀到低压过程，称为节流膨胀。

由于节流前后气体压力差较大，因此节流过程是不可逆过程。气体在节流过程既无能量收入，又无能量支出，节流前后能量不变，故节流膨胀为等焓过程。

气体经过节流膨胀后，一般温度是会降低的。温度降低的原因是因为气体分子间具有吸引力，气体膨胀后压力降低，体积膨胀，分子间距离增大，必须消耗一部分动能及分子间吸引力，因而温度下降。

利用气体的 T-S 图能十分方便地计算出节流膨胀前后温度的变化。例如在图 3-2 中，为了求出气体从状态 2（T_2，p_2）节流膨胀到压力为 p_1 时的温度，只要由 2 点作等焓线 H_2，与等压线 p_1 相交于 1 点，线段 2—1 表示膨胀过程，1 点的温度 T_1 即为节流膨胀后的温度，$T_2 - T_1$ 为节流膨胀后的温度差。

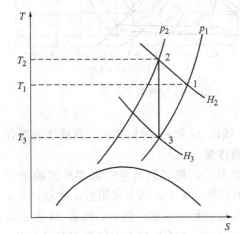

图 3-2　气体的 T-S 图

（2）等熵膨胀　压缩气体经过膨胀机在绝热条件下膨胀到低压。同时输出外功的过程，称为等熵膨胀。由于气体在膨胀机内以微小的推动力逐渐膨胀，因此过程是可逆的。根据热力学第二定律可知，可逆绝热过程的熵不变，故为等熵过程。

膨胀机分活塞式和透平式两种，压缩气体使活塞移动或使叶轮旋转，然后再驱动发电机或风机。

气体经过等熵膨胀后温度总是降低的，主要原因是气体通过膨胀机对外做了功，消耗了气体的内能，另一个原因是膨胀时为了克服气体分子间的吸引力，消耗了分子的动能。

在图 3-2 中，线段 2—3 表示气体由压力为 p_2、温度为 T_2 的 2 点等熵膨胀到 p_1 时的过程。T_2-T_3 为膨胀前后气体的温度差。

由图 3-2 可见，气体同样从状态 2（p_2，T_2）膨胀到低压 p_1 时，等熵膨胀前后的温差（T_2-T_3）大于节流膨胀前后的温差（T_2-T_1），因此等熵膨胀的降温效果比节流膨胀的降温效果好。但膨胀机的结构比节流阀复杂。

2. 空气的液化

工业上液化空气的方法分为两大类：一类是以节流膨胀为基础的深度冷冻循环，称为节流循环；另一类是以等熵膨胀和节流膨胀为基础的深度冷冻循环，称为带膨胀机的循环。

（1）一次节流循环　图 3-3 为一次节流循环的流程及 T-S 图。空气（状态 1）经压缩机 C 从压力 p_1 压缩到高压 p_2，并经中间冷却器 M 被水冷至初温 T_1。压力 p_2、温度 T_1 的空气（状态 2）经换热器 E，被节流后的低温空气（状态 5）冷却到状态 3，然后再经节流阀减压到 p_1（状态 4）。节流的结果使空气的温度降低，同时有部分空气被液化（状态 0），从分离器下部得到产品液体空气。未被液化的空气（状态 5）经分离器 F 与液体空气分离后进入换热器 E，冷却高压空气而自身被加热。如果换热器是理想的，换热器热端没有温差，未被液化空气等压加热后仍回到原始状态 1。由上述可知，利用未液化的低温空气作为冷冻剂冷却高压空气，然后低温的高压空气再经节流膨胀，使部分空气液化，这是深度冷冻循环的特点。

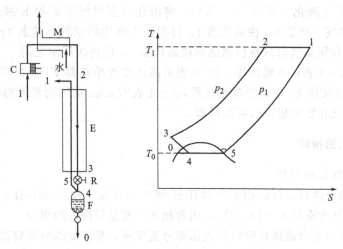

图 3-3　一次节流循环流程及 T-S 图

在深度冷冻循环开始时，由初温 T_1 经过一次节流膨胀后不能立即达到空气的液化温度。需要有一个冷却的过程，称为启动阶段。图 3-4 表示节流循环的启动阶段，空气由状态 1 等温压缩到状态 2，然后节流膨胀到 a。节流后的低压冷空气回到换热器预冷新进入的高压空气，使其温度由 T_2 降到 T_b，而节流后的低压冷空气本身又被加热到 T_1。当状态 b 的高压空气节流到 c 时，温度由 T_b 降到 T_c。温度为 T_c 的低压冷空气再回到换热器，将高压空气的温度由 T_2 降到 T_d，再由 d 节流到 e，如此反复进行。当高压空气被冷却到状态 3 时，再经节流膨胀，将有液体空气产生，冷冻循环的操作达到稳定，启动阶段结束。

（2）带膨胀机的低压循环　由于等熵膨胀的降温效果比节流膨胀好，因此在深度冷冻循环中，利用等熵膨胀较利用节流膨胀要经济得多，但膨胀机不能在低温下操作，否则空气液

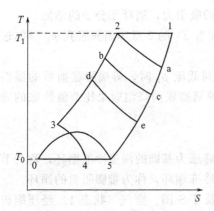
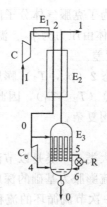
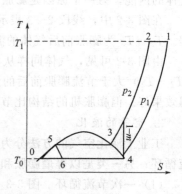

图 3-4　节流循环启动阶段　　　图 3-5　带膨胀机低压循环流程及 *T-S* 图

C—压缩机；E₁—冷却器；E₂—换热器；

C_e—透平膨胀；R—节流阀；E₃—液化器

化后将引起液击现象，对膨胀机不利，故一般不单独采用膨胀机，常与节流阀配合使用。带膨胀机低压循环的流程及 *T-S* 图如图 3-5 所示。1kg 状态为 1 的空气经压缩机 C 从压力 p_1（0.1MPa）等温压缩到压力 p_2（0.5～0.6MPa）的状态 2，再经换热器 E₂ 等压冷却到状态 3 后分成两部分：其中（$1-m$）kg 空气进入透平膨胀 C_e 膨胀到 p_1（状态 4）；另一部分空气进入液化器 E₃ 管间，由于管内是透平膨胀机来的膨胀气，温度较低，因此可以使管间 0.5～0.6MPa 的空气液化（状态 5）。然后，将液化的空气经节流阀 R 减压至 0.101MPa。于是，部分液化空气（状态 0）由液化器 E₃ 排出，未液化的空气（状态 4）与膨胀气汇合，经换热器 E₂ 冷却高压空气而自身被加热到初始状态 1，供再次压缩之用。

在 *T-S* 图上 1—2 表示等温压缩，2—3 表示高压空气换热器 E₂ 被等压冷却过程，3—5 表示 $m$kg 空气在液化器 E₃ 中被冷凝的过程，5—6 表示 $m$kg 空气的节流膨胀过程，3—4 表示（$1-m$）kg 空气在膨胀机中的膨胀过程。

三、液体空气的精馏

1. 液体空气精馏的原理

在研究空气的分离时，可以把空气看作氮-氧二元系统。在 0.101MPa 压力下，氧的沸点为 −182.9℃，氮的沸点为 −195.8℃，两者相比，氮是易挥发的组分。

由氮、氧组成的混合液体在吸收热量而部分蒸发时，易挥发组分氮将较多地蒸发；而混合蒸汽在放出热量部分冷凝时，难挥发组分氧将较多地冷凝。所以当混合液体部分蒸发或混合蒸汽部分冷凝后，液相中氧的含量总是大于气相中氧的含量，而气相中氮的含量总是大于液相中氮的含量。

利用氮、氧沸点的不同，经多次部分蒸发和部分冷凝后，可以将液体空气分离为氮和氧，这一过程称为液体空气的精馏。精馏过程是在具有若干层塔板的精馏塔内进行的。塔内的蒸汽向上升，在塔板上与温度较低的液体互相接触，蒸汽将放出热量给液体。蒸汽放出热量而部分冷凝，液体吸收热量而部分蒸发。蒸汽在部分冷凝时，由于氧冷凝得较多，所以蒸汽中氮的浓度有所提高。液体在部分蒸发过程中，由于氮较多地蒸发，使液体中氧的浓度有所提高。如塔足够高，上升的蒸汽经过多次部分冷凝，向下流动的液体经过多次部分蒸发，最后在塔顶可得到纯氮，在塔底可得到纯氧。

精馏塔的塔板有筛板、泡罩板等形式，目前空分装置多采用筛板塔。筛板的结构如图

3-6 所示。筛板由带有许多孔径为 0.7～1.3mm 小孔的平板构成，其上设有溢流管。蒸汽经过小孔时呈鼓泡形式穿过液体层，并进行热量交换和质量交换。筛板上的液体通过溢流管排到下一塔板。在正常生产中，只要通过小孔的蒸汽速度足够大，液体就不会从小孔中漏下来。

空气的精馏一般可分为单级精馏与双级精馏。单级精馏操作方便，但所得产品纯度差，而且能量消耗高，因此，目前普遍采用双级精馏。

2. 双级精馏塔

双级精馏塔的结构如图 3-7 所示，由上塔、下塔和上下塔之间的冷凝蒸发器组成。在上塔及下塔中均设有若干块筛板。冷凝蒸发器是列管式

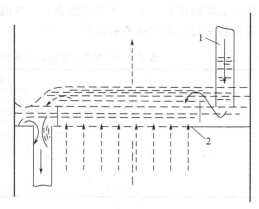

图 3-6　筛板结构示意图
1—溢流管；2—筛板

热交换器，管内与下塔相通，管间与上塔相通。已被预冷的高压空气进入下塔底部的蛇管冷凝为液体，经节流阀减压后进入下塔中部，节流后产生的蒸汽向上升，液体沿塔板往下流。在下塔内，上升的蒸汽中氧含量逐渐减少，在下塔顶部得到纯的氮气。氮气进入冷凝蒸发器的管内被冷凝为液氮，一部分作为下塔的回流液，自上而下沿塔板逐块流下，至下塔塔釜得到含氧 36%～40% 的液体富氧空气，另一部分液体氮集聚在液氮储槽，经节流减压后送入上塔顶部，作为上塔的回流液。因此，下塔的作用是将空气进行初步分离，得到液体氮和液体富氧液体空气。

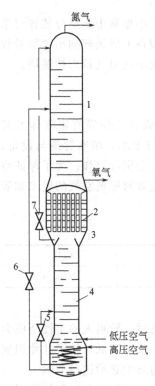

图 3-7　双级精馏塔
1—上塔；2—冷凝蒸发器；
3—液氮储槽；4—下塔；
5,6,7—节流阀

下塔底部的富氧液体空气经节流阀减压后送至上塔中部，液体顺塔板往下流，与上升的蒸汽接触，液体中氧含量增加，在上塔底部得到纯的液氧。纯的液氧在冷凝蒸发器的管间蒸发，导出部分氧气作为产品，其余在上塔内上升，上塔内上升的蒸汽中氮含量逐渐增加，在加料口以上，蒸汽被塔顶流下的液体氮冲洗，结果在塔顶得到纯氮气。因此上塔的作用是将空气进一步分离，得到纯氧和纯氮。

必须指出，图 3-7 所示双级精馏塔，只能提取高纯度的氧气，不能获得高纯度的氮气。为了在提取高纯度氧气的同时，提取高纯度氮气，需在上塔顶部设置一副塔，由上塔顶部出来的氮气进入副塔，经进一步精馏后才可获得高纯度的氮气。

在冷凝蒸发器中，管间的液氧吸收热量而蒸发，成为上塔的上升蒸汽，管内的气体氮放出热量而冷凝，成为下塔的回流液，因此，冷凝蒸发器是上塔的蒸发器，又是下塔的冷凝器。当液氧的蒸发压力和气体氮的冷却压力相等时，液氧的蒸气温度总是高于气体氮的冷却温度，即在压力相同的情况下，不能通过冷凝蒸发器用液氧使气体氮冷凝成液体氮。但气体的冷凝温度随压力升高而升高，例如在 0.101MPa 下，液氧的蒸发温度为 -182.9℃，气氮的冷凝温度为 -195.8℃，而氮气在 0.608MPa 的冷凝温度为 -117℃。因此为使气体氮的冷凝温度高于液体氧的蒸发温度，必须使气体的冷凝压力高于液氧的蒸发压力，即下塔的压力必须

高于上塔的压力。上、下塔压差愈大，其温差也愈大。气体氮的冷凝压力与液体氧蒸发压力及传热平均温度差的关系如表 3-3 所示。

表 3-3　气体氮冷凝压力与液体氧蒸发压力及传热平均温度差的关系

冷凝蒸发器的平均温度差/℃	液体纯氧蒸发压力（绝对）/MPa						
	0.101	0.112	0.122	0.132	0.142	0.152	0.162
	气体纯氮的冷凝压力（绝对）/MPa						
0	0.365	0.395	0.426	0.456	0.486	0.517	0.547
1	0.405	0.436	0.466	0.497	0.527	0.557	0.598
2	0.441	0.471	0.507	0.537	0.567	0.603	0.633
3	0.476	0.512	0.547	0.583	0.618	0.654	0.679

在生产中，为克服氮、氧产品在流经各换热器和管道时的阻力，上塔在略高于大气压力的情况下操作，其压力（绝对）一般为 0.132～0.152MPa。为使冷凝的气体氮和蒸发的液体氧之间形成所需要的温差，下塔的操作压力（绝对）一般为 0.51～0.66MPa。

3. 氩对空气精馏的影响

空气中含有 0.932% 的氩，它的沸点介于氮和氧之间，因而在分离空气时，它不是混在氮气中就是混在氧气中，要同时制得纯氮及纯氧是不可能的。例如，理论上当氮氧完全分离时，若氮气的纯度是 100%，则氧气含氩量为：0.932/(20.93+0.932)＝4.25%，即氧的纯度为 95.75%；若氧的纯度是 100%，则氮中含氩量为：0.932/(78.03+0.932)＝1.18%，即氮的纯度为 98.82%。

为了同时获得较纯的氮气和氧气，必须采用一定的措施，对于小型高中压空分装置可采取从上塔抽出馏分的措施。对于大、中型低压空分装置，一般采用在上塔顶部抽出含氧量较少的不纯氮气（通称污氮）的措施，使空气带入的大部分氩随这股不纯氮气带出精馏塔。

四、空气的净化

空气中除氮、氧、氩及稀有气体外，还含有水蒸气、二氧化碳及乙炔等有害气体及灰尘，灰尘能磨损压缩机，水蒸气、二氧化碳在低温下会凝固成冰与干冰，堵塞管道与设备；碳氢化合物特别是乙炔在含氧介质中受到摩擦、冲击或静电作用，会引起爆炸。为了保证空分过程安全及长周期运行，这些杂质必须加以清除，大中型空分装置对原料空气的要求如表 3-4 所示。

表 3-4　大中型空分装置对原料空气的要求

杂质	机械杂质	二氧化碳	乙炔	C_nH_m
允许含量	＜30mg/m³（标）	350cm³/m³	0.5cm³/m³	≤30cm³/m³

1. 机械杂质的脱除

机械杂质会影响空气压缩机的正常运转。当使用离心式压缩机时，较粗大的干性杂质会造成叶片的磨损，而黏性的含炭细灰会沉积在叶片上，导致压缩机效率降低，转子叶片积灰多时还会产生振动，严重时被迫停车处理。因此，压缩机进气前的灰尘必须进行清除。

空气中灰尘大多以过滤为主，并辅之以惯性或离心式来处理，大中型空分装置均使用无油的干式除尘器，目前国内外空分装置使用的空气过滤器有惯性除尘器、电动卷帘式干带过滤器、脉冲袋式过滤器、动环袋式过滤器和脉冲纸筒式过滤器。惯性除尘器和电动卷帘式干带过滤器一般用于空气的初步除尘，脉冲袋式过滤器是一种高效的自动清灰精滤器，脉冲纸筒式过滤器是精滤器的一种。脉冲纸纤维素混合物制成厚约 0.5mm 的滤纸作为基材。将这种滤纸反复折叠成 50mm 的带状，然后再将此带围成类似于百褶裙状的圆筒，如图 3-8 所示。筒分直形和锥形两种，其内外壁均用金属网加以保护，每两种圆筒合在一起组成一个完整的过滤单元。用金属构架将两筒紧密连接并固定在垂直安装的钢化板上，而过滤筒则呈水平放置，其工作原理是空气自滤筒外部进入，通过筒壁的过滤作用将灰尘留在筒外，而清净的空气则自筒内流出。当筒外灰尘积聚到一定程度时，将一小部分滤筒与主气流隔离，同时用反吹空气自内向外反吹，将滤筒外表面所积灰尘吹落以使滤筒可以重新工作。此种过滤器过滤效率高，对 $5\mu m$ 以上的灰尘其效率可达到 100%，对 $2\mu m$ 灰尘的过滤效率大于 93%。

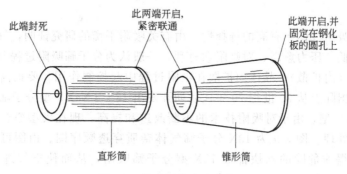

图 3-8　脉冲纸筒式过滤单元

2. 水分及 CO_2 的脱除

空气中的水分及 CO_2 在低温下均呈固态冰和干冰析出，造成设备和管道的堵塞，因此在空气进入冷箱之前必须加以脱除，脱除 CO_2、水蒸气一般有吸附法和冻结法。吸附法是空气通过装有分子筛或硅胶的吸附器，二氧化碳和水蒸气被分子筛或硅胶吸附，达到清除的目的。冻结法是在低温下，水分、二氧化碳以固态形式冻结在切换式换热器的通道内而被除去，经过一段时间间隔后，自动将通道切换，让干燥的返流气体通过该通道，使前一阶段冻结的水分和二氧化碳在该气流中蒸发、升华而被带出装置，另外也可用 $8\%\sim10\%$ 的氢氧化钠溶液洗涤空气中的二氧化碳。

3. 乙炔和碳氢化合物的脱除

碳氢化合物特别是乙炔进入空分装置并积累到一定程度时易造成爆炸事故，因而必须脱除。各种烃类化合物在液氧中的爆炸敏感性顺序为：乙炔、丙烯、丁烷、丙烷、甲烷。清除空气中的乙炔采用吸附法。在低温下乙炔呈固体微粒状浮在液体空气或液体氧中，当通过装有硅胶的吸附器时，乙炔被硅胶吸附而除去。

4. 冷箱前端净化

空气经除尘、压缩、水冷后，水分 CO_2 及烃类物质还存留在其中，为了保证冷箱内设备不受堵塞并消除爆炸的危险，早期的空分装置采用碱洗脱 CO_2、水分，但对乙炔等烃类物质只能在冷箱内设置硅胶吸附器除去。自从分子筛吸附法被成功用到空分净化系统后，空气进入冷箱之前的净化（前端净化）采用分子筛吸附为主的方法使各种有害气体杂质清除干净。

分子筛即人工合成沸石，为强极性吸附剂，对极性分子有很大的亲和力，并且热稳定性和化学稳定性高；分子筛具有微孔尺寸大小一致的特点，凡被处理的流体分子大于其微孔尺寸都不能进入微孔，可以起到筛分的作用，所以称为分子筛，可分为 A 型、X 型、Y 型分子筛晶体。常用分子筛的组成及孔径如表 3-5 所示。

表 3-5　常用分子筛的组成及孔径

型号	SiO₂/Al₂O₃ 分子比	孔径/Å	典型化学组成
3A(钾 A 型)	2	3～3.3	$\frac{2}{3}K_2O \cdot \frac{1}{3}Na_2O \cdot Al_2O_3 \cdot 2SiO_2 \cdot 4.5H_2O$
4A(钠 A 型)	2	4.2～4.7	$Na_2O \cdot Al_2O_3 \cdot 2SiO_2 \cdot 4.5H_2O$
5A(钙 A 型)	2	4.9～5.6	$0.7CaO \cdot 0.3Na_2O \cdot Al_2O_3 \cdot 2SiO_2 \cdot 4.5H_2O$
10X(钙 X 型)	2.3～3.3	8～9	$0.8CaO \cdot 0.2Na_2O \cdot Al_2O_3 \cdot 2.5SiO_2 \cdot 6H_2O$
13X(钠 X 型)	2.3～3.5	9～10	$Na_2O \cdot Al_2O_3 \cdot 2.5SiO_2 \cdot 6H_2O$
Y(钠 Y 型)	3.3～5	9～10	$Na_2O \cdot Al_2O_3 \cdot 5SiO_2 \cdot 6H_2O$
钠丝光沸石	3.3～6	约 5	$Na_2O \cdot Al_2O_3 \cdot 10SiO_2 \cdot 6～7H_2O$

注：$1Å = 10^{-10}m$。

　　分子筛对被吸附气体具有高的选择性，由有关吸附平衡的研究证明，气体的吸附多为放热效应。温度愈低，压力愈高，对吸附愈有利，一般认为分子筛吸附过程分两步：一是膜扩散，一是孔扩散（内扩散）。晶体内扩散在吸附过程中起控制作用。要提高吸附速度，即提高孔扩散速度。国际上从 20 世纪 70 年代后期开发出 13X（NaX）型分子筛并用以取代原先使用的 5A（CaX）型，由于对吸附技术的不断改进和提高，现在大型空分已完全应用 13X 型进行空气净化处理。图 3-9 为 13X 分子筛气体杂质穿透顺序图。由图可见，空气中的水分、CO₂ 及最具爆炸危险的乙炔都被 13X 型分子筛吸附，从而使空气进入冷箱之前彻底净化。

穿透物
甲烷
乙烷
乙烯

截留物
CO₂
乙炔
丙烯
丁烯
H₂O

工艺空气

图 3-9　13X 分子筛气体穿透图

第二节　空分的工艺流程

　　完整的流程是指从大气中吸入空气开始，直到分离出氧、氮、粗氩产品为止的全过程流程，见图 3-10 所示。图中各个步骤已分别在本节及以前各节中详细阐述。对于较大型的装置一般多由制造厂家，根据用户的具体条件，组合出完整的流程，以满足生产的实际需要，这种按需定制的做法，可以彻底避免空分能力与用户自身生产之间可能出现的不平衡；另一

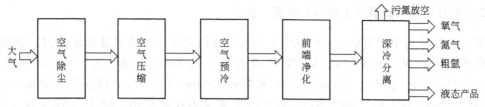

图 3-10　空分装置全过程框图

种方式是由制造厂事先组合好多种不同能力及规格的全流程以供用户选用,这种做法可以缩短制造厂的设计周期及制造成本,但用户必须以自身的生产规模及工艺条件来适配,因而多适用于中小型用户。下面选择两种完整的流程加以简单介绍,以便给出一个全面的示例。至于在具体应用中,可根据前面所介绍的各种不同做法,特别是氧氮产品的供出方式和合适的补冷方法,由用户自行灵活选择。是否需要生产液体产品,氩及其他稀有气体是否应该回收等诸多决策性问题,都必须在空分装置开始设计之前加以研究确定,以免造成不合理的改动。

一、低压空气膨胀型（外压式供氧、氮）

图 3-11 所示的中国杭州制氧机厂生产的定型产品,有 6000 和 10000 两种规格。空气除尘采用脉冲袋式过滤器,空气压缩为离心式等温压缩机,直接接触型空气预冷系统并配有氟氟烃冷冻机组（氨厂使用时建议改为液氨制冷）;常温分子筛前端净化;深冷精馏系统采用低压透平式膨胀机,膨胀空气直接送上塔。此外,还可配粗氩提取塔及精制后的精氩精馏塔供用户选用。这种装置只能向用户供应常压氧氮产品,氧产量最高 10000m³（标）/h（>99.6％O_2）,氮产量相应为 18000m³（标）/h（含 O_2<10cm³/m³）,还可同时生产 100m³（标）/h 液氧及 400m³（标）/h 液氮;在减负荷条件下运转时 $n(N_2)/n(O_2)$ 可达 2.3,此时产氧 6000m³（标）/h,氮 14000m³（标）/h,液氧提高到 1000m³（标）/h。

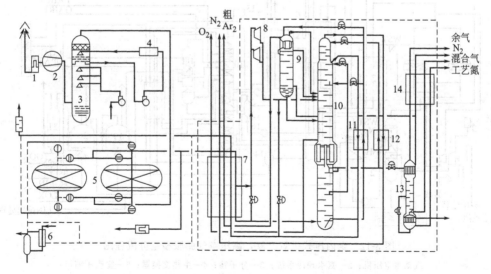

图 3-11　外压式供氧、氮,低压空气膨胀型空分流程图

1—空气过滤器；2—空气透平压缩机；3—喷淋冷却塔；4—氟里昂冷却器；5—分子筛吸附器；
6—蒸汽加热器；7—主热交换器；8—透平膨胀机组；9—粗氩塔；10—双级精馏塔；
11—液空过冷器；12—液氮过冷器；13—精氩塔；14—氩热交换器

二、高压空气膨胀型（全内压式供氧、氮）

图 3-12 所示为中国南京由美国 APCI 公司引进的大型空分装置流程示意图，该流程已申请中国专利，见 CN 1103157A。生产能力为氧气 4000m³（标）/h（>99.5% O_2），氮 43500m³（标）/h（含 O_2<10cm³/m³），液态氧 2500m³（标）/h，液态氮 2650m³（标）/h，粗氩 1173m³（标）/h（>98% Ar）。氧气由液氧泵内压式供出，分 10.0MPa 及 4.5MPa（绝对）两种压力；高、中压氮气由液氮泵内压式供出，分 7.75MPa 及 2.7MPa（绝对）两种压力，另外低压氮气直接由下塔顶部供出，压力 0.05MPa。该装置空气除尘采用脉冲纸筒式过滤器；空气压缩为离心式等温压缩机；直接接触式空气预冷系统，用氨蒸发冷却，塔顶喷淋水；卧式分子筛前端净化；深冷分离系统由于氧、氮泵均为内压供气，加之还有较大的液体产品产出，所需的补充冷量极大，只有使用高压空气膨胀技术才能满足要求。高压空气由接力压缩机（增压机）加压并经冷箱内的换热器冷却后送入透平式压缩膨胀机的膨胀段；与此同时另一股高压空气由压缩膨胀机的压缩段进一步加压，然后送入冷箱经换热器冷却并节流到下塔压力，此时有少量空气液化。由主空压机送来的低压空气与上述膨胀空气及节流空气汇合，三股空气共同进入下塔进行精馏。产品氧全部由上塔底部液态排出；产品氮则由下塔顶部的冷凝蒸发器以液态排出，除高、中压氮[分别为 31000m³（标）/h 及 5000m³（标）/h]须由液氮泵加压外，低压氮及液态氮泵均直接在下塔压力下送出。这种高压空气的膨胀与节流过程，只是将主空压机的低压空气在进入下塔之前借用，以便向深冷系统进行补冷，最终在下塔入口处又全部归还，因此这实际上是下塔抽氮膨胀式拉赫曼原理的应用。为了简化设备、降低投资，本装置中将主空压机与接力压缩机通过增速箱连接，由一台高压蒸汽透

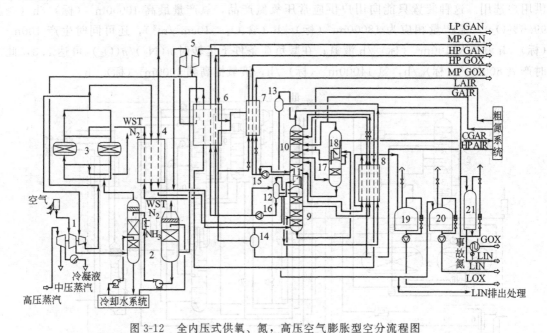

图 3-12 全内压式供氧、氮，高压空气膨胀型空分流程图

1—汽动主空压机；2—氨水预冷系统；3—分子筛；4—主热交换器；5—膨胀压缩机；

6—高压液氮热交换器；7—高压液氧热交换器；8—污氮辅助冷凝器；9—高压精馏塔；10—低压精馏塔；

11—低压塔冷凝再沸器；12—高压液氮受槽；13—液氮气液分离器；14—液空分离器；15—液氧泵；

16—液氮泵；17—氩精馏塔；18—氩塔高位冷凝器；19—低压液氧储槽系统；

20—低压液氮储槽系统；21—高压液氮储槽系统

平驱动。高压液氧泵及液氮泵均采用立式多级离心泵，由变频调节式无级调速电机驱动，每种泵均安装两台，正常运转时各开50%负荷，一旦其中任意一台出现故障停车，另一台立即自动将负荷提到100%。透平式压缩膨胀机共安装两台，正常生产时只开一台，另一台作为备用，装置启动时两台同开，以缩短启动时间。

第三节　空分装置的操作要点

一、空气分离装置的启动

1. 原始开车

(1) 开车前的准备工作

① 检查　按图纸检查所有设备、管道、阀门、分析取样点、电器、仪表等，必须正常完好。自动阀、安全阀和仪表，全部校对调试合格，并且灵活好用。

② 单体试车　膨胀机、空气压缩机、液氧泵及水泵单体试车合格。

(2) 系统吹除　系统吹除的目的是除去遗留在设备、管道内的杂物和水分。吹除时中压系统和低压系统分别进行。中压系统用 0.45～0.5MPa 空气吹除，低压系统用 0.04～0.05MPa 压缩空气吹除。按先中压、后低压、最后全系统吹除的顺序进行，当排出的气体中无水分及杂质为合格。

对冷箱的吹除要求如下：

① 压缩要有足够的气量，吹除时各排放口要有足够的气量，以保证吹除干净。

② 拆除吹除，吹除回路中的安全阀、孔板必须拆除，各压力表、液位计等表头必须拆下，表管与设备一起进行吹除。

③ 冷箱外碳钢管线必须吹除合格后才能进冷箱。

(3) 气密试验　目的是检查设备、管道、法兰、焊接处是否有泄漏。气密试验的方法是向中压系统导入 0.6MPa 的压缩空气，然后逐渐向低压系统导入空气，使上塔压力保持在 0.06MPa。用肥皂水检查所有法兰、焊缝及填料函等密封点。发现泄漏时，卸压处理，直到完全消除泄漏为止。同时对自动阀门进行试漏检查。

上述工作进行完后，将上塔压力保持在 0.6MPa，若 4h 内压力降小于 0.02MPa 为合格。同时将上塔压力保持在 0.06MPa。保压 8h，压力降小于 0.01MPa 为合格。

(4) 常温干燥　为了除去系统水分，需要进行常温干燥。方法是用空气压缩机将空气加压后，对所有设备、管道进行吹除干燥 2～4h。

(5) 第一次裸冷　在冷箱未装保温材料之前，进行开车冷冻的过程，称为裸冷。裸冷的方法是在空分设备安装完毕或检修之后，未装珠光砂之前，按正式开车程序启动膨胀机，使冷箱内低温设备及管道温度降至 -100℃ 以下，并保持 2～3h，考验设备在低温下的工作性能，即在冷态下检验有无变形、设备的制造质量以及法兰接头、焊缝等安装质量。在低温下查漏，处理泄漏，并把紧所有螺丝。裸冷的目的就是使设备在低温下的缺陷充分暴露出来，以得到及时处理。

(6) 加热干燥　除去在裸冷时带入系统的水分和二氧化碳，同时考验设备在降温、升温后是否可靠。然后再次裸冷，考验设备是否耐冷热变化，再次进行加热干燥。

(7) 试压试漏　在没有装保冷材料前，再对系统进行一次试压试漏。

（8）装填硅胶和珠光砂　在吸附器和液氧吸附器加入球形硅胶，装满后封住加入口，并用干燥空气吹除。打开冷箱顶部的人孔，将保温材料珠光砂装入冷箱。装填时要严防出现漏装、死角和空洞等现象，要防止各种杂物掉入保冷箱内。

2. 系统的启动

系统启动是指空分装置自膨胀机启动到转入正常运转的整个过程。在启动过程中，主要利用膨胀机所获得的冷量，逐渐将所有设备及管道冷却到正常生产所要求的低温，并在精馏塔内积累起足够数量的液体，从而转入正常生产。

在启动阶段，系统中的物流、温度、压力发生着剧烈变化，能否掌握这种变化，将关系到能否转入正常生产，以及影响产品产量、质量和生产周期等方面。因此，搞好启动操作是空分过程最重要的环节。

（1）启动前的准备工作　准备工作主要包括空压机、透平膨胀机等做好运转的充分准备；空分装置经过充分的加热干燥，并吹冷至常温，启动干燥器处于备用状态；检查仪器仪表，并投入使用；检查各阀门开闭状态；启动空压机，调节到工作压力；启动干燥器，送上仪表空气；启动切换装置，检查其工作是否正常。当上述工作完成后，可以正式启动空分装置。

（2）启动操作　对具有可逆式换热器的全低压空分装置，一般采用分段冷却法进行启动。

在 0.5MPa 的操作压力下，水分在 $-40\sim-60℃$ 基本上冻结，而在 $-130℃$ 以下，二氧化碳才开始冻结，直到 $-165\sim-170℃$ 全部冻结，可见在 $-60\sim-130℃$ 区间为干燥区。利用这一特性，在启动操作中，设备的冷却过程分为以下四个阶段进行。

第一阶段的任务是充分发挥透平膨胀机制冷能力，以最短的路线、最快速度集中冷却可逆式换热器，迅速通过水分结冻区 $-40\sim-60℃$，同时使膨胀机在水分可能冻结阶段运转时间最短。当可逆式换热器冷端温度达到 $-60℃$ 时，去膨胀机的空气基本是完全干燥的，此阶段即告结束。

第二阶段是在透平膨胀机出口降低至相对于二氧化碳析出温度 $-130℃$ 以前，将空分装置内各容器有计划地冷却到尽可能低的温度。由于空气温度高于二氧化碳析出温度，所以水分和二氧化碳都不会在膨胀机或其他设备内析出，可以充分发挥膨胀机制冷潜力，将设备逐渐冷却，直到膨胀机出口空气温度下降至 $-130℃$ 为止。

第三阶段在 $-130\sim-165℃$ 之间进行。要求充分发挥膨胀机制冷潜力，以最短的路线和最快的速度集中冷却可逆式换热器，使其迅速度过二氧化碳冻结区，为液化空气创造条件。当可逆式换热器冷端温度达到 $-165℃$ 时，这一阶段即告结束。

第四阶段是用已经清除水分和二氧化碳的空气继续冷却所有设备，一直降到操作温度，并在设备内积累一定数量的液体，逐步调整上、下塔产品纯度，使精馏工况达到正常状态。

二、正常操作

空气分离装置的正常操作主要是空分精馏工况的调节。空分精馏工况的调节主要是对塔内物流量的分配，即对回流比的调节、液面的控制以及产品产量和纯度的调节。

1. 下塔精馏工况的调节

下塔精馏是上塔精馏的基础，调整下塔精馏工况就是为上塔提供纯度符合要求的、一定数量的液空、液 N_2 和污液氮，控制液空、液氮纯度的目的在于提高氧、氮的纯度和产量。

液空、液氮的纯度主要取决于下塔的回流比，下塔回流比的大小与氮节流阀和污氮节流阀的开度有关。

（1）液空、液氮纯度的调节　液空、液氮纯度的调节与下塔回流比有关。下塔回流比增大，精馏过程中蒸汽中高沸点组分氧液化充分，下塔上部蒸汽中的含氧量减小，所在液氮纯度提高，而液空的纯度降低。反之当下塔回流比减小时，蒸汽中高沸点组分氧液化不充分，下塔上部蒸汽中氧量增多，液氮纯度下降，而液空纯度由于液氮回流液的减小而升高。下塔回流比的大小与氮节流阀和污氮节流阀的开度有关。液氮节流阀开大，送到上塔的液氮量增多，下塔回流液减小，回流比减小；反之，关小液氮节流阀，送到上塔的液氮量减小，下塔回流液多，回流比增大，污液氮的纯度下降，液空纯度提高。在操作中，要妥善控制液氮和污液氮节流阀开度，将液空、液氮的纯度控制在规定的范围内。一般要求液空含氧为36％～40％，液氮纯度为99.9％，污液氮的纯度为94.6％左右。

（2）下塔液空液面的调节　液空节流阀不能调节下塔回流比，只能控制液空液面的高度。若液空液面控制过低，经过液空节流阀的液体夹带气体时，则使下塔的上升气量减少，回流比增大，液空中氧含量降低，并对上塔氧气浓度带来较大影响。因此要控制好液空液面，确保精馏过程正常进行。

2. 上塔精馏工况的调节

上塔精馏工况的调节主要是对氧氮产量、纯度的调节及主冷液位的调节。

（1）氧纯度的调节

① 氧取出量的影响　当产品氧浓度不变而取出量过大时，氧纯度就会降低。由于氧取出量过大，使得上塔精馏段上升蒸汽量减小，回流比增大，液体中氮蒸发不充分，使氧纯度下降，可适当关小氧取出阀，减少送氧量，同时开大污氮取出阀。

② 液空氧含量变化的影响　决定氧气纯度的最重要部位是上塔提馏段。液空中氧纯度低，必然是液空量大，一方面使上段提馏段的分离负荷加大，另一方面由于回流液多，难于使氮组分蒸发充分，从而造成氧纯度降低。这时应对下塔精馏工况进行调节，适当提高液空含氧量。

③ 膨胀空气量的影响　当进上塔的膨胀空气量过大时，破坏上塔的正常精馏工况，使氧纯度下降。这时如果塔内冷量过剩，应对膨胀机减量。

④ 加入空气量波动的影响　当空气量增加或减少，相应地要增加或减少氧氮的取出量。否则发生液泛或液漏等情况，破坏了精馏塔的工况，造成氧纯度下降。这时要根据具体情况，防止液泛或液漏现象的产生。

⑤ 冷凝蒸发器液氧液位高低的影响　当冷凝蒸发器液氧液面上升时，说明下流流量大于蒸发量，提馏段的回流比增大，回流入冷凝蒸发器的液体含氮量增加，造成氧纯度下降。这时应对膨胀机进行减量。

（2）氮纯度的调节

① 辅塔回流比的影响　当辅塔回流比减小时，产品氮纯度降低。这时应适当关小送氮阀或减少液氮取出量以增加辅塔的回流比。

② 液氮纯度低　首先要从下塔调起，待下塔液氮纯度提高后，再调整上塔氮的纯度，一般地应当把氮的取出量略降一些。

3. 冷凝蒸发器液位的调节

冷凝蒸发器液氧液位是空分装置冷量平衡的重要标志。液位波动的原因一般是由于膨胀机制冷量和系统冷损失不能平衡。若冷损失大于制冷量，液位下降，这时应增加膨胀机制冷量。反之，液位上升时则降低膨胀机的制冷量。

当节流阀开度不当，也可引起冷凝蒸发器液位与下塔液位向相反方向偏离。当冷凝蒸发器液位下降，而下塔液空液位上升时，应适当开大液空节流阀，增加送入上塔的液空量，达到规定液位时使其稳定。反之，则用关小液空节流阀的办法调整。

三、异常现象及处理

异常现象及处理方法见表3-6。

表3-6 异常现象及处理

序号	异常现象	常见原因	处理方法
1	氧气纯度下降	(1)氧气取出量过大 (2)冷凝蒸发器液面过高 (3)空气量不足 (4)纯氮气取出量过小 (5)上塔压力过高，主冷凝器做功不好	(1)减少氧气取出 (2)减少膨胀机量 (3)增加空气量 (4)适当打开阀门 (5)适当降低上塔压力，开大惰性气体排放阀
2	氮气纯度下降	(1)纯氮取出量过大 (2)下塔回流氮少，下塔氮纯度下降 (3)上塔悬液	(1)减少氮气取出量 (2)关小液氮进上塔节流阀 (3)减少进上塔气量
3	液面过高	(1)节流阀开得过小 (2)液空过冷器堵 (3)吸附过滤器堵	(1)开大液空进上塔节流阀 (2)反吹液空过冷器 (3)切换吸附过滤器
4	上塔超压	(1)冷凝蒸发器 (2)自动阀吹翻 (3)产品强制阀打不开 (4)节流阀带气	(1)停车处理 (2)停车处理 (3)检查升压器、码盘及阀门是否卡住，并及时修理 (4)关小节流阀
5	膨胀机超速	(1)制动风机出口阀开得过小 (2)膨胀机消音器阻力小	(1)开大风机制动出口阀 (2)停膨胀机处理
6	膨胀机带液	(1)下塔液面过高 (2)环流温度过低	(1)降低下塔液面 (2)减少环流量
7	上下塔阻力增大	(1)上升气量过大，产生悬液 (2)塔板被二氧化碳堵塞	(1)减少空气加入量 (2)停车后重新启动，若不见效，停车加热
8	可逆式换热器阻力增大	(1)被水分、二氧化碳冻结 (2)空气冷却塔带水而冻结	(1)适当增加环流量，缩短切换时间 (2)迅速停水冷，缩短切换周期，如无效停车处理
9	各仪表无指示	仪表电源停电	手动切换强制阀，维持生产，并联系电工修理
10	液氧泵启动后不排液	(1)泵反转 (2)泵未预冷好 (3)泵进口堵塞	(1)检查电机旋转方向 (2)检查进口阀开度 (3)拆泵检查
11	液氧泵输液量减少，压力下降	(1)电机转速降低 (2)密封损坏 (3)进口压力过低 (4)泵进口阀冻结 (5)叶轮损坏	(1)检查电机转速及电压 (2)检查密封口 (3)检查进口压力表 (4)多次开关阀门 (5)停车拆泵检查

 本章小结

一、空气的液化分离

1. 空气的温-熵图的构成及其应用，空气液化的基本原理、液体空气的精馏原理。

2. 空气中机械杂质的脱除、水分及 CO_2 脱除、乙炔和碳氢化合物的脱除及冷箱前端净化。

二、空分的工艺流程

外压式供氧氮、低压空气膨胀型流程；全内压式供氧、氮，高压空气膨胀型流程。

三、空分的操作

原始开车、系统启动、正常操作、异常现象及其处理。

 思考与练习题

1. 什么叫空气的 T-S 图？是如何构成的？在空气的 T-S 图上表示出等压加热、等焓膨胀和等熵膨胀过程。

2. 什么叫节流膨胀？空气经节流膨胀后温度为什么会降低？

3. 在一次节流膨胀中，空气是如何被液化的？

4. 精馏塔内的空气是怎样被分离成氧和氮的？

5. 在双级精馏塔的冷凝蒸发器中，为什么能用液氧冷却氮气？

6. 什么叫裸冷？为什么要进行裸冷？怎样进行裸冷？

7. 双级精馏塔是由哪些部分构成的？各部分有何作用？

8. 空分净化过程中主要是除去哪些物质？这些物质对空分过程有哪些危害？

9. 空分过程包括哪些主要环节？

第四章 甲醇原料气中一氧化碳的变换

学习目标

1. 了解原料气变换在甲醇生产中的意义。
2. 掌握变换反应原理，能对工艺条件的选择进行分析。
3. 掌握中温变换、中温变换串低温变换、全低温变换工艺流程的组织原则、流程特点以及主要设备的结构与作用。
4. 掌握中温变换、低温变换和耐硫变换催化剂的组成、使用条件、还原、硫化、钝化、失活、再生原理。
5. 掌握原料气变换的主要设备结构、操作控制要点、生产工序的开停车、生产中异常现象的判断及故障排除方法。

以重油与煤为原料所制得的粗甲醇原料气均需经过一氧化碳变换工序。一氧化碳变换工序主要有两个作用。

① 调整甲醇原料气氢碳比例。合成甲醇所用的气体组成应保持一定的氢碳比例。在甲醇合成反应中，应使 $f = \dfrac{n(H_2) - n(CO)}{n(CO) + n(CO_2)} = 2.10 \sim 2.15$ 或 $M = \dfrac{n(H_2)}{n(CO) + n(CO_2)} = 2.0 \sim 2.05$。

当以重油或煤、焦为原料生产甲醇时，气体组成偏离上述比例，CO 过量而 H_2 不足，需通过变换工序使过量的一氧化碳变换成氢气，以调整氢碳比。

② 使粗煤气中的有机硫（COS、CS_2 等）水解转化为无机硫（H_2S），便于脱除。甲醇合成原料气必须将气体中总含硫量脱至 0.1ppm 以下。以煤制的粗水煤气中硫的主要存在形式有两种，无机硫 H_2S（90％）和有机硫 COS（10％）。除非采用甲醇洗，通常的湿法脱硫难以在变换前脱除有机硫。设置了变换工序后，有机硫化物均可在变换催化剂上转化为 H_2S，便于后工序脱除。

$$COS + H_2O \longrightarrow CO_2 + H_2S \tag{4-1}$$

工业生产中，一氧化碳变换反应均在催化剂存在的条件下进行。根据反应温度不同，变换过程分为中温变换和低温变换。中温变换催化剂以三氧化二铁为主，反应温度为 350～550℃，反应后气体中仍含有 3％左右的一氧化碳。低温变换以铜（或硫化钴-硫化钼）为催化剂主体，操作温度为 180～280℃，反应后气体中残余一氧化碳可降到 0.3％左右。

近年来，随着高活性耐硫变换催化剂开发和使用，变换工艺发生了很大变化，由过去单纯的中温变换、低温变换，发展到目前的中变串低变、全低低、中低低变换等多种新工艺。

第一节 一氧化碳变换原理

一、变换反应的特点

变换反应可用下式表示：

$$CO + H_2O(g) \Longrightarrow CO_2 + H_2 + Q \qquad (4-2)$$

变换反应的特点是可逆、放热、反应前后体积不变，并且反应速率比较慢，只有在催化剂的作用下才具有较快的反应速率。

变换反应是放热反应，反应热随温度升高而有所减少，其关系式为

$$Q = 10000 + 0.219T - 2.845 \times 10^{-3} T^2 + 0.9703 \times 10^{-6} T^3 \qquad [\text{cal/mol}] \qquad (4-3)$$

式中 T——温度，K。

不同温度下变换反应的反应热也可从表 4-1 查出。

表 4-1　变换反应的反应热

温度/℃	25	200	250	300	350	400	450	500
反应热/(kJ/mol)	41.16	40.04	39.64	39.23	38.76	38.30	37.86	37.30

二、变换反应的化学平衡

1. 平衡常数

在一定条件下，当变换反应达到平衡状态时，其平衡常数为：

$$K_p = \frac{p_{CO_2}^* p_{H_2}^*}{p_{CO}^* p_{H_2O}^*} = \frac{y_{CO_2}^* y_{H_2}^*}{y_{CO}^* y_{H_2O}^*} \qquad (4-4)$$

式中 $p_{CO_2}^*$，$p_{H_2}^*$，p_{CO}^*，$p_{H_2O}^*$——各组分的平衡分压，Pa；

$y_{CO_2}^*$，$y_{H_2}^*$，y_{CO}^*，$y_{H_2O}^*$——各组分的平衡组成，摩尔分数。

不同温度下，一氧化碳变换反应的平衡常数见表 4-2。

表 4-2　变换反应的平衡常数

温度/℃	200	250	300	350	400	450	500
K_p	2.279×10^2	8.651×10^1	3.922×10^1	2.034×10^1	1.170×10^1	7.311	4.878

变换反应的平衡常数随温度的升高而降低，因而降低温度有利于变换反应向右进行，使变换气中残余 CO 的含量降低。在工业生产范围内，平衡常数可用下面简化式计算：

$$\lg K_p = \frac{1914}{T} - 1.782 \qquad (4-5)$$

式中 T——温度，K。

2. 变换率及影响平衡变换率因素

一氧化碳的变换程度常用变换率表示，其定义是变换反应已转化的一氧化碳量与变换前一氧化碳量之比。表达式为：

$$x = \frac{n_{CO} - n'_{CO}}{n_{CO}} \qquad (4-6)$$

式中 x——一氧化碳变换率；

n_{CO}，n'_{CO}——变换前后 CO 量，mol。

以 1kmol 原料气（干基）为计算基准。n 为汽气比，即 1kmol 干原料气配入 n kmol 水蒸气进行变换反应。设反应初始状态一氧化碳、二氧化碳、氢和其他气体的含量（摩尔分数，干基）分别为 a、b、c、d，则当变换率为 x 时，已变换的一氧化碳量为 ax，反应前后的物料关系如表 4-3 所示。

表 4-3   一氧化碳变换反应的物料关系

气体	反应前各组分物质的摩尔分数	反应后各组分物质的摩尔分数	变换气组成（摩尔分数）	
			干基	湿基
CO	a	$a-ax$	$\dfrac{a-ax}{1+ax}$	$\dfrac{a-ax}{1+n}$
H_2O	n	$n-ax$	—	$\dfrac{n-ax}{1+n}$
CO_2	b	$b+ax$	$\dfrac{b+ax}{1+ax}$	$\dfrac{b+ax}{1+n}$
H_2	c	$c+ax$	$\dfrac{c+ax}{1+ax}$	$\dfrac{c+ax}{1+n}$
其他气体	d	d	$\dfrac{d}{1+ax}$	$\dfrac{d}{1+n}$
干基气量	1	$1+ax$		
湿基气量	$1+n$	$1+n$		

由表 4-3 可见，干变换气中一氧化碳含量（摩尔分数）

$$a'=\frac{a-ax}{1+ax} \tag{4-7}$$

移项即得：

$$x=\frac{a-a'}{a(1+a')} \tag{4-8}$$

式中 a——原料气中的一氧化碳摩尔分数；

a'——变换气中的一氧化碳摩尔分数。

当变换反应达平衡时，$x=x^*$，将变换气湿基组成代入式(4-4)，则平衡常数可表示成：

$$K_p=\frac{y^*_{CO_2}y^*_{H_2}}{y^*_{CO}y^*_{H_2O}}=\frac{(b+ax^*)(c+ax^*)}{(a-ax^*)(n-ax^*)} \tag{4-9}$$

当变换前气体组成一定时，则可根据式(4-5)、式(4-9)求得一定温度下平衡变换率及平衡组成。

在工业生产条件下，由于反应不可能达到平衡，实际变换率总是小于平衡变换率，为此需控制适宜的生产条件，使实际变换率尽可能接近平衡变换率。

三、变换反应速率

1. 催化变换机理

催化变换反应属于气-固相催化反应，关于一氧化碳在催化剂表面上进行的变换反应机理，目前未取得一致意见。比较普遍的说法是：水蒸气分子首先被催化剂的活性表面所吸附，并分解为氢及吸附状态的氧原子，氢进入气相，吸附态的氧则在催化剂表面形成氧原子吸附层，当一氧化碳分子撞击到氧原子吸附层时，即被氧化为二氧化碳，并离开催化剂表面进入气相。然后催化剂又与水分子作用，重新生成氧原子的吸附层，如此反应重复进行。

若用 [k] 表示催化剂活性中心，则上述过程可用下式表示：

$$[k]+H_2O \longrightarrow [k]O+H_2 \tag{4-10}$$

$$[k]O+CO \longrightarrow [k]+CO_2 \tag{4-11}$$

实验证明，在这两个步骤中，第二步比第一步慢，因此，第二步是一氧化碳变换化学反应影响反应速率的因素，是反应过程的控制步骤。

2. 变换反应速率

变换反应是放热反应，反应速率可用下式表示：

$$-r_{CO}=k\left(y_{CO}y_{H_2O}-\frac{y_{CO_2}y_{H_2}}{K_p}\right) \tag{4-12}$$

式中　　　　　　　$-r_{CO}$——反应速率，$m^3(CO)/[m^3(催化剂)\cdot h]$；

K_p——平衡常数；

y_{CO_2}，y_{H_2}，y_{CO}，y_{H_2O}——CO_2、H_2、CO、H_2O（g）的摩尔分数；

k——反应速率常数，它是温度的函数。

四、工艺操作条件

1. 变换反应温度

变换反应是一可逆放热反应，由于可逆放热反应的速率常数 k 随温度升高而增大，平衡常数 K_p 随温度升高而下降，因此随反应温度的升高，反应速率从上升到下降出现一最大值（见图 4-11），在气体组成和催化剂一定的情况下，对应最大反应速率时的温度称为该条件下最佳温度或最适宜温度。

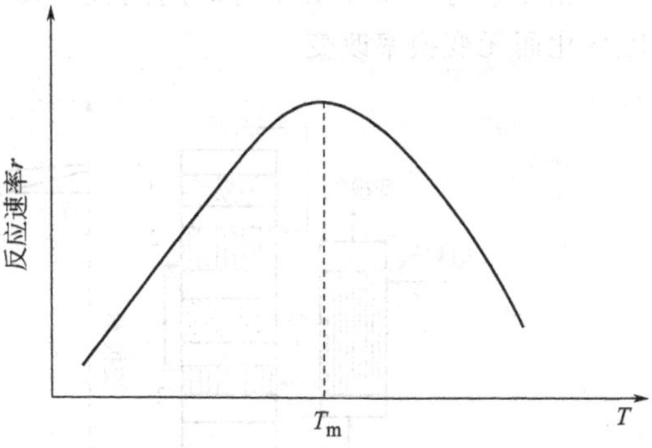

最适宜温度可由下式计算：

$$T_m=\frac{T_e}{1+\frac{R_gT_e}{E_2-E_1}\ln\frac{E_2}{E_1}} \tag{4-13}$$

图 4-1　最适宜温度示意图

式中　T_m，T_e——最适宜温度与平衡温度，K；

E_1，E_2——正、逆反应活化能，J/mol；

R_g——气体常数，8.314J/（mol·K）。

最适宜温度与反应物组成有关，在不同组成下的最适宜温度组成的曲线就是最适宜温度曲线，为加快反应速率，并提高 CO 的变换率，可逆放热反应最好沿着最适宜温度曲线进行，则反应速率最大，即相同的生产能力下所需催化剂用量最少。

但是实际生产中完全按最适宜温度曲线操作是不现实的。首先，在反应前期变换率 x 很小，最适宜温度 T_m 很高，已大大超过中变催化剂允许使用的温度范围。而此时，由于远离平衡，即使离开最适宜温度曲线在较低温度下操作仍可有较高的反应速率。其次，随着变换反应的进行，x 不断增大，反应热不断放出，而 T_m 却要求不断降低，要考虑如何从催化剂床层不断移去适当热量的问题。

因此，变换炉的设计及生产中温度的控制应注意以下三个问题。

① 将变换温度控制在催化剂的活性温度范围内操作，防止超温造成催化剂活性组分烧

结而降低活性。此外，反应开始温度应高于所用型号催化剂的起始活性温度 20℃左右，随着催化剂使用时间的增长活性有所下降，操作温度应适当提高。

② 必须从催化剂床层中及时移出热量，不断降低反应温度，以接近最适宜温度曲线进行反应，并且对排出的热量加以合理利用。

③ 低温变换的温度，除应限制在催化剂活性温度范围内，还必须考虑该气体条件下的露点温度，以防止水蒸气的冷凝。低温变换操作温度一般比露点温度高出 20℃左右。如果控制不严，万一水蒸气冷凝则有氨水生成（变换副反应有氨生成）。它凝聚于催化剂表面，生成铜氨络合物，不仅活性降低，还使催化剂破裂粉碎，引起床层阻力增加等弊端。

工业上变换反应的移热方式有三种：连续换热式、多段间接换热式、多段直接换热式。国内装置中多为多段间接换热式、多段直接换热式。

（1）多段间接换热式 图 4-2(a) 为多段间接换热式变换炉示意图。此处为了示意简单，把段间换热器放在炉内。原料气经换热器预热达到催化剂所要求的温度后进入第一段床层，在绝热条件下进行反应，温升值与原料气组成及变换率有关。第一段出来的气体经换热器降温，再进入第二段床层反应。经过多段反应与换热后，出口变换气经换热器回收部分热量后送入下一设备。总之绝热反应一段，间接换热一段是这类变换炉的特点。操作状况见图 4-2(b)，其中的 AB、CD、EF 分别是各段绝热操作过程中变换率 x 与温度 T 的关系，称为绝热操作线，可由绝热床层的热量衡算式求出。由于这几段气体的起始组成相同，这几条绝热操作线相互平行。BC、DE 为段间间接冷却线，平行于温度轴，表示间接冷却过程中只有温度变化而无变换率改变。

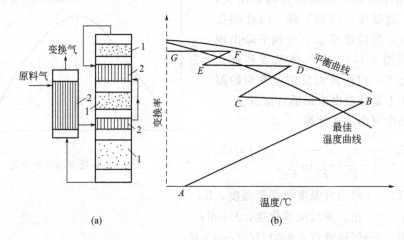

图 4-2 多段间接换热式变换炉（a）及操作状况（b）
1—催化床；2—换热器

（2）多段直接换热式 多段直接换热式根据段间冷激的介质不同，分为原料气冷激、蒸汽冷激和水冷激三种。

① 多段原料气冷激式 图 4-3(a) 为多段原料气冷激式变换炉示意图。它与间接换热式不同之处在于段间的冷却过程采用直接加入冷原料气的方法使反应后气体降低温度。绝热反应段，用冷原料气直接冷激一次是这类变换炉的特点。操作状况见图 4-3(b)。

虽然段间有冷激，但由于这几段气体的起始组成相同，使这几条绝热操作线互相平行。BC、DE 为段间冷激线，冷激过程中产生了物料的返混，变换率下降，故冷激降温线不与温度轴平行，其延长线交汇于 O 点，O 点坐标为 $(0, T_0)$，T_0 为冷激气温度。

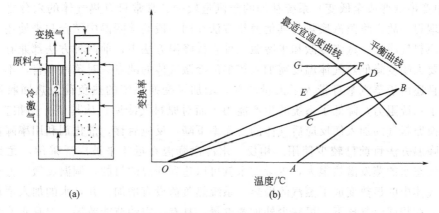

图 4-3 多段原料气冷激式变换炉（a）及其操作状况（b）

1—催化床；2—换热器

② 多段水冷激式 图 4-4(a)为多段水冷激式变换炉示意图。它与原料气冷激式不同之处在于冷激介质为冷凝水。操作状况见图 4-4(b)。由于冷激后气体中水蒸气含量增加，从而使下一段反应推动力增大，用式(4-9)计算的 K_p 因汽气比增大而减小，因而平衡温度提高，最适宜温度亦提高。故平衡曲线及最适宜温度线都高于上一段。由于冷激后汽气比增大使下一段的绝热温升小于上一段，故而绝热操作线的斜率逐段增大，互不平行。冷激降温线则均平行于温度轴。

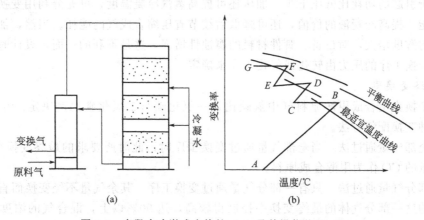

图 4-4 多段水冷激式变换炉（a）及其操作状况（b）

以上分析了几种多段变换炉的工艺特征，从这些变换炉的 $T\text{-}x$ 图可见整个反应过程只有若干点在最适宜温度曲线上，要使整个反应过程都完全沿着最适宜温度进行，段数要无限多才能实现，显然这是不现实的。因此工业生产中的多段变换炉只能接近而不能完全沿着最适宜温度曲线进行反应。段数愈多，愈接近最适宜温度曲线，但也带来不少操作控制上的问题。故工业变换炉及全低变炉一般用 2～3 段。并且，根据工艺需要，变换炉的段间降温方式可以是上述介绍的单一形式，也可以是几种形式的组合。比如，三段变换炉的一、二段间用间接换热，二、三段间用水冷激。

一般间接换热冷却介质多采用冷原料气或蒸汽。用冷原料气时由于与热源气体的热容、密度相差不大，故热气体的热量易被移走，温度调节方便，冷热气体温差较大，换热面积小；用蒸汽作冷却介质时可将饱和蒸汽变成过热蒸汽再补入系统可以保护主换热器不致腐蚀。这种方法在广泛采用，效果较好。但蒸汽间接换热降温不宜单独使用，因在多数情况下

（特别是中变串低变或全低变）系统补加的蒸汽量较少、常常只有热气体的六分之一，调温效果也不理想，故常将蒸汽换热与其他换热方法在同一段间接降温中结合起来使用。

对于原料气冷激、蒸汽冷激和水冷激三种直接降温方法中，前两种方法都兼有冷激介质热容小，要大幅度降低热气体温度需加入较多的冷激气体的缺点。对蒸汽而言，不仅消耗量增大，而且还由于蒸汽本身带入了大量的热，增加了变换系统的热负荷及热回收设备的负担，加大了系统阻力，降低了系统的生产能力。而对原料气冷激，从其 T-x 图很直观看出，由于未变换原料气的加入使反应后气体的变换率下降，反应后移，催化剂利用率降低。故这两种冷激降温方法目前已较少使用。相反，水冷激降温在近年来被广泛采用，尤其在小型厂。由于液态水的蒸发潜热很大，少量的水就可以达到降温的目的，调温灵敏、方便。水冷激是将热气体中的显热变成了蒸汽的潜热，系统热负荷没有增加。并且水的加入增加了气体的湿含量，在相同汽气比下，可减少外加蒸汽量，具有一定的节能效果。但是水冷激降温应注意水质，需用蒸汽冷凝水，使之蒸发通过催化剂床层后不留下残渣，否则会引起催化剂结块，增加阻力，降低活性。

2. 变换反应压力

变换反应是等物质的量反应，压力对 CO 变换反应的平衡几乎无影响，加压却促进了析碳和甲烷化副反应的进行，似乎不利。但提高压力，反应物体积缩小，单位体积中反应物分子数增多，反应分子被催化剂吸附速率增大、反应物分子与被催化剂吸附原子碰撞的机会增多，因而可以加快反应速率，提高催化剂的生产强度，减小设备和管件尺寸；且加压下的系统压力降所引起的功耗比低压下少；加压还可提高蒸汽冷凝温度，可充分利用变换气中过剩蒸汽的热能，提高冷凝液的价值，还可降低后续节省压缩合成气的能耗。当然，加压会使系统冷凝液的酸度增大，对设备、管件材料的腐蚀性增强，这是不利的一面，设计时应加以解决。一般变换工序的压力由转化或气化工序来确定。

3. 最终变换率

最终变换率由合成甲醇原料气中氢碳比及一氧化碳与二氧化碳比例决定。在甲醇生产中，有两种变换配气方法。

（1）全部气量通过法　当全部气量通过变换工序时，此时所要求的最终变换率不太高，要保留足量的 CO 作为甲醇合成原料。

（2）部分气量通过法　只有一部分气量通过变换工序，其余气量不经变换而直接去合成时，通过的这一部分气体的最终变换率控制得较高，达 90% 以上，混合气的浓度由旁路气量来控制。

4. 汽气比

在进行变换时，加入的水蒸气比例一般用汽气比 $n(H_2O)/n(干气)$ 或汽碳比 $n(H_2O)/n(CO)$ 来表示。增加水蒸气量，即汽气比增加，便加大了反应物质的浓度，反应向生成物方向移动，提高了平衡变换率，同时有利于高变催化剂活性组分 Fe_3O_4 相的稳定和抑制析碳与甲烷化反应的发生。过量的水蒸气还起载热体的作用，使催化剂床层温升相对减少。

但汽气比过大，水蒸气消耗量多，会增加生产成本，且过大的水蒸气量，反而使变换率降低。这是由于实际生产中反应不可能达到平衡，加入过量的水蒸气便稀释了 CO 的浓度，反应速率随之减小；加之反应气体在催化剂床层停留时间的缩短，使变换率降低；对于低变催化剂如汽气比过大，操作温度愈接近于露点温度，愈不利于催化剂的维护。

5. 催化剂粒度

为了提高催化剂的粒内有效因子，可减少催化剂粒度，但相应地气体通过催化床阻力增大，变换催化剂的适宜当量直径为 $6\sim10mm$，工业上一般压制成圆柱状，粒度为 $5mm\times5mm$ 或 $9mm\times9mm$。

第二节　变换催化剂

一、催化剂组成

催化剂中主要包括三种组成。

（1）活性组分　活性组分含量越高，催化剂活性也越高，但活性组分含量太高，活性增加有限，而成本却提高过多。

（2）助催化剂　催化剂中添加助催化剂是为了抑制熔结过程，防止晶粒长大，从而使它有较稳定的高活性，延长使用寿命并提高抗硫抗析碳能力。许多金属氧化物可作为助催化剂，如 Cr_2O_3、Al_2O_3、MgO、TiO_2 等。

（3）载体　催化剂中的载体应当具有使晶粒尽量分散，达到较大比表面以及阻止晶体熔结的作用。催化剂的载体都是熔点在 $2000℃$ 以上的金属氧化物，它们能耐高温，而且有很高的机械强度。常用的载体有 Al_2O_3、MgO、CaO 等。

二、变换催化剂

工业上采用催化剂加快反应速率。一氧化碳变换催化剂视活性温度和抗硫性能的不同分为铁铬系、铜锌系和钴钼系三种，它们的变换催化剂性能见表 4-4。

表 4-4　变换催化剂性能

催化剂名称	铁铬系（中温）	铜锌系（低温）	钴钼系（耐硫宽温）
主要组成	Fe_2O_3、Cr_2O_3	CuO、ZnO	CoS、MoS_2
活性组分	Fe_3O_4	Cu	MoS_2
操作温度/℃	$350\sim500$	$180\sim260$	$200\sim475$
$n(H_2O)/n(CO_2)$（摩尔比）	$2.5\sim4$	$6\sim10$	$2.5\sim10$
允许 H_2S 含量/(g/m^3)	<0.3	<1	最高耐硫量 18

1. 铁铬系催化剂

铁铬系催化剂又称高（中）温变换催化剂。含 Fe_2O_3 $80\%\sim90\%$，Cr_2O_3 $7\%\sim11\%$，并有少量的 K_2O、MgO 和 Al_2O_3 等成分。活性组分为 Fe_3O_4，开工时需用氢气或一氧化碳将 Fe_2O_3 还原成 Fe_3O_4。Cr_2O_3 为助催化剂，可与 Fe_3O_4 形成固溶体，高度分散于活性组分 Fe_3O_4 晶粒之间，使催化剂具有更细的微孔结构和更大的比表面积，从而提高催化剂的活性和耐热性，延长使用寿命。添加剂 K_2O 可提高催化剂的活性，MgO 和 Al_2O_3 能增加催化剂的耐热性，MgO 还具有良好的耐硫性能。

在此催化剂作用下气体中一氧化碳浓度可降到百分之几，如要进一步降低，需在更低温度下完成，需串低变流程。

中变催化剂的主要性能见表 4-5。

表 4-5　中温变换催化剂的性能和使用条件

国别		中国						美国(UCI)	英国(ICI)	德国(BASF)
型号		B109	B110-2	B111	B113	B117	B121	C12-1	15-4	K6-10
化学组成/%	Fe_2O_3	≥75	≥75	67~69	78±2		Fe_2O_3要添加K_2O、Al_2O_3	89±2		
	Cr_2O_3	≥9	≥8	7.6~9	9±2	67~75		9±2		
	K_2O			0.3~0.4		3~6				
	SO_4^{2-}	≤0.7	S<0.06	5	1~200 cm³/cm³	<1	Al_2O_3	S<0.05	0.1	0.1
	MoO_3									
物理性质	外观	棕褐片剂	棕褐片剂	棕褐片剂	棕褐片剂	棕褐片剂	棕褐片剂			
	尺寸/mm	φ(9~9.5)×(5~7)	φ(9~9.5)×(5~7)	φ9×(5~7)	φ9×5	φ(9~9.5)×(7~9)	φ9×(5~7)	φ9.5×6	φ8.5×10.5	φ6×6
	堆密度/(kg/L)	1.3~1.5	1.4~1.6	1.5~1.6	1.3~1.4		1.35~1.55	1.13		1.0~1.5
	比表面积/(m²/g)	36	35	50	74					
	孔隙率/%	40			45					
备注		低温活性好,蒸汽消耗低	还原后强度好,放硫快,活性高,适用于凯洛格型	耐硫性能好,适用于重油制氨流程	广泛应用于大中小型氨厂	低铬	无铬	在无硫条件下,高变串低变流程中使用	高变串低变流程中使用	还原态强度好

(1) 还原与钝化　中温变换催化剂中 Fe_2O_3 需经还原成 Fe_3O_4 才具有活性,通常用 H_2 或 CO 在一定温度下进行还原,其主要反应为:

$$3Fe_2O_3 + H_2 \longrightarrow 2Fe_3O_4 + H_2O + 9.6kJ \tag{4-14}$$

$$3Fe_2O_3 + CO \longrightarrow 2Fe_3O_4 + CO_2 + 50.8kJ \tag{4-15}$$

由于还原反应为放热反应,还原时要严格控制 H_2 和 CO 的加入量,以避免温度急剧升高,造成催化剂烧结。同时要加入适量水蒸气,以防 Fe_2O_3 被一步还原成 Fe,发生过度还原现象。当催化剂中含有硫酸根时,会被还原成硫化氢(放硫),使中温变换串低温变换流程中后面的低变催化剂中毒。因此在中变催化剂的还原过程,应严防硫化氢进入低变催化剂。

活性组分 Fe_3O_4 在 50~60℃ 以上十分不稳定,遇氧即被氧化,且是剧烈放热反应。

$$4Fe_3O_4 + O_2 \longrightarrow 6Fe_2O_3 + 466kJ \tag{4-16}$$

因此,在生产中要严格控制原料气中的氧含量。在系统停车检修时,先用水蒸气或氮气降低催化剂温度,同时,通入少量空气使催化剂缓慢氧化,在表面形成一层 Fe_2O_3 保护膜后,才能与空气接触,这一过程称为催化剂的钝化。

(2) 催化剂的中毒与衰老　在变换生产中,主要是原料气中的硫化物引起催化剂的中毒,使其活性下降,其反应如下:

$$Fe_3O_4 + 3H_2S + H_2 \longrightarrow 3FeS + 4H_2O \tag{4-17}$$

由于 CO 变换时将大部分的有机硫转化为硫化氢,从而使催化剂受大量 H_2S 毒害,然而,反应是一个可逆放热反应,属于暂时性中毒,当增大水蒸气用量、降低原料气中 H_2S 含量,催化剂的活性即能逐渐恢复。但是,这种暂时中毒如果反复进行,也会引起催化剂微晶结构发生变化,而导致活性下降。原料气的灰尘及水蒸气中的无机盐等物质,均会使催化剂的活性显著下降造成永久性中毒。

促使催化剂活性下降的另一个重要因素是催化剂的衰老。所谓衰老，是指催化剂经过长期使用后活性逐渐下降的现象。使催化剂衰老的原因有：长期处于高温下，逐渐变质；温度波动，使催化剂过热或熔融；气流不断冲刷，破坏了催化剂表面状态；操作不当，半水煤气中氧含量高和带水等。

2. 铜锌系催化剂

铜锌系催化剂又称低温变换催化剂，含 CuO15%～32%（高铜催化剂可达42%）、ZnO32%～62.2%、$Al_2O_3$30%～40.5%。根据添加物不同，低温变换催化剂可分为铜锌、铜锌铝和铜锌铬三种。其中，铜锌铝型性能好，生产成本低，且无毒。采用此催化剂可把气体中一氧化碳浓度降到0.3%（体积分数）以下。

低变催化剂的主要性能见表4-6。

表 4-6　国产低变催化剂的主要性能

型　号		B201	B202	B203	B204	B205	B206
组分		Cu、Zn、Cr	Cu、Zn、Al	Cu、Zn、Cr	Cu、Zn、Al	Cu、Zn、Al	Cu、Zn、Al
物理性能	粒度/mm 堆密度/(kg/L) 比表面积 /(m²/g)	5×5 1.5～1.7 60	5×(5±0.5) 1.4～1.5 60～80	4.5×4.5 1.05～1.10 50～70	5×(4.5±0.5) 1.5±0.1 76±10	5.6×(3.5～4.0) 1.1～1.2 85	6×(4.5±0.5) 1.4～1.6 75±10
操作条件	温度/℃ 压力/MPa 空速/h⁻¹	180～230 2.0 1000～2000	180～230 ≤3.0 1000～2000	180～240 ≤5.0 约4000	200～240 约4.0 1000～2500	180～260 ≤5.0 1000～4000	180～260 ≤4.0 2000～4000
生产厂家			南化集团研究院、四川川化集团有限责任公司	辽宁华锦化工集团	南化集团研究院、四川川化集团有限责任公司	辽宁华锦化工集团	南化集团研究院

（1）还原和钝化　低温变换催化剂活性组分为铜，开工时先用氢气将氧化铜还原，还原时放出大量反应热，操作时必须严格控制氢气浓度，以防催化剂烧结。

低温变换催化剂用 H_2 或 CO 进行还原，其反应如下：

$$CuO+H_2 \longrightarrow Cu+H_2O+86.7kJ \qquad (4-18)$$

$$CuO+CO \longrightarrow Cu+CO_2+127.7kJ \qquad (4-19)$$

还原后的催化剂与空气接触，产生如下反应：

$$Cu+\frac{1}{2}O_2 \longrightarrow CuO+322.2kJ \qquad (4-20)$$

如果与大量空气接触，放出的反应热将使催化剂超温烧结，因此，停车取出催化剂前，先通入少量氧气逐渐将其钝化，在催化剂表面形成一层氧化铜保护膜，才能与空气接触。钝化时先氮气或蒸汽将催化剂层的温度降至150℃，然后在氮气或蒸汽中配入0.2%的氧，在温升不大于50℃的情况下逐渐提高氧的浓度，直到全部切换为空气时，钝化结束。

（2）催化剂的中毒与失活　引起低温变换催化剂中毒或活性降低的物质有冷凝水、硫化物和氯化物等。

低温变换催化剂耐硫性能差，其中硫化氢对变换催化剂是常见的有害毒物。低温变换催化剂对硫特别敏感，而且其中毒是属于永久性中毒。因此，在一氧化碳低温变换前，原料气必须经过精细脱硫，使总硫含量脱除到1ppm以下。

$$Cu+H_2S \Longrightarrow CuS+H_2 \qquad (4-21)$$

氯化物是对低变催化剂危害最大的毒物，当催化剂中氯含量达 0.01％时，就明显中毒；当氯含量为 0.1％时，催化剂的活性基本丧失。氯主要来源于水蒸气，为了保护催化剂，要求水蒸气中氯含量小于 $0.01cm^3/m^3$。

冷凝水会使变换催化剂失活，变换系统气体中，含有大量水蒸气，为避免冷凝水的出现，低变温度一定要高于该条件下气体的露点温度。

3. 钴钼系催化剂

钴钼系催化剂又称耐硫宽温变换催化剂。由于铁铬系中变催化剂活性温度高、抗硫性差。铜锌系低变催化剂低温性能虽然好，但活性温区窄，对硫、氯十分敏感，20 世纪 70 年代初期针对重油和煤气化制得的原料气含硫较高，铁铬催化剂不能适应耐高硫的要求，开发了钴钼系耐硫变换催化剂，其主要成分为 CoO 和 MoO_3，载体为 Al_2O_3 等，加入少量碱金属，以降低催化剂的活性温度。常用几种耐硫变换催化剂的性能见表 4-7。

表 4-7　耐硫变换催化剂性能

国　别		中　国			德　国	丹　麦	美　国
型　号		B301	QCS-04	B303Q	K8-11	SSK	C25-4-02
化学成分/％	CoO	2～5	1.8±0.3	＞1	约 1.5	约 3.0	约 3.0
	MoO_3	6～11	8.0±1.0	8～13	约 10.0	约 10.0	约 12.0
	K_2O	适量	适量		适量	适量	适量
	Al_2O_3	余量	余量		余量	余量	余量
	其他						加有稀土元素
物理性能	颜色	蓝灰色	浅绿色	浅蓝色	绿色	墨绿色	黑色
	尺寸/mm	$\phi5\times5$ 条	长 8～12 $\phi3.5～4.5$	$\phi3～5$ 球	$\phi4\times10$ 条	$\phi3～5$ 球	$\phi3\times10$ 条
	堆密度/(kg/L)	1.2～1.3	0.75～0.88	0.9～1.1	0.75	1.0	0.70
	比表面积/(m²/g)	148	≥60		150	79	122
	比孔容/(mL/g)	0.18	0.25		0.5	0.27	0.5
使用温度/℃		210～500	160～470	280～500	200～475	270～500

（1）硫化　钴钼系耐硫催化剂其主要组分为氧化钴和氧化钼，在使用前，需将其转化为硫化钴、硫化钼才具有变换活性，这一过程称为硫化。可以用含氢的二硫化碳，也可直接用未脱硫的原料气对催化剂进行硫化操作。为了缩短硫化时间，保证充分硫化，工业上一般都采用在干半水煤气中加 CS_2 为硫化剂。其硫化反应如下：

$$CS_2+4H_2 \longrightarrow 2H_2S+CH_4+240.6kJ \qquad (4-22)$$

$$MoO_3+2H_2S+H_2 \longrightarrow MoS_2+3H_2O+48.1kJ \qquad (4-23)$$

$$CoO+H_2S \longrightarrow CoS+H_2O+13.4kJ \qquad (4-24)$$

催化剂硫化前需升温，可用氮气或天然气及干水煤气（干变换气）作为热载体，通过电加热器加热后，进入床层，但不能使用水蒸气，否则会降低催化剂的活性。当催化剂的温度升到 200℃时，向系统通入 CS_2 使其发生氢解产生 H_2S，进行硫化，并在床层低于 250℃时需升温至硫化完全，直到入口和出口气体中的硫化氢含量基本相同时即为硫化终点。硫化反应为放热反应，因此气体中硫化物的浓度不宜过高，以免催化剂超温。硫化时一般 CS_2 量按 $1m^3$ 催化剂 150kg 准备。

硫化反应是可逆的，在一定反应温度、蒸汽量和原料气中 H_2S 浓度较低时，活性组分 CoS 和 MoS_2 将会发生水解，转化为氧化态并放出硫化氢，即反硫化反应，使催化剂活性下降。因此，正常操作时原料气中应有一最低的硫化氢含量。最低硫化氢含量受反应温度及汽气比的影响。温度及汽气比越低，最低硫化氢含量越低，催化剂不易反硫化。

（2）催化剂中毒　在变换过程中半水煤气中的氧会使耐硫变换催化剂缓慢发生硫酸盐化，使 CoS 和 MoS_2 中的硫离子氧化成硫酸根，继而硫酸根与催化剂中的钾离子反应生成 K_2SO_4，从而导致催化剂低温活性的丧失。所以用于低变的耐硫催化剂前一定要设置一层保护剂及除氧剂（抗毒剂），以避免氧等杂质进入低变催化剂，使催化剂活性下降。

半水煤气中油污，在高温下炭化，沉积在催化剂颗粒中，也会降低催化剂活性。而水可以溶解催化剂中活性组分钾盐，使催化剂永久性失活。其次当催化剂层温度过高，汽气比高，H_2S 浓度低时，造成催化剂出现反硫化也会使催化剂失活。

当催化剂由于硫酸盐化和反硫化失活时，可在一定温度和 H_2S 浓度下，重新硫化后恢复活性。当耐硫变换催化剂上沉积高分子物质时，可用空气与惰性气体或水蒸气的混合物将催化剂氧化，然后再重新硫化使用。

（3）耐硫变换催化剂的特点

① 有很好的低温活性，使用温度比铁铬系催化剂低 130℃ 以上，而且有较宽的活性温度范围（180～500℃），因此被称为宽温变换催化剂。

② 有突出的耐硫和抗毒性，可使有机硫转化为硫化氢，并且可耐原料气总硫到每立方米（标）几十克。在以重油、煤为原料制取甲醇时，使用耐硫变换催化剂可以将含硫气体直接进行变换，再经脱硫、脱碳（亦可采用"一次法"同时脱硫脱碳），使流程简化，降低了蒸汽消耗。

③ 强度高，遇水不粉化，使用寿命一般为 5 年左右。

目前耐硫变换催化剂广泛用于以重油、煤为原料的甲醇厂全低温变换流程和大、中、小型合成氨厂的中串低流程和替代铜锌催化剂用于三催化剂流程中。

第三节　变换工艺流程及设备

一氧化碳的变换过程，既是原料气的净化过程，又是原料制氢过程的继续。目前，国内中、小型氮肥厂及甲醇厂所采用的变换工艺有中温变换工艺、中串低、中低低及全低变工艺等。对于合成氨生产来说，原料气中 CO 是有害气体，必须通过各种净化工艺手段将它清除，要求有较高的变换率，使变换气中 CO 含量在 1.0%～1.5%；对甲醇生产厂则不同，CO 是合成甲醇必须有的有效气体成分，在变换工艺中只是将原料气中一部分 CO 变换成 CO_2 和 H_2，要求较低的变换率（40% 左右），以满足甲醇合成净化气中氢碳比要求。因此甲醇生产中变换的特点是变换率低，一般在较低的汽气比条件下进行，可以采用中温变换或全低变换流程。

甲醇装置的变换工艺配气方法分为大部分气体通过变换后配气和全气量通过变换进行调整氢碳比两类。

用部分气体通过变换后配气方法能够根据气体成分变化方便地调节氢碳比，而且变换炉操作比较稳定，然而不经变换炉的原料气中所含的有机硫（主要为 COS 和 CS_2 形态）未被转化，除非采用低温甲醇洗，否则难以除去有机硫。

全气量通过变换不仅可调节氧碳比及 CO_2/CO 比，而且能使有机硫转化为易脱除的无机硫。全气量通过变换的关键是在保证反应器自热的前提下，控制较低的变换率。为此必须选择起始活性温度底的催化剂，并使变换炉入口温度降低，水气比也较低，以保证一定的转化率。

若全气量通过变换，则需变换出口处的 CO 含量为 19％～20％，仅用中温变换流程即可，只需一段或二段变换催化剂。

一、中温变换流程

中温变换流程，原先都在常压下进行，随着技术的发展，现在都采用加压操作。加压变换有以下优点：

① 加压下有较快的反应速率，变换催化剂在加压下的活性比常压下为高，可处理比常压多一倍以上的气量；

② 设备体积比常压为小，布置紧凑；

③ 可节约总的压缩动力。

加压中温变换工艺主要特点是：采用低温高活性的中变催化剂，降低了工艺上对过量蒸汽的要求；采用段间喷水冷激降温，减少系统热负荷及阻力降，相对地提高了原料气自产蒸汽的比例，减少外加蒸汽量。

中温变换工艺流程见图 4-5。

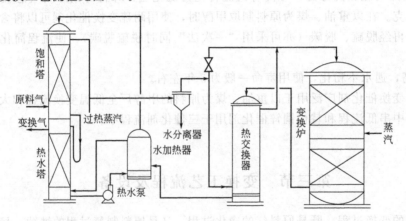

图 4-5　中温变换工艺流程

粗原料气经脱硫后，在一定压力下进入变换工序饱和塔与热水接触，在气体出口管道上补充水蒸气，使水气比达到要求，然后经过水分离器，分离掉气体中夹带的水滴，混合气进入热交换器加热至催化剂起始活性温度以上，然后进入变换炉第一段催化床，气体进行绝热反应，温度升高，用水蒸气冷激，使温度降低，进入第二段催化床继续反应，出变换炉气体先进入热交换器，然后再流经水加热器与热水塔，出变换工序。热水自饱和塔底处出来，溢流至热水塔，用热水泵将热水塔出口的热水打入水加热器，再进入饱和塔，热水循环使用。段间移热可采用连续换热式或冷激式，冷激气可用原料气或用蒸汽。

近些年，中温变换流程有了一些技术上的改进。

① 取消饱和热水塔。由于甲醇生产中的变换是在低汽气比下进行，需要的蒸汽量少，可以取消饱和热水塔，直接给粗煤气中配入蒸汽进变换炉。变换炉后改用脱盐水加热器和锅炉给水加热器回收变换反应余热，这样不但提供了所需要的高温脱盐水、锅炉水，还降低了变换气的温度，能量的回收利用更为合理。

② 在变换炉后串联 COS 水解槽。变换工段兼有将有机硫水解转化为无机硫的作用，当低汽气比时，变换催化剂的 COS 转化是不够的，会加重后续精脱硫的负荷，易引起合成催化剂中毒。可以在变换炉后串联 COS 水解槽（填装水解催化剂），促进有机硫的转化。

经过改进的中温变换流程仍有一些不足。如硫含量高时，易使中温变换催化剂中毒，变换前必须先湿法脱硫，变换后进行精脱硫，工艺流程复杂。在全气量部分变换工艺中，由于 CO 是合成甲醇的原料，变换率不能太高，这就需要适当降低汽气比。Fe-Cr 系中变催化剂在低汽气比时，中变催化剂中的 Fe 会被还原成金属铁，金属铁促使 F-T 副反应发生，使 CO 和 H₂ 发生反应生成烃类，这样就带来了一系列的问题：例如生成烃类消耗了氢；危及中变和低变催化剂的正常运行；与甲醇合成催化剂中的铜生成乙炔铜，使甲醇催化剂失活，同时影响甲醇的质量。

二、全低温变换流程

20 世纪 80 年代中期，随着钴钼系耐硫变换催化剂的研制成功，使得变换工艺有了重要的变革，出现了全部使用钴钼系宽温耐硫变换催化剂的全低变工艺。

全低变工艺由于催化剂的起始活性温度低，变换炉入口温度及炉内热点温度都大大低于中变炉入口及热点温度，使变换系统处于较低的温度范围内操作，催化剂对过低的汽气比不会产生析炭及生成烃类 F-T 等副反应，因而只要在满足出口变换气中一氧化碳含量的前提下，可不受限制地降低入炉蒸汽含量，使全低变流程蒸汽消耗比中变及中变串低变流程大大降低，合成废热锅炉副产的蒸汽供变换有余。而对于采用重油部分氧化法和水煤浆急冷流程的甲醇厂，因其制得的煤气温度约 200℃并为水蒸气所饱和，不用脱硫，可直接使用耐硫变换催化剂进行变换，从而大大简化了流程。

全低温变换流程见图 4-6。

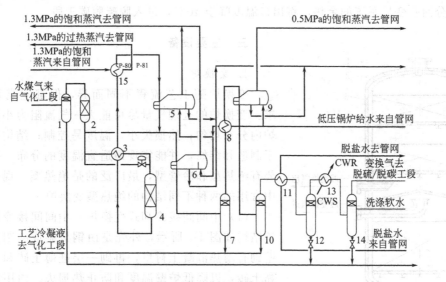

图 4-6　全低温变换流程

1—煤气分离器；2—水煤气过滤器；3—煤气预热器；4—变换炉；5—1.3MPa 废锅；
6—1.3MPa 废锅；7，10，12，14—1#、2#、3#、4# 水分离器；
8—低压锅炉给水预热器；9—0.5MPa 废锅；11—脱盐水加热器；
13—变换气水冷器；15—低压蒸气过热器

从水煤浆气化工段来的水煤气在煤气分离器 1 中分离出固体尘埃和冷凝液，再通过水煤气过滤器 2 进一步过滤固体尘埃（避免由于入炉原料气温度低，气体中的油污、杂质等直接进入催化床造成催化剂污染中毒，活性下降）。分离过滤后的气体分成两段：第一段气量约为总气量的 62%，在煤气预热器 3 中加热到变换所需的入口温度 275～315℃后，进入变换炉 4 在耐硫变换催化剂作用下进行 CO 的变换，变换后的气体温度约为 410～440℃。变换后的气体（CO 约 8%）首先进入煤气预热器 3 中预热变换炉入口水煤气，然后通过低压蒸汽过热器 15 和 1.3MPa 废锅 5 回收热能，温度降到 250℃。第二段气体约为总气量的 38%，未经变换与第一段气体在 1.3MPa 废锅 5 管程出口混合调整氢碳比后，通过 1.3MPa 废锅 6 副产 1.3MPa 的饱和蒸汽，温度降为 215℃，然后进入 1# 水分离器 7，分离出冷凝液体，分离后先进入低压锅炉给水预热器 8，预热锅炉给水，用于副产 1.3MPa 饱和蒸汽。然后进入 0.5MPa 废锅 9，再次回收余热，副产 0.5MPa 蒸汽，经 2# 分离器 10 分离出冷凝液后进入脱盐水加热器 11，将脱盐水预热到 115℃，再通过 3# 水分离器 12，分离掉析出的饱和冷凝液气体，在变换气水冷器 13 通过循环水冷至 40℃，然后进入 4# 水分离器 14，为了降低变换气中的氨含量，在 4# 水分离器 14 的顶部喷入软水对变换器进行洗涤，洗涤后的气体送至低温甲醇洗工段进行脱硫脱碳。

该流程的特点有：

① 由于气化工段采用水煤浆气化，粗煤气已被水蒸气所饱和，所以变换前不脱硫，使用耐硫变催化剂直接变换。省掉热水饱和塔及热水泵等设备，工艺装置大大简化。

② 采用部分气体通过变换后配气的方法，能够根据气体成分变化方便地调节氢碳比，而且变换炉操作比较稳定。然而不经变换炉的一路粗煤气中所含的有机硫（主要为 COS 和 CS$_2$ 形态）未被转化，难以除去。可在不经变换炉的一路增设有机硫水解槽，促进有机硫的转化或者后续工段采用低温甲醇洗脱硫脱碳，因为低温甲醇对 H$_2$S 和各种有机硫均有较好的吸收效果。本流程后续工段采用低温甲醇洗脱硫脱碳，高温对后系统低温甲醇吸收不利，必须充分回收变换系统的余热，将出口温度降至 40℃，进入脱硫脱碳工段。

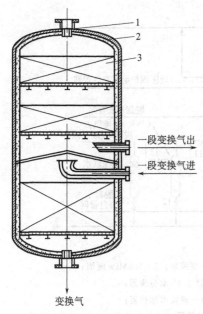

图 4-7 中间间接冷却式变换炉

1—外壳；2—耐热混凝土；3—催化剂层

三、主要设备

1. 变换炉

变换炉随工艺流程不同而异，但都应满足以下要求：变换炉的处理气量尽可能大；气流阻力小；气流在炉内分布均匀；热损失小，温度易控制；结构简单，便于制造和维修，并能实现最适宜温度的分布。变换炉主要有绝热型和冷管型，最广泛的是绝热型。现介绍生产中常用的两种不同结构的绝热型变换炉。

（1）中间间接冷却式变换炉 中间间接冷却式变换炉结构如图 4-7 所示，外壳是由钢板制成的圆筒体，内壁砌有耐热混凝土衬里，再砌一层硅薄土砖和一层轻质黏土砖，以降低炉壁温度和防止热损失。内用钢板隔成上、下两段，每层催化剂靠支架支撑，支架上铺箅子板、钢丝网及耐火球，上部再装一层耐火球。为了测量炉内各处温度，炉壁多处装有热电偶，炉体上还配置了人孔与装卸催化剂口。

（2）轴径向变换炉 轴径向变换炉结构如图 4-8 所

图中标注：
1
2
3

一段变换气出
一段变换气进

变换气

示。半水煤气和蒸汽由进气口进入，经过分布器后，70%的气体从壳体外集气器进入，径向通过催化剂，30%气体从底部轴向进入催化剂层，两股气体反应后一起进入中心内集气器而出反应器，底部用 Al_2O_3 球并用钢丝网固定。外集气器上开孔面积为 0.5%，气流速率为 6.7m/s，中心内集气器开孔面积为 1.5%，气流速率为 22m/s，大大高于传统轴向线速 0.5m/s，因此，要求使用强度较高的小颗粒催化剂。轴径向变换炉的优点是催化剂床层阻力小，催化剂不易烧结失活，是目前广泛推广的一项新技术。

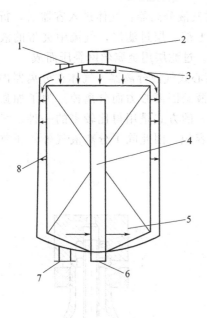

图 4-8　轴径向变换炉
1—人孔；2—进气口；3—分布器；
4—内集气器；5—外集气器；
6—出气口；7—卸料口；8—外集气器

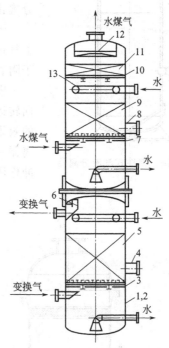

图 4-9　饱和热水塔
1—塔体；2—不锈钢衬里；3,7,10—填料支撑
装置；4,8—人孔；5,9,11—填料；
6—分液槽；12—除沫器；13—热水喷管

2. 饱和热水塔

饱和塔的作用是提高原料气的温度，增加其水蒸气含量，以节省补充蒸汽量。热水塔的作用主要是回收变换气中的蒸汽和显热，提高热水温度，以供饱和塔使用。工业上将饱和塔和热水塔组成一套装置的目的是使上塔底部的热水可自动流入下塔，省去一台热水泵。

加压变换饱和热水塔结构如图 4-9 所示。

塔体由钢板卷焊成圆筒体，中间由隔板分开，上部为饱和塔，下部为热水塔，两塔结构基本相同，塔内装有填料，主要使用瓷环或规整填料，有较好的传热传质效果。塔顶设有气水分离段和不锈钢除沫器，以防止塔出口气体夹带水滴。饱和塔底部的热水经过水封流入热水塔，塔体上设有人孔和卸料口，塔底设有液位计。

生产中常用的饱和塔和热水塔除填料塔外，还有波纹板塔和旋流板塔。波纹板是将冲有筛孔的薄金属板压成波纹状而制成，用它代替填料，分层装在塔内即构成波纹板塔。在波纹板塔内，上塔板波谷之液体流至下一塔板的泡沫层，气体则通过波峰之孔及波纹侧面之斜孔以喷射状喷入液体中。因而气液接触好，传热效率高。旋流板塔与 ADA 法脱硫所用相同。

目前饱和塔用新型垂直筛板塔，可提高传质效率20%左右，气体处理量可提高50%以上，具有低压降，抗结垢、抗堵塞能力强的特点。

3. 气液分离器

气液分离的方法很多，多采用惯性式和过滤式，如图4-10所示为惯性式气液分离器，气体由上沿管而下，因水滴密度大大超过了气体的密度，当气体由向下转变到上升的气流转折时，由于气流速度及方向的改变，使液滴得以分离出来。

图4-11为过滤式气液分离器：气体进入容器后，折流向上气速减慢，当通过上部一层过滤层，气流中夹带的液滴由于附着作用而被滤掉。过滤层用金属丝网叠压而成。

图4-12所示为离心式气液分离器。气体在分离器内进行回转运动，使其中的液滴因离心力而分离掉。为了加强分离的效果，气体切向引入的方式是用得比较多的一种。气液分离器一般具有较大的容积，因此除了分离液气外，还兼有缓冲作用。

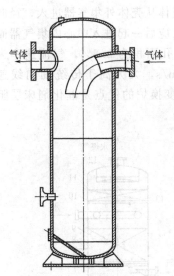

图 4-10　惯性式气液分离器

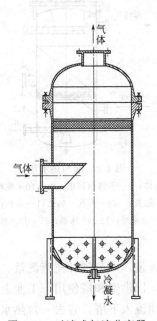

图 4-11　过滤式气液分离器

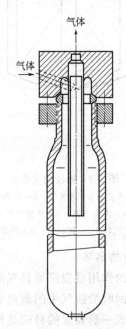

图 4-12　离心式气液分离器

4. 废热锅炉

废热锅炉的作用是回收变换反应放出的反应热并副产蒸汽，是十分关键的化工动力设备。

废热锅炉实际上是一台高强度的换热器，内装有一束列管，出入口部衬有耐火材料。废热锅炉的上部是一个钢制圆筒形密闭的受压容器，称为汽包，其作用是储存足够数量高位能的水，以便炉水在汽包和废热锅炉（换热管束）之间循环产生蒸汽，同时提供汽水分离的空间，通过内置旋风分离器使汽水分离。

汽包和废热锅炉之间用两组管路连接。汽包中的水沿下降管进入废热锅炉，与通过列管的变换气换热，一部分水受热汽化，汽水混合物的密度比水小，通过循环上升管回到汽包，进行气液分离，产生的饱和蒸汽从汽包引出，经调节阀调节压力后送至蒸汽总管。分离后的水又沿下降管流至废热锅炉补充。变换气通过列管与汽包循环水换热回收余热后，温度降低，送到后续工段。锅炉给水量通过汽包液位调节，汽包液位测量选用浮筒液位计。

为防止废热锅炉结垢、积盐和腐蚀，要从锅炉水中排除浓缩的溶解固体物和水面上的悬浮固体物。废热锅炉排污有两种形式，一是连续排污，二是间断排污。

连续排污也叫表面排污，集水管设在汽包的汽水界面以下约 80mm 处，此处正好是蒸汽释放区，是炉水中含盐浓度最大的地方，从这里连续排出部分炉水以使炉水含盐量和蒸汽含盐量保持在规定范围内。

间断排污也叫定期排污，是从锅炉水循环系统的最低点，间隔一定时间，排放一次炉水，以排除炉内沉淀物和部分含溶解固体物浓度较高的炉水，以保持炉水水质合格。间断排污的操作方法：

① 全开第二道阀，然后微开第一道阀，以便预热排污管道；

② 慢慢开大第一道阀开始排污，排污时间一般为 10～30s；

③ 排污完毕后先关死第一道阀，再关第二道阀，这样操作可以保护第二道阀严密不漏。

排污要在较高水位时进行，排污量以保持炉水质量合格为准。

甲醇装置中的废热锅炉一般属于高中压锅炉范围，汽包壁较厚，它还与许多水、汽管线连接在一起，在开停工时急剧升降温引起的热应力容易产生裂纹等，使设备强度受到损害。因此在开车（升温、升压）、停车（降温、降压）时，最重要的需注意：

① 进水温度与汽包壁温之差不应大于 50℃；

② 升温速度不超过 55℃/h 或升压速度不大于 1.0MPa/h；

③ 停车时要用原炉水系统循环降温降压，不得采取排除热水突然进冷水的方法。

四、耐硫低温变换操作要点

1. 原始开车

（1）开车前的准备工作　检查系统中所有设备、管道应安装完毕，各衔接管均已接通。检查各设备、管道的安装质量达到设计要求，符合化工部安全投料试车的规定。电气、仪表经调试灵敏、准确、好用，具备投用条件。检查试车的技术文件，包括操作规程、原始试车规程、图表等应齐全。微机自控系统安装调试完毕，灵敏好用，处于备用状态。电源、照明线路工作正常。整理现场，无影响操作人员的杂物、设备。

（2）运转设备的单体试车合格

（3）系统吹除

① 吹除前的准备工作　画出吹除流程图，连同吹除方案一同张贴在现场。按气、液流程，依次拆开与设备、阀门连接的法兰，吹除物由此排放。吹净一段后，紧好法兰继续往后吹，直至全系统都吹净为止。对于放空管、排污管、分析取样管和仪表管线都要吹洗，吹除合格后再将各阀门、仪表复位。准备好憋压的盲板及吹除用的挡板等。

② 吹除原则　吹除放空的气体、污物不得过设备、阀门。

③ 吹除的标准和检查　设备和管道内无灰尘、固体颗粒、焊渣污物，气流畅通。经过一段时间的吹扫后，将靶上涂以铅油或用白布涂白漆在气体出口处检查，无污物、颗粒为合格。

④ 吹除方法　用空压设备打空气进行系统的吹除，按由变换炉前至变换炉后，由主线到支线的顺序，逐段进行吹除，控制好吹除压力。

⑤ 吹除注意事项：吹除前现场应进行清扫，防止吹起异物伤人；吹除过程中，人始终不能站在气体出口周围，更不能面对气体出口处；参加吹除工作的人员应穿戴好劳保用品，并不断用木锤敲打设备、管道，震下附着在设备、管道上的污物，尤其注意将死角吹净。

（4）变换炉、废热锅炉汽包的清洗、试压、试漏　变换炉在催化剂装填之前，应对设备进行清洗，并试压、试漏。将脱盐水慢慢充满设备，加压至正常操作压力，检查设备焊接处是否渗漏。

将废热锅炉汽包液位降至正常液位，开启开工用中压蒸汽，通过开工喷射器带动锅炉水循环，以 20℃/h 的速度将锅炉水升温，直至汽包压力几乎与中压蒸汽压力相等为止，检查有无漏点，然后使汽包缓慢减压，将全部水排尽，自然冷却到室温后，再加入脱盐水并将系统充压至汽包正常操作压力，检查设备的焊缝。重复上述充水、升温、冷却、充压、检查过程三次。

（5）气密试验

① 准备工作　系统的设备、管道吹除完毕，回装合格。系统中的仪表、阀门安装到位，调试灵敏好用。

② 试验方法　用压缩机将事故氮气缓慢送入系统，分段充压，并使系统压力控制在操作压力的 1.25 倍，在此压力下对设备及管道进行全面检查。发现泄漏，做下记号，卸压后处理，直至无泄漏，且保压至规定时间，压力不降即认为气密试验合格。

③ 气密试验注意事项　系统充压前，必须把与低压系统连接的阀门关死，严防高压气体窜入低压系统。升压速度不得太快。消除漏点时要卸掉压力，严禁带压坚固。

（6）催化剂的装填

① 催化剂用量与变换炉内径　应根据生产规模、工艺流程、变换压力、对低变出口 CO 含量的要求，以及希望达到的使用寿命等工艺条件选择适当的空速，确定催化剂的用量（m³）。通常要求催化剂床层的高径比≥0.6，以减少气体偏流。

② 准备工作　升温还原曲线已绘制好，并准备好红蓝铅笔及记录本。各设备水试压及蒸煮合格并降至常温。变换催化剂及耐火球已运到现场，并将催化剂过筛一遍。装填催化剂用的工具准备齐全。打开变换炉封头，自然通风，分析氧含量大于 20%。

③ 催化剂的装填　装填时，先在炉底花板上铺设一至二层不锈钢丝网，四周应无缝隙并固定，以防止催化剂漏入炉底。上铺耐火球一层，然后装催化剂。催化剂装填应均匀，可采用布袋法、导管法。

④ 注意事项　进入炉内的装填人员应守在放置于催化剂表面的木板上进行装填，而不可直接立在催化剂上。进入炉内的装填人员应戴防尘呼吸面罩。切忌将催化剂全部由人孔直接倒入炉内，最后将表面扒干，如此将造成催化剂床层疏松不匀，导致气流分布不均，严重影响催化剂的使用和效率。装填时，尽量使炉内各测温热电偶处于催化剂床层的适当位置，并记录它们所在高度。为了保证气流分布均匀，除催化剂装填均匀外，变换炉进出口均应按要求设有气体分布器和气体收集管。

（7）系统置换

① 置换方法　开变换系统 N₂ 充压阀，冲压后开放空阀卸压。反复充压、卸压直至系统内气体的氧含量在 0.5% 以下时为合格。

② 置换注意事项　注意死角的置换，以达到置换的彻底。

（8）催化剂升温硫化　出厂的 Co-Mo 催化剂活性组分以氧化物形态存在，活性很低。需经过高温充分硫化，使活性组分转化为硫化物，催化剂才显示其高活性。硫化时，采用含氢气体（$H_2 \geqslant 25\%$，$O_2 \leqslant 0.5\%$）作载气，配以适量的 CS_2，经电炉加热升温后通过催化剂床层，然后放空或循环使用。通常可用水煤气或干变换气作硫化时的载气。

① 硫化方法　催化剂的硫化可在常压下进行，也可在加压下进行，采用一次通过法或气体循环法。

a. 气体一次通过法　流程如图 4-13 所示。水煤气经过电炉加热后进入低变炉，由炉后放空。水煤气空速维持 $200 \sim 300h^{-1}$，水煤气充分置换后即可开电炉升温。床层温度升至 200℃左右时，可加入少量的 CS_2，维护气体中总硫含量 $2 \sim 5g/m^3$。然后不断提高温度，CS_2 的加入量也逐渐加大，按气流方向逐层硫化，热点温度一般不超过 450℃，直至硫化结束。

b. 气体循环法　气体循环法的优点是节省煤气和 CS_2 的用量，减少对环境的污染，缺点是需要气体冷却循环装置。流程如图 4-14 所示。水煤气从低变炉出来后，经水冷却器，将气体降至接近常温，然后进入鼓风机入口，维持鼓风机入口处正压，由鼓风机将气体送至电炉加热后进入低变炉。在鼓风机入口处应接一水煤气补充管，连续加入少量水煤气，因为在硫化过程中要消耗氢。为防止惰性气体在循环气中积累，变换炉出口处设一放空管，连续放空少量循环气，使循环气 H_2 含量维持 25%以上。余同气体一次通过法。

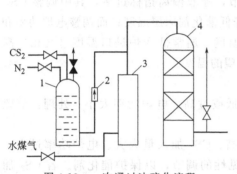

图 4-13　一次通过法硫化流程

1—CS_2 槽；2—流量计；3—电炉；4—低变炉

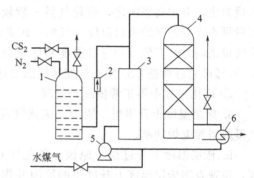

图 4-14　循环法硫化流程

1—CS_2 槽；2—流量计；3—电炉；4—低变炉；
5—鼓风机；6—冷却器

② 硫化方案　根据不同型号催化剂的性质，制定出合理的升温硫化方案。以 B303Q 型催化剂升温硫化为例，具体步骤是在常压下通入水煤气（或干变换气）推电升温，控制升温速度 50℃/h。CS_2 槽，用 N_2（降压后）将压力升至 0.2MPa 左右备用。B303Q 型催化剂升温硫化控制指标见表 4-8。

表 4-8　B303Q 型催化剂升温硫化控制指标

阶　　段	置换升温	硫化初期	硫化主期	硫化后期	置换降温
执行时间/h	8	8	16	6	6
空速/h^{-1}	$200 \sim 300$	$200 \sim 300$	$200 \sim 300$	$200 \sim 300$	$200 \sim 300$
温度/℃	200	$220 \sim 280$	$280 \sim 350$	$350 \sim 420$	250
总硫浓度/(g/m^3)	—	$2 \sim 5$	15	20	—
加硫量/$[L/(h \cdot m^3)]$		1	4	6	
备注	启动电炉	开始加硫 注意床温	出口可检出 H_2S	出口 H_2S $\geqslant 10g/m^3$	停硫减电 置换放空

当床层温度升至 200℃ 左右时，向系统添加 CS_2，硫化初期控制每立方米催化剂按 $0.3\sim1L/h$ CS_2 加入量，总硫浓度 $2\sim5g/m^3$，床层温度 $220\sim280℃$ 之间，初期硫化时间约 8h，在此期间床层温度有较大波动，应予密切注意，谨防床层超温。床层温度波动后，进入硫化主期，硫化主期每立方米催化剂可按 $2\sim4L/h$ CS_2 加入量，总硫浓度 $15g/m^3$，床层温度 $280\sim350℃$ 之间，硫化主期硫化时间约 16h，至出口硫化气中可分析出 $H_2S\geq1g/m^3$。硫化出口气中可检测出 H_2S 后即进入硫化后期，硫化后期的催化剂床层温度可进一步提高至 $350\sim420℃$ 之间，每立方米催化剂可按 $3\sim6L/h$ CS_2 加入量，总硫浓度 $20g/m^3$，硫化后期硫化时间约 6h，此时硫化出口气总硫浓度 $\geq10g/m^3$。硫化终点的标志为床层温度均应在 420℃ 左右且维持 2h 以上，同时硫化出口气 H_2S 浓度连续三次相近且大于 $10g/m^3$。

硫化结束后须进行置换降温，此时应停加 CS_2、减电炉，用硫化气或用中变气（部分）置换降温，仍由低变炉后放空，至放空气中 $H_2S\leq1g/m^3$，床层温度 250℃ 左右时，可以认为置换降温完成，并入生产系统转入正常生产。如不能立即并入生产系统转入正常生产，应关闭低变炉进出口阀门，用 N_2 维持正压，防止因炉温下降形成负压导致空气吸入低变炉内。

硫化过程中的调节手段主要有：电炉功率，CS_2 加入量，硫化气量。调节时应以 CS_2 加入量为主，电炉功率次之，硫化气量一般较少调节，除非偏离指标过多，其中调整 CS_2 加入量可不改变低变炉进口温度（气相）而提高或降低催化剂床层温度；而调整电炉功率和硫化气量则同时改变低变炉进口温度和催化剂床层温度。通常低变炉进口温度（气相）高于 220℃ 即可通过调整 CS_2 加入量使床层温度达到期望的温度。

③ 硫化过程中不正常情况与处理

a. 床层温度上升很慢　原因：硫化气流量过低或过高、电炉功率太小。处理：节硫化气量或增加电炉功率。

b. 床层温度上升过快　原因：硫化气 O_2 过高、CS_2 加入量太大、电炉功率过大。处理：迅速查明床层温度上升过快的原因并作出预见性的调节，以保护催化剂。若 CS_2 加入量过大则减少 CS_2 加入量直至停加；若电炉功率过大则减小电炉功率直至停用；若硫化气 O_2 含量超标，则应立即断电、停 CS_2、切气，待 O_2 含量合格后再导气硫化或降温。如床层温度过高（超过 500℃），可用干惰气（N_2、CO_2 等）降温，慎用蒸汽降温，用蒸汽降温后必须重新硫化。

c. 放空管着火　原因：硫化气（含高 CS_2 的可燃气体）高温摩擦着火。处理：关闭放空管阀门，着火即可熄灭，同时可考虑用蒸汽给放空管降温、稀释。

d. CS_2 着火　原因：流量计连接软管脱落或破损、CS_2 槽泄漏等导致 CS_2 溢出着火。处理：用砂土覆盖，同时对溢出点进行处理。注意不可用 CCl_4 灭火剂，慎用水灭火。

e. 硫化气中硫含量偏低　原因：CS_2 在管道、电炉等死角处被截留下，硫化气量过大，CS_2 加入量偏少。

f. 床层测温点反应缓慢　原因：仪表故障、床层偏流。

g. 硫化初期出口即可检出 H_2S　原因：催化剂床层偏流。

h. 硫化时低变炉阻力很大　原因：床层催化剂下漏，气体出口管被堵。

（9）变换系统接气

① 接气前准备　变换系统升温完毕，确认软水、循环水、蒸汽、氮气、气化冷凝液等公用介质接入系统。废热锅炉建立 50% 的液位并预热。关闭变换炉入口大阀，关闭升温氮气及开工蒸汽阀，并且倒好各盲板。仪表各控制点显示正确，自调阀校验完毕。各泵备车合

格。变换冷凝液具备外送条件。气化投料成功并提压。

② 预热外管 检查打开入工段大阀的小副线，稍打开变换炉前放空阀。联系调度，气化缓慢送气，外管预热，避免温度过低，水进入催化床层。视情况联系调度向气化送冷凝液。及时调整水分离器液位稳定。逐渐调整到全部水煤气由变换炉前放空，稳定控制入工段压力。

③ 变换炉接气 检查关闭脱硫脱碳工段的入口阀，稍开变换炉入口小副线，打开脱硫脱碳塔前的放空阀，控制变换炉温不要升得太快。逐渐开启变换炉大阀并关入口放空阀，适时关闭变换废锅预热蒸汽及蒸汽放空阀，蒸汽并管网。适时向变换废热锅炉补冷凝液，注意控制变换废锅进口温度。

用脱硫脱碳塔前的放空阀控制变换压力，用变换炉副线的温度调节器调节变换炉入口温度。视情况将各分离器液位调节器投自动向气化送冷凝液。当压力、温度稳定，出工段的工艺气流量＞50%，接气成功。

2. 正常操作

变换炉并入生产系统后，就转入正常生产。正常生产时，只需控制入口温度和 CO 含量。可以通过设置增湿器和调温水加来降温，变换炉入口的副线来提温，以保证低变催化剂处于较佳的温度区间内运行。

3. 开停车

(1) 短期停车 若停车时间较短，催化剂床层温度可维持在露点以上，炉内不会有水汽冷凝，可维持正常的操作压力，关闭与前后设备联系的阀门即可，停用循环热水。再开车时可直接导入工艺气转入正常操作。停车时应注意防止其他高液位设备中的水倒入变换炉，开车前应排放管道中可能积有的冷凝水。

(2) 长期停车 若停车时间较长，催化剂床层温度难以维持在露点温度以上，则将变换炉压力降至常压，停止热水循环，用于煤气吹扫并维持正压，关闭变换炉进出口阀门，防止热水塔倒溢。停车时间较长，适当补充 N_2 维持正压，防止空气漏入。再开车时，应先用干气升温至 200℃ 以上，再导入工艺气转入正常操作。

事故紧急停车，先切断系统进出口阀门，关变换炉进热水塔阀门，防水倒溢，再进一步作处理。如变换炉进水，床层迅速降温，应切断水源阀，迅速排水，然后用干煤气升温至 200℃ 并保持数小时，待催化剂烘干后可继续使用。

调温水加、水冷激调温器，应根据变换炉温度逐步启用。变换气放空应在热水塔后，严防热水倒压。

4. 催化剂的钝化与卸出

若催化剂床层坍塌、结块或需要更换部分催化剂时，须对催化剂进行钝化处理并开炉。硫化态催化剂的钝化过程伴随着催化剂本身和它吸附的 H_2、CO 等还原性气体的氧化反应，有大量热量放出，应特别小心，防止催化剂床层升温过快及过高。

通常可采用以水蒸气（或 N_2）为载气缓慢加入少量空气的方法钝化：切断变换炉与系统的联系，将压力降至常压；通蒸汽（或 N_2）置换并降温至 150℃ 左右，蒸汽空速 200～300h^{-1}。吹净煤气后向蒸汽中加入适量的空气，使 O_2 含量在 1% 左右，让催化剂外表面缓慢氧化。当床层温度不上升时逐渐加大空气量至 O_2 含量为 2%、3%、4%…，直至停加蒸汽全部通空气，最后用空气降至常温。如果钝化过程中催化剂温度上升过快，则降低空气加入量直至停止加入空气。钝化过程中应严格控制催化剂床层温度，以不超过 400℃ 为宜。

钝化过的催化剂中的活性组分均已氧化为氧化物或硫酸盐形式，可直接卸出。

此外，还可以采用以干煤气将催化剂床层温度降至常温，冷却用的干煤气可放空或循环使用。再通 N_2 置换并在 N_2 保护下直接卸出催化剂，卸出催化剂时，变换炉应单独打开卸料孔，防止空气形成对流，即烟囱效应。卸出的催化剂应立即分袋密封包装，隔绝空气以减少表面氧化，避免发热超温。如卸出的催化剂废弃不用，则可直接卸出，若表面氧化温升较高，可泼少量的水，以防燃烧。

若钝化过的催化剂还要使用，需再次硫化，硫化温度应提高至 450℃ 以上，硫化时间可略缩短，硫化结束的标志同前。

本章小结

以重油与煤为原料所制得的粗甲醇原料气为调整其氢碳比，以满足合成甲醇的要求，均需经过一氧化碳变换工序。本章重点讲述了变换反应的原理、特点和工艺操作条件。介绍了中温变换、低温变换和耐硫变换催化剂的组成、使用条件、还原、硫化、钝化、失活、再生原理。本章还重点讲解了甲醇生产中常用中温变换或全低变换流程，主要设备结构、操作控制要点、生产工序的开停车。

思考与练习题

1. 变换工序的任务是什么？
2. 影响平衡变换率的因素有哪些？如何提高 CO 变换率？
3. CO 变换反应为什么存在最适宜温度？最适宜温度随变换率如何变化？生产中为什么要求变换反应尽可能按最适宜温度曲线进行？
4. 工业上通常采用哪些方式使变换反应温度接近最适宜温度？
5. 加压变换有哪些优点？
6. 铁铬系、铜锌系变换催化剂的主要成分是什么？各组分的作用如何？在使用之前为什么要还原？还原后催化剂与空气接触之前为什么要钝化？
7. 耐硫变换催化剂主要成分是什么？使用前为什么要硫化？
8. 什么叫耐硫变换催化剂的反硫化？反硫化的条件是什么？
9. 全低变工艺有哪些特点？画出工艺流程图。
10. 全低变催化剂失活的原因有哪些？
11. 废热锅炉产汽原理是什么？
12. 汽包的主要功能及作用是什么？
13. 汽包升压及升温时要注意些什么？
14. 什么叫连续排污和间断排污？怎样进行间断排污操作？
15. 变换炉并入生产系统转入正常生产后，如何控制变换炉炉温？
16. 变换气中 CO 含量升高的因素有哪些？应如何处理？
17. 变换炉长期停车应如何操作？
18. 全低温变换原始开车的步骤有哪些？催化剂的升温还原如何进行？
19. 全低变催化剂如何进行钝化与卸出操作？

第五章 脱 硫

学习目标

1. 了解原料气脱硫在甲醇生产中的意义。

2. 掌握典型的原料气脱硫方法的工艺条件的选择、工艺流程的组织原则及主要设备的结构与作用。

3. 掌握典型的原料气脱硫的基本原理。

4. 掌握原料气脱硫的主要设备的结构、正常操作控制要点、生产工序的开停车操作、异常现象及处理方法。

以煤、天然气或重油为原料制取的合成甲醇原料气中，都含有一定量的硫化物。主要包括两大类：无机硫，如硫化氢（H_2S）；有机硫，如二硫化碳（CS_2）、硫醇（RSH）、硫氧化碳（COS）、硫醚（R—S—R′）和噻吩（C_4H_4S）等。这几种主要的硫化物性质见表5-1。

表 5-1 硫化物性质

类 型	名 称	化 学 式	性 质
有机硫	硫醇	R—SH	有毒,不溶于水,能与碱发生反应
	硫醚	R—S—R′	化学活性差,不与碱发生反应
	二硫化物	R—S—S—R′	一般情况呈中性,对金属无腐蚀
	噻吩	C_4H_4S	不溶于水,呈中性,对金属无腐蚀
	硫氧化碳	COS	无色无味气体,微溶于水,与碱液能缓慢发生反应
	二硫化碳	CS_2	无色液体,难溶于水,在高温下与水蒸气反应,完全转化成 H_2S
无机硫	硫化氢	H_2S	有恶臭、有毒,能溶于水、碱溶液,与金属、金属氧化物及金属盐类均能反应

原料气中硫化物的成分和含量与原料的种类、含硫量及加工方法有关。以煤为原料时，每立方米的原料气中含硫化氢一般为几克；用高硫煤时，硫化氢可高达 $20\sim30g/m^3$，有机硫为 $1\sim2g/m^3$；天然气、石脑油、重油中的硫化物含量因产地不同差异很大。

硫化物的存在不仅能腐蚀设备和管道，而且能使甲醇生产所用的多种催化剂中毒，如天然气蒸气转化催化剂、中温变换催化剂、甲醇合成催化剂都易受硫化物的毒害而失去活性。此外，硫是一种重要的化工原料，应当予以回收。因此，原料气中的硫化物必须脱除干净。脱除原料气中的硫化物的过程称为脱硫。

脱硫的方法很多，按脱硫剂的物理形态可分为干法脱硫和湿法脱硫两大类。而湿法脱硫则按溶液的吸收和再生性质又区分为湿式氧化法、化学吸收法、物理吸收法以及物理-化学吸收法。如图 5-1 所示。

本章着重论述干法脱硫和湿法氧化法脱硫过程。由于各种湿法脱硫工艺中只有湿式氧化

法在脱除 H_2S 时能够直接回收硫磺。其他各种物理和化学吸收法，在其吸收液再生时会放出含高浓度 H_2S 的再生气，因此介绍了硫回收处理方法，以达到环保要求的排放标准。

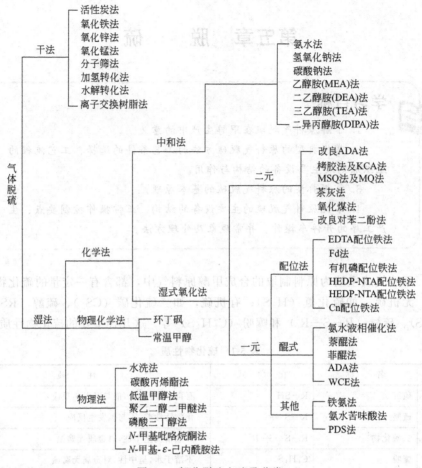

图 5-1　部分脱硫方法及分类

第一节　干法脱硫

采用固体吸收剂或吸附剂来脱除硫化氢或有机硫的方法称为干法脱硫。该法的优点是既能脱除硫化氢，又能除去有机硫，脱硫效率高、操作简便、设备简单、维修方便。

但干法脱硫所用脱硫剂的硫容量（单位质量或体积的脱硫剂所能脱除硫的最大数量）有限，且再生较困难，需定期更换脱硫剂，劳动强度较大。因此，干法脱硫一般用在硫含量较低、净化度要求较高的场合，所以一般串在湿法脱硫之后，作为精细脱硫或脱除原料气中的有机硫。

目前，常用的干法脱硫有钴钼加氢转化法、氧化锌法、活性炭法、氧化铁法、分子筛法等。

一、钴钼加氢转化

钴钼加氢是一种含氢原料气中有机硫的预处理措施。有机硫化物脱除一般比较困难，尤

94

其性质稳定的噻吩，使在 500℃ 条件下也很难分解，故称为"非反应性硫化物"，对这类硫化物，需要先经过钴钼催化剂加氢反应，将其加氢转化成硫化氢就容易脱除了。采用钴钼加氢可使天然气、石脑油原料中的有机硫几乎全部转化成硫化氢，再以氧化锌法便可将硫化氢脱除到 0.1×10^{-6}（0.1ppm）以下。

1. 加氢转化反应原理

在钴、钼催化剂存在下，有机硫化物加氢转化反应为：

$$R-SH+H_2 \longrightarrow RH+H_2S \tag{5-1}$$

$$R-S-R'+2H_2 \longrightarrow RH+R'H+H_2S \tag{5-2}$$

$$C_4H_4S+4H_2 \longrightarrow C_4H_{10}+H_2S \tag{5-3}$$

$$COS+H_2 \longrightarrow CO+H_2S \tag{5-4}$$

$$CS_2+4H_2 \longrightarrow CH_4+2H_2S \tag{5-5}$$

同时有烯烃加氢反应，如：

$$C_2H_4+H_2 \longrightarrow C_2H_6 \tag{5-6}$$

上述反应均为放热反应，在一般温度范围内的平衡常数值都很大。因此，加氢转化反应能进行得十分完全。

2. 钴、钼催化剂

氧化钴、氧化钼、氧化镍等一些过渡金属氧化物对有机硫加氢均有活性。目前常用的有钴钼型、镍钼型。

钴钼型其主要成分是 MoO_3 和 CoO，用 Al_2O_3 作载体。一般 CoO 质量分数为 $1\% \sim 6\%$，MoO_3 质量分数为 $5\% \sim 13\%$。采用 $\gamma\text{-}Al_2O_3$ 作载体时能促进催化剂的加氢能力。为增强催化剂结构的稳定性，有时将 SiO_2 或 $AlPO_4$ 加入 $\gamma\text{-}Al_2O_3$ 载体中。Al_2O_3 载体不仅可提供较大的表面积、微孔容积及较高的微孔分布率，且酸性较弱，不利于烃类裂解的析碳反应（副反应），而有利于有机硫的转化反应。

虽然 CoO、MoO_3 具有一定活性，但经过硫化后其活性可以大大提高。其反应为：

$$MoO_3+2H_2S+H_2 \longrightarrow MoS_2+3H_2O \tag{5-7}$$

$$9CoO+8H_2S+H_2 \longrightarrow Co_9S_8+9H_2O \tag{5-8}$$

对于含硫量低的天然气，尤其是"非反应性硫"少的原料气，钴、钼催化剂可不必预先进行硫化，只要通入原料气便能逐渐达到硫化的目的。常使用的加氢转化催化剂的性能见表 5-2。

表 5-2　加氢转化催化剂的性能

催化剂型号	T201	C49-1	CMK-2
组成（质量分数）/%	CoO 2%～2.5% MoO$_3$ 11%～11.3% Al$_2$O$_3$	CoO 2.45% MoO$_3$ 8.8% Al$_2$O$_3$ 76.7%	CoO 2% MoO$_3$ 9%～12% Al$_2$O$_3$
规格/mm	$\phi 3 \times (4 \sim 10)$	$\phi 3.5 \times 5$	$\phi 2 \sim 5$
堆密度/(kg/m^3)	600～750	640～750	800～850
温度/℃	300～400	260～430	350～400
压力/MPa	3～4	0.7～4.2	1～4.5
空速/h^{-1}	1000～3000	500～1500	500～1500
国别	中国	美国	丹麦

3. 工艺条件

(1) 温度 钴、钼催化剂具有的活性温度范围一般为 $260\sim400℃$。对有机硫加氢转化，从 $350℃$ 开始，随温度上升反应速率加快，但超过 $370℃$ 以后，反应速率增加就不再显著；若高于 $430℃$，则烃类加氢分解及其他副反应加剧。因此，为防止高温下析碳和裂化反应的发生，不宜超过 $430℃$。从保护催化剂的低温活性、延长寿命的角度讲，操作中只要能达到加氢转化的要求，力求在较低温度下运行，操作中应注意调节进入加氢转化器的入气温度，以免超温。

(2) 压力 加压对加氢反应有利，理论上讲在允许范围内，尽可能选择高的压力。实际压力是根据流程和设备的要求决定的。

(3) 氢浓度 氢浓度的增加不但能抑制催化剂的积炭，对加氢转化反应的深度和速率都有利，通常氢含量高，有利于加氢反应进行。加氢量应根据原料气中的有机硫含量及品种来定，一般加氢转化后气体中氢的体积分数以 $2\%\sim5\%$ 为宜，过小不能保证转化的完全，过大则功耗增加。

对加氢转化器入口气体中 CO、CO_2 含量的限制是极为重要的。在钴、钼催化剂上，温度 $290℃$ 时，有 CO、CO_2 及 H_2 存在的情况下，会发生甲烷化反应：

$$CO+3H_2 \longrightarrow CH_4+H_2O+206.15kJ \tag{5-9}$$

$$CO_2+4H_2 \longrightarrow CH_4+2H_2O+165.08kJ \tag{5-10}$$

甲烷化是强放热反应。如原料气为纯甲烷气，则含 1%（体积分数）CO 会使催化剂床层绝热温升 $38℃$；含 1%（体积分数）CO_2 温升 $30℃$。温升过大会损坏催化剂和反应设备。气体中 CO、CO_2 含量较高时，可改用镍-钼系催化剂，在镍-钼系催化剂上甲烷化反应速率较低。

(4) 空速 如增加空速，则原料氢在催化剂床层中停留时间缩短，含有机硫化物的原料未进入内表面，即穿过催化剂床层，使反应不完全，同时降低了催化剂内表面的利用率，所以欲使原料气中有机硫达到一定的加氢程度，要在一定的低空速下进行。但考虑到设备生产能力，在保证出口硫含量满足工艺要求的条件下，通常均采用尽可能高的空速。空速由催化剂性能、原料气中硫化物的品种和数量以及操作压力来确定，一般为 $500\sim3000h^{-1}$。

4. 主要设备

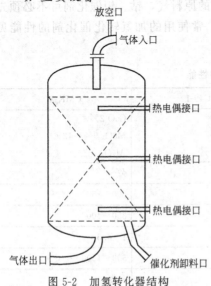

图 5-2 加氢转化器结构

加氢转化器结构见图 5-2。加氢转化器为一立式圆筒，催化剂床层装加氢转化催化剂。为使气体分布均匀和集气，在催化剂床层上面铺有一层瓷环，催化剂床层下面堆放两层的陶瓷球。

二、氧化锌法

氧化锌是一种内表面积大、硫容量高的固体脱硫剂，能以极快的速率脱除原料气中的硫化氢和部分有机硫（噻吩除外）。净化后的原料气中硫含量可降至 $0.1ppm$ 以下。氧化锌脱硫可单独使用，也可与湿法脱硫串联，有时还放在对硫敏感的催化剂前面作为保护剂。

1. 氧化锌脱硫原理

$$ZnO+H_2S \longrightarrow ZnS+H_2O \tag{5-11}$$

$$ZnO + C_2H_5SH \longrightarrow C_2H_5OH + ZnS \qquad (5\text{-}12)$$

$$ZnO + C_2H_5SH \longrightarrow C_2H_4 + ZnS + H_2O \qquad (5\text{-}13)$$

$$ZnO + C_2H_5\!-\!S\!-\!C_2H_5 \longrightarrow 2C_2H_4 + ZnS + H_2O \qquad (5\text{-}14)$$

气体中有氢存在时，硫氧化碳、二硫化碳等有机化合物先转化为硫化氢，反应式如下：

$$COS + H_2 \longrightarrow H_2S + CO \qquad (5\text{-}15)$$

$$CS_2 + 4H_2 \longrightarrow 2H_2S + CH_4 \qquad (5\text{-}16)$$

然后硫化氢与氧化锌反应，硫被脱除。上述反应均为放热反应。

2. 氧化锌脱硫剂

氧化锌脱硫剂以 ZnO 为主体，氧化锌质量分数为 75%～99%。一般制成球状或条状，呈灰白或浅黄色。使用过的氧化锌呈深灰色或黑色。

早期使用的脱硫剂，只含 ZnO，压成片状，孔隙率小，脱硫效率不高，硫容只有 6% （质量分数）左右。后经加入促进剂，改进成型技术，制成多孔型的脱硫剂，硫容达 20% （质量分数）以上。所谓"硫容"，即在满足脱硫要求的使用期间，单位质量（或体积）的脱硫剂所能脱除硫的质量（或体积），常以百分数表示。

常用的氧化锌脱硫剂性能见表 5-3。

表 5-3　氧化锌脱硫剂性能

脱硫剂型号	T305	C7-2	HT2-3
组成（质量分数）/%	ZnO≥98	ZnO 75 SiO_2 11 Al_2O_3 8	ZnO 99 黏合剂
规格/mm	$\phi 4 \times (4\sim12)$	$\phi 4 \times (4\sim6)$	$\phi 4 \times (4\sim6)$
堆密度/(kg/m³)	1150～1250	1100～1150	1300～1450
温度/℃	200～400	200～427	350～400
压力/MPa	常压～4	不限	常压～5
空速/h⁻¹	1000～3000	1500	3000
硫容（质量分数）/%	＞22	25	18～25
国别	中国	美国	丹麦

3. 工艺条件

原料气的脱硫，关键在于硫容的确定。影响硫容的因素有温度、空速、汽气比等。

（1）温度　空速、汽气比一定时 400℃ 以下温度范围内，随温度的升高，硫容增大；超过 400℃，随温度的升高硫容降低。一般温度控制在 350～400℃。

（2）空速　温度、汽气比一定时，硫容随空速的增大而降低。

（3）汽气比　温度、空速一定时，硫容随汽气比的增大而降低。因此，原料气脱硫前，不能加入水蒸气。

4. 主要设备

脱硫槽为立式圆筒容器，结构如图 5-3，高径比约为 3:1。脱硫剂分两层装填，上层铺设在由支架支承的算子板上，下层装在耐火球和镀锌钢丝网上。为使气体分布均匀，槽上部设有气体分布器，下部有集气器。氧化锌在脱硫槽内的脱硫过程如图 5-4 所示。

原料气经换热器加热到 210℃ 左右后进入氧化锌脱硫槽，靠近入口的氧化锌先被硫饱和，随着时间增长，饱和层逐渐扩大，当饱和层临近出口处时，就开始漏硫。评价 ZnO 性

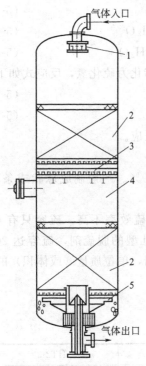

图 5-3 脱硫槽
1—气体分布器；2—催化剂层；
3—箅子板；4—筒体；5—集气器

能的一个重要指标是硫容，氧化锌的平均硫容为 15%～20%，最高可达 30%，接近入口的饱和层硫容一般为 20%～30%。一般设置两个脱硫槽。管线及阀门的配置为并串联，既可单独使用一个槽，又可两槽串联使用。每年更换一次入口侧的 ZnO，而将出口侧的 ZnO 移装于入口侧，新的 ZnO 用作保护层，确保净化气中硫含量达到指标要求。

5. 钴钼加氢串氧化锌工艺流程

图 5-5 是天然气加氢串氧化锌脱硫的工艺流程。含有机硫的原料气压缩到 4～4.5MPa 左右，加入氢氮混合气使天然气含氢气 15%，在一段转化炉对流段加热到 400℃进入加氢槽，通过钴钼催化加氢使有机硫转化为硫化氢，使转化气中含有机硫≤1mg/m³，然后送入两个串联的氧化锌槽将硫化氢吸收除去。当脱硫槽出口硫含量接近入口硫含量时，槽从系统中切换出来，更换脱硫剂后将两槽倒换操作。

三、活性炭法

活性炭法脱硫是用固体活性炭作脱硫剂，脱除原料气中的 H₂S 及有机硫化物，常用于脱除天然气、油田气以及经湿法脱硫后气体中的微量硫。根据反应机理不同，可分为吸附、氧化和催化三种方式。

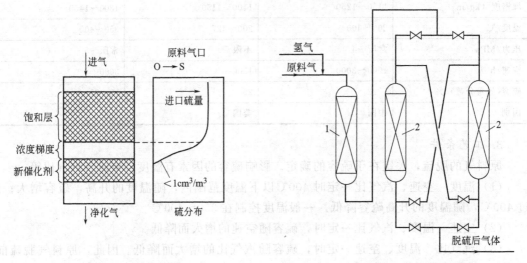

图 5-4 氧化锌脱硫示意图   图 5-5 加氢串氧化锌脱硫流程图
1—加氢槽；2—氧化锌槽

吸附脱硫是由于活性炭具有很大的比表面积，对某些物质具有较强的吸附能力。如吸附有机硫中的噻吩很有效，而对挥发性大的硫氧化碳的吸附很差；对原料气中二氧化碳和氨的吸附强，而对挥发性大的氧和氢吸附较差。

氧化脱硫是指在活性炭表面上吸附的硫化氢在碱性溶液的条件下和气体中的氧反应生成硫和水。

催化脱硫是指在活性炭上浸渍铁、铜等的盐类，可催化有机硫转化为硫化氢，然后被吸附脱除。活性炭可在常压和加压下使用，温度不宜超过50℃。

1. 基本原理

（1）活性炭的吸附　噻吩、二硫化碳可以直接被活性炭吸附而脱除。

（2）催化氧化　在活性炭吸附器内，加入少量O_2和NH_3的原料气通过活性炭层，在氨及活性炭的催化作用下，H_2S被O_2氧化成单质硫，并被吸附在活性炭的微孔内，其反应方程式为：

$$2H_2S+O_2 \longrightarrow 2H_2O+2S \tag{5-17}$$

有机硫中的COS与氧及氨反应后，生成单质硫和化合态硫，并被吸附于活性炭的微孔内，反应式为：

$$2COS+O_2 \longrightarrow 2CO_2+2S \tag{5-18}$$
$$COS+2O_2+H_2O+2NH_3 \longrightarrow (NH_4)_2SO_4+CO_2 \tag{5-19}$$
$$COS+2NH_3 \longrightarrow (NH_2)_2CS+H_2O \tag{5-20}$$

有机硫中的RSH在活性炭表面被催化氧化，反应式为：

$$4CH_3SH+O_2 \longrightarrow 2CH_3SSCH_3+2H_2O \tag{5-21}$$

生成的烷基二硫化物被活性炭吸附除去。

脱硫时，部分氨与气体中CO_2、H_2S、O_2发生副反应：

$$NH_3+CO_2+H_2O \longrightarrow NH_4HCO_3 \tag{5-22}$$
$$2NH_3+H_2S+2O_2 \longrightarrow (NH_4)_2SO_4 \tag{5-23}$$

生成的NH_4HCO_3与$(NH_4)_2SO_4$覆盖在活性炭的表面，使活性降低。

在活性炭中活性炭上浸渍铁、铜等的盐类，能提高活性炭的硫容量及脱硫效率。

（3）活性炭再生　活性炭层经过一段时间的脱硫，反应生成的硫磺和铵盐达到饱和而失去活性，需进行再生。通常采用过热蒸汽法再生，饱和蒸汽经电加热器加热至$400 \sim 500℃$，由吸附器上部进入活性炭层，在高温下将吸附的硫磺升华并带出，使活性炭得以再生。再生出的气体在回收槽中被水冷却冷凝后即得到固体硫磺。

2. 工艺流程

活性炭脱硫及过热蒸汽再生的工艺流程如图5-6所示。

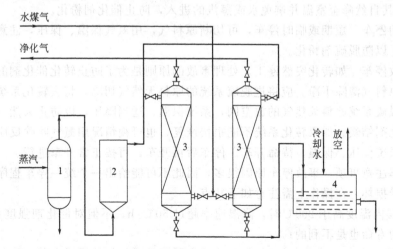

图 5-6　活性炭脱硫及过热蒸汽再生的工艺流程

1—汽水分离器；2—电加热器；3—活性炭吸附器；4—硫磺回收槽

含有少量氨和氧的半水煤气自下而上通过活性炭吸附器，硫化物被活性炭所吸附，脱硫后的净化气从吸附器的顶部引出。再生时，由锅炉来的饱和蒸汽经电加热器加热到400℃左右，由上而下通过活性炭吸附层，使硫磺熔融或升华后随蒸汽一并由吸附器底部出来，在硫磺回收槽中被水冷却沉淀，与水分离后得到副产硫磺。

活性炭脱硫优点：能有效地脱除原料气中的H_2S及有机硫，硫容量大，脱硫效率高，脱硫反应在常温下即可进行，反应速率快，活性炭可以再生，并能回收高纯度的硫磺，而且制备活性炭的原料来源广。采用过热蒸汽再生的方法，克服了活性炭再生的困难。

四、钴钼加氢串氧化锌脱硫系统操作要点

1. 原始开车

(1) 脱硫剂过筛和装填　氧化锌脱硫剂是强度较差的催化剂。由于在运输过程中会产生粉尘，故装填之前必须过筛。装填催化剂落高不得大于0.5m，装填后再以氮气吹除，到无粉尘为止。装填工作要求十分认真和细致，尽量避免在反应器内再次产生粉尘，要求装填均匀平整，防止粉碎、受潮。勿在催化剂上直接踩踏，造成运转时气流分布不均匀，形成沟流，使脱硫剂使用效率降低。

(2) 钴钼（镍钼）催化剂预硫化　系统以氮气或其他惰性气体吹净置换后，开始升温，升温时，可用氮气、氢氮气、合成气或天然气进行。升温速率在120℃以前为30～60℃/h，120℃恒温1h后继续升至220℃。按钴钼（镍钼）催化剂预硫化条件进行，边升温边预硫化，至需要温度，速率为20～30℃/h，恒温1h。在恒温操作过程中即可逐步升压，每10min升0.5MPa，直至所需操作压力。因为升压过猛，会造成应力作用而使脱硫剂粉化。

(3) 正常操作　升温、升压结束后，先进行4h左右半负荷生产，以调节温度、压力、空速、氢油（碳）比，逐步加到满负荷，并转入正常操作。脱硫系统使用后期，可适当提高操作温度，以提高脱硫剂的活性。

2. 脱硫系统停车

(1) 长期停车　先将负荷减至30%左右，以50℃/h速率降温至250℃以下，以0.5MPa/h的速率降压至1.5MPa，不能过快，以免损坏催化剂，此时停止进料，以氮气吹扫系统1h，关闭进、出口阀，然后在反应器进出口打上盲板，以氮气维持系统正压不低于0.1MPa，让其自然降至室温并避免水或蒸汽的进入，防止催化剂粉化。

(2) 短期停车　短期或临时停车，可切断原料气，用氮气保温、保压，注意防止水和水蒸气的进入，以防脱硫剂粉化。

(3) 事故停车　如转化突然停工，处理事故的原则是为了防止转化催化剂的结炭，需将脱硫系统的原料气清除干净。应将进脱硫系统的原料天然气切除，将去转化系统的原料阀门关闭。打开脱硫系统原料天然气的放空阀，系统保温，适当降压，以防止天然气继续进入转化炉造成催化剂结炭。如果转化系统不能很快恢复，也可视情况用氮气吹除反应器中原料天然气后，对系统保压、保温，待命开车。停车后再开车，可按正常开车进行。

事故停车注意事项：事故停车原因很多，因此不可能给出一个统一停车程序，为使催化剂和设备不受损坏，在操作上需注意如下几点：

a. 反应器内温度高于200℃时，降温速率超过50℃/h，不但对催化剂强度和活性有害，而且对设备的寿命也是不利的；

b. 反应器温度高于200℃时，加氢脱硫反应器可承受氢气的短时中断，如断氢时间延长将会引起催化剂结炭，甚至可严重到需要对催化剂进行再生或更换的地步；

c. 催化剂与无硫氢气长期接触，在高于 250℃ 时，可能被还原，导致活性丧失。

3. 异常现象

（1）钴钼（镍钼）加氢反应超温　钴钼（镍钼）加氢反应的适宜温度控制在 350～400℃ 之间，只要转化率能达到要求，催化剂使用初期温度一般不宜控制太高，这样有利于抑制催化剂的初期结炭。钴钼（镍钼）催化剂在加氢反应中应严格控制原料中含有的烯烃量。烯烃加氢是放热反应，会使床层温度升高。因此，在实际操作中，床层最高温度通常控制在 420℃ 以下，同时要严格控制烯烃的含量，以避免超温烧坏设备和造成催化剂严重结碳而失活。如果发生超温事故，应立即减负荷或切换惰性原料，以 30℃/h 的降温速率降温。

（2）加氢催化剂失活　钴钼（镍钼）加氢脱硫催化剂失活的主要原因有三种情况，首先当有某种气体存在时会造成催化剂暂时的失活，当把该气体除去后又可恢复到最初活性。其次是在催化剂上炭的生成，致使催化剂表面积减少或者堵死催化剂细孔而使活性下降。另外，催化剂再生过程中因比表面的减少，局部过热还会引起活性物质钼的损失以及由于某种物质的存在（例如砷）生成了对加氢反应无活性的化合物，将造成催化剂永久性失活。在永久性失活的情况下，则需要更换催化剂。

（3）原料带水影响氧化锌脱硫剂　氧化锌脱硫剂在操作中要避免脱硫反应器进水或使用纯蒸汽，因为水分的冷凝会导致脱硫剂破裂或强度下降。另外，在一定条件下（如水蒸气分压较高，而温度又较低）可能发生如下反应：

$$ZnO + H_2O \longrightarrow Zn(OH)_2 \tag{5-24}$$

反应产物会降低孔的容积并使脱硫剂强度减弱，在以后的操作中又可能分解而使脱硫剂强度下降甚至破裂。一般在氧化锌脱硫剂使用时，应注意不能在正常压力下用蒸汽或含蒸汽的工艺气体冷却，这种操作只允许在低压（仅零点几兆帕）下进行，而且温度降至 130℃ 以前先用氮气或氢氮气吹扫。

4. 加氢催化剂再生

加氢催化剂经长期使用后，随着催化剂表面结炭量的增加，活性将逐步下降，以致不能满足生产上的要求，此时便需要对催化剂进行再生。再生可采用氧化燃烧法，使催化剂恢复其活性，其方法是在惰性气体（如氮气）或蒸汽中配入适量空气或氧气，通过催化剂床层时，要严格防止温度的急剧上升，床层温度不要超过 550℃，以避免催化剂超温或钼的迁移流失，要使再生过程所引起的表面积减少降至最小程度。

再生时，先按长期停车而不打开反应器的方法处理，使反应器降温至 250℃，系统压力降为常压，停止进料，并用惰性气体或过热蒸汽置换吹净反应器中原料烃，然后通入配有空气的水蒸气（氧含量为 0.5%～1.0%）。在再生中后期，在不超温情况下可逐步提高水蒸气中的空气含量，直至全部通入空气。此时，床层无温升，反应器出入口氧含量相等，在 450℃ 下维持 4h（不超过 475℃），即认为再生结束。再生结束后，继续通入空气，以 40～50℃/h 的速度，降温至 220℃，然后切换氮气置换系统，再按预硫化步骤处理并转入正常操作。

5. 钴钼（镍钼）催化剂卸出

钴钼（镍钼）催化剂在正常使用中以硫化态的钴钼（镍钼）形式存在，硫化态的钴钼（镍钼）催化剂在高温下与空气接触会引起激烈氧化燃烧，因此，该催化剂从反应器中卸出之前，则需用氮气降温，直至降到室温附近，才能暴露于空气中。卸出后，注意用水喷淋，防止催化剂中硫化物在空气中燃烧。

第二节　湿法脱硫

虽然干法脱硫净化度高，并能脱除各种有机硫化物，但脱硫剂难于再生或不能再生，且硫容低、间歇操作，因此不适于用作对大量硫化物的脱除。

以溶液作为脱硫剂吸收硫化氢的脱硫方法称为湿法脱硫。湿法脱硫具有吸收速率快、生产强度大、脱硫过程连续、溶液易再生、硫磺可回收等特点，适用于硫化氢含量较高、净化度要求不太高的场合。当气体净化度要求较高时，可在湿法脱硫之后串联干法，使脱硫在工艺上和经济上更合理。

湿法脱硫方法很多，根据吸收原理的不同可分为物理吸收法、化学吸收法和物理化学吸收法。

物理吸收法是利用脱硫剂对原料气中硫化物的物理溶解作用将其吸收，其吸收硫化物完全是一种物理过程，当吸收富液压力降低时，则放出 H_2S。属于这类方法的有低温甲醇法、聚乙醇二甲醚法、碳酸丙烯酯法以及早期的加压水洗法等。

化学吸收法是利用了碱性溶液吸收酸性气体的原理吸收硫化氢。按反应不同，又可分为中和法和湿式氧化法。中和法是用弱碱性溶液与原料气中的酸性气体 H_2S 进行中和反应，生成硫氢化物而被除去，溶液在减压加热的条件下可以得到再生，但放出的 H_2S 再生气不能直接放空，通常采用克劳斯法等进一步回收 H_2S，烷基醇胺法、碱性盐溶液法等都是属于这类方法。湿式氧化法是用弱碱性溶液吸收原料气中的酸性气体 H_2S，再借助于载氧体的氧化作用，将硫氢化物氧化成单质硫，同时副产硫磺。湿式氧化法脱硫的优点是反应速率快、净化度高、能直接回收硫磺。该法主要有改良 ADA 法、栲胶法、氨水催化法、PDS 法及络合铁法等。

物理化学吸收法脱硫剂由物理溶剂和化学溶剂组成，因而其兼有物理吸收和化学反应两种性质。主要有环丁砜法、常温甲醇法等。

由于湿式氧化法反应速率快，净化度高，能直接回收硫磺，所以在湿法脱硫中用得较多。目前国内用得较多的是改良 ADA 法和栲胶法。

一、改良 ADA 法（蒽醌二磺酸钠法）

早期的 ADA 法是在碳酸钠的稀碱液中加入 2,6-蒽醌二磺酸钠和 2,7-蒽醌二磺酸钠作氧化剂（载氧体），但因反应速率慢，其硫容量低，设备体积庞大，应用过程受到很大的限制。后来在溶液中添加了适量的偏钒酸钠和酒石酸钾钠及三氯化铁，使吸收和再生速率大大加快，提高了溶液的硫容量，使设备容积大大缩小，这样使 ADA 法的脱硫工艺更加趋于完善，并称为改良 ADA 法，目前在国内外得到广泛应用。

1. 基本原理

ADA 是蒽醌二磺酸的英文缩写，它是含有 2,6-蒽醌二磺酸钠或 2,7-蒽醌二磺酸钠的一种混合体。二者结构式如下：

2,6-蒽醌二磺酸钠　　　　　　2,7-蒽醌二磺酸钠

ADA 法脱硫的反应过程为：

在脱硫塔中，pH＝8.5～9.2 范围内，稀纯碱溶液吸收原料气中的 H_2S，生成 NaHS

$$Na_2CO_3 + H_2S \longrightarrow NaHS + NaHCO_3 \tag{5-25}$$

在液相中，硫氢化钠与偏钒酸钠反应生成还原性焦钒酸钠，并析出单质硫

$$2NaHS + 4NaVO_3 + H_2O \longrightarrow Na_2V_4O_9 + 4NaOH + 2S\downarrow \tag{5-26}$$

氧化态 ADA 氧化焦钒酸钠，生成偏钒酸钠和还原态 ADA

$$Na_2V_4O_9 + 2ADA（氧化态）+ 2NaOH + H_2O \longrightarrow 4NaVO_3 + 2ADA（还原态） \tag{5-27}$$

在再生塔内，还原态 ADA 被空气中的氧氧化为氧化态 ADA

$$2ADA（还原态）+ O_2 \longrightarrow 2ADA（氧化态）+ 2H_2O \tag{5-28}$$

再生后的贫液送入脱硫塔循环使用。反应所消耗的碳酸钠由生成的氢氧化钠得到补偿：

$$NaOH + NaHCO_3 \longrightarrow Na_2CO_3 + H_2O \tag{5-29}$$

由于溶液中的硫氢化物被偏钒酸盐氧化的速率很快，在溶液中加入偏钒酸盐可加快反应速率，而生成的焦钒酸盐不能被空气直接氧化，但能被氧化态 ADA 氧化，而还原态 ADA 能被空气直接氧化再生，因此在脱硫过程中，ADA 起了载氧体的作用，偏钒酸钠起了促进剂的作用。

当气体中含有 O_2、CO_2、HCN 时，会发生下列副反应：

$$2NaHS + 2O_2 \longrightarrow Na_2S_2O_3 + H_2O \tag{5-30}$$

$$Na_2CO_3 + CO_2 + H_2O \longrightarrow 2NaHCO_3 \tag{5-31}$$

$$Na_2CO_3 + 2HCN \longrightarrow 2NaCN + CO_2 + H_2O \tag{5-32}$$

$$NaCN + S \longrightarrow NaCNS \tag{5-33}$$

$$2NaCNS + 5O_2 \longrightarrow Na_2SO_4 + 2CO_2 + SO_2 + N_2 \tag{5-34}$$

副反应消耗了碳酸钠，降低了溶液的脱硫能力，因此生产中应尽量降低原料气中的氧、二氧化碳及氰化氢的含量。为维持正常生产，在 NaCNS 或 Na_2SO_4 积累到一定程度后，必须废弃部分溶液，补充相应数量的新鲜脱硫液。

2. 工艺操作条件的选择

改良 ADA 脱硫液由碳酸钠、偏钒酸钠、ADA、酒石酸钾钠（$KNaC_4H_4O_6$）、三氯化铁及 EDTA 组成。此外，还含有反应生成的碳酸氢钠、硫酸钠等成分。溶液的组成和各组分的含量对脱硫和再生过程影响很大。

（1）溶液的组成

① 溶液的 pH　吸收 H_2S 的反应是中和反应，提高溶液的 pH，能加快吸收硫化氢的速率，提高溶液的硫容量，从而提高气体的净化度。但 pH 过高，降低了钒酸盐与硫氢化物的反应速率，生成硫代硫酸盐的副反应加剧，同时吸收 CO_2 量增多，易析出碳酸氢钠结晶。综上所述，溶液 pH 应调节在合理的范围内，脱硫前略高一些，pH 维持在 8.6～9.0，吸硫后略低一些，在 8.5～8.8 之间。

溶液的 pH 与溶液的总碱度有关。总碱度即溶液中碳酸钠和碳酸氢钠的物质的量浓度之和。当总碱度增大，溶液的 pH 随之升高。溶液的总碱度一般为 0.2～0.5mol/L。

② 偏钒酸钠含量　溶液中偏钒酸钠的浓度增加可缩短硫氢化物氧化析硫的时间，氧化速率加快，提高吸收溶液的硫容；脱硫液中的 $NaVO_3$ 浓度过低，钒含量不足，易析出钒-氧-硫沉淀；并且使析硫反应速率减慢，进入再生塔的 HS^- 生成的 $Na_2S_2O_3$ 副反应速率加快。实际生产中 $NaVO_3$ 用量一般为 2～5g/L。

③ ADA 用量　ADA 的作用是将 V^{4+} 氧化为 V^{5+}。为了加快 V^{4+} 的氧化速率，并使

V^{4+}完全氧化,工业上实际采用 ADA 用量是 $NaVO_3$ 含量的 2 倍左右,ADA 浓度一般为 $5\sim10g/L$。

④ 酒石酸钾钠、三氯化铁及 EDTA 用量　酒石酸钾钠或 EDTA (乙二胺四乙酸) 的作用是作为螯合剂,与钒离子形成疏松的配合物,以阻止钒-氧-硫沉淀的形成,其用量应与钒浓度成比例,一般为 $NaVO_3$ 浓度的一半左右。加入 $FeCl_3$ 的目的是改善副产硫磺的颜色,浓度一般为 $0.05\sim0.10g/kg$。

工业上常用脱硫液的组成如表 5-4 所示。

表 5-4　ADA 溶液的组成

组　成	Na_2CO_3(总碱)/(mol/L)	ADA/(g/L)	$NaVO_3$/(g/L)	$KNaC_4H_4O_6$/(g/L)
I (加压,高硫化氢)	0.5	10	5	2
II (常压,低硫化氢)	0.2	5	$2\sim3$	1

(2) 温度　随着温度的升高,析硫反应速率加快,传质系数增大而气体净化度下降。同时生成硫代硫酸钠的副反应加快。但温度太低,会使 $NaHCO_3$、ADA、$NaVO_3$ 溶解度降低,而从溶液中沉淀出来,并且溶液再生速率慢,生成的硫磺过细,难以分离。为使吸收和再生过程较好进行,溶液温度应维持在 $35\sim45℃$。

(3) 压力　改良 ADA 法对压力不敏感,其适应范围比较宽。提高吸收压力,对改善气体净化度和传质系数都有利。但吸收压力增加,氧在溶液中的溶解度增大,加快了副反应速率,并且 CO_2 分压增大,溶液吸收 CO_2 量增加,生成 $NaHCO_3$ 量增大,溶液中 Na_2CO_3 量减少,影响对 H_2S 的吸收。因此吸收压力不宜太高,通常吸收压力由原料气本身的压力而定。

(4) 氧化停留时间　再生塔内通入空气主要是将还原态 ADA 氧化为氧化态 ADA,并使溶液中的悬浮硫以泡沫状浮在溶液表面,以便捕集回收。氧化反应速率除受 pH 和温度影响外,还受再生停留时间的影响。再生时间长,对氧化反应有利,但时间过长会使设备庞大;时间太短,硫磺分离不完全,溶液中悬浮硫增多,形成硫堵,使溶液再生不完全。高塔再生氧化停留时间一般控制在 $25\sim30min$,喷射再生一般为 $5\sim10min$。

(5) CO_2 的影响　气体中 CO_2 与溶液中的 Na_2CO_3 反应生成 $NaHCO_3$。当气体中 CO_2 含量高时,溶液中的 $NaHCO_3$ 量增大,而 Na_2CO_3 量减小,溶液 pH 降低,导致 H_2S 吸收速率下降。在此情况下,可将溶液(约 $1\%\sim2\%$)引出塔外加热至 $90℃$ 脱除 CO_2 后再返回系统。改良 ADA 法脱硫工艺操作指标如表 5-5 所示。

表 5-5　改良 ADA 法脱硫工艺操作指标

项　目	吸收压力/MPa		项　目	吸收压力/MPa	
	常压	1.2		常　压	1.2
脱硫溶液成分			溶液在反应槽内停留时间/min	5	6
总碱度/(mol/L)	0.2	0.5	溶液在再生塔内停留时间/min	$25\sim30$	$25\sim30$
$NaHCO_3$/(g/L)	25	$60\sim80$	再生塔吹风强度/[m³/(m²·h)]	>70	$80\sim120$
Na_2CO_3/(g/L)	5	$7\sim10$	进塔煤气 H_2S 含量/(g/m³)	$4\sim5$	$1.6\sim2.5$
ADA/(g/L)	5	10	出塔煤气 H_2S 含量/(mg/m³)	<20	<10
$NaVO_3$/(g/L)	2	5	溶液硫容量(以 H_2S 计)/(g/L)	约 0.7	约 0.1
$KNaC_4H_4O_6$/(g/L)	1	2	消耗定额		
煤气空塔速度/(m/s)	$0.5\sim0.75$	$0.1\sim0.15$(操作状态)	Na_2CO_3/(g/kg)	$22\sim26$	$21\sim24$
			$NaVO_3$/(g/kg)	$2\sim2.6$	$1.2\sim1.6$
溶液喷淋密度/[m³/(m²·h)]	>27.5	>25	ADA/(g/kg)	$8\sim9.5$	$4\sim6$
吸收温度/℃	$30\sim40$	$30\sim45$	$KNaC_4H_4O_6$/(g/kg)	$2\sim2.6$	$0.8\sim1.2$

3. 工艺流程

ADA脱硫工艺流程包括脱硫、溶液的再生和硫磺回收三部分。其中脱硫和硫磺回收设备基本相同，根据溶液再生方法不同，分为高塔鼓泡再生和喷射氧化再生。

（1）高塔鼓泡再生脱硫工艺流程　如图5-7所示。

含有$3\sim5g/m^3$ H_2S的煤气从脱硫塔下部进入，与从塔顶喷淋下来的ADA脱硫液逆流接触，煤气中的H_2S被吸收，从塔顶引出的净化气中H_2S含量$<20mg/m^3$，经分离器除去液滴后去后工序。

脱硫后的溶液（富液）由塔底进入反应槽，溶液中的HS^-被偏钒酸钠氧化为单质硫，随之焦钒酸钠被ADA氧化，由反应槽出来的脱硫液

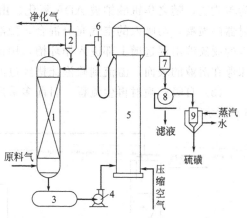

图5-7　ADA高塔再生脱硫工艺流程

1—脱硫塔；2—分离器；3—反应槽；4—循环泵；
5—再生塔；6—液位调节器；
7—硫泡沫槽；8—真空过滤机；9—熔硫釜

用循环泵送入再生塔底部，由塔底鼓入空气，使还原态ADA被氧化，溶液得到再生。再生的脱硫液由再生塔顶引出，经液位调节器流入脱硫塔循环使用。尾气由塔顶放空。

溶液中的单质硫呈泡沫状浮在溶液表面，溢流到硫泡沫槽，经真空过滤机分离得到硫磺滤饼送至熔硫釜，用蒸汽加热熔融后注入模子内，冷凝后得到固体硫磺。

（2）喷射再生法脱硫工艺流程　如图5-8所示。

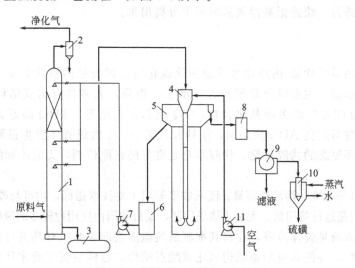

图5-8　喷射再生法脱硫工艺流程

1—脱硫塔；2—分离器；3—反应槽；4—喷射器；5—浮选槽；6—溶液循环槽；
7—循环泵；8—硫泡沫槽；9—真空过滤机；10—熔硫釜；11—空气压缩机

本流程所采用的脱硫塔下部为空塔，为了防止生成的硫磺堵塔，上部为填料，提高气液接触面积。从电除尘器来的半水煤气经加压后进入脱硫塔的底部，在塔内与从塔顶喷淋下来的ADA脱硫液进行逆流接触，吸收并脱除原料气中的H_2S，净化后的气体经分离器分离出液滴后去下一工序。

吸收了H_2S的脱硫液（富液）由塔底出来进入反应槽，富液中的HS^-被偏钒酸钠氧化

为单质硫，随之焦钒酸钠被 ADA 氧化。由反应槽出来的脱硫液依靠自身的压力高速通过喷射器的喷嘴，与吸入的空气充分混合，使溶液得到再生，然后由喷射器下部进入浮选槽。再生的脱硫液由浮选槽上部进入循环槽，用循环泵送往脱硫塔，循环使用。在浮选槽内硫磺泡沫浮在溶液的表面，溢流到硫泡沫槽经过滤、熔硫得到副产硫磺。

（3）自吸式喷射再生流程　目前多采用自吸式空气喷射再生，自吸式喷射再生流程如图 5-9 所示。

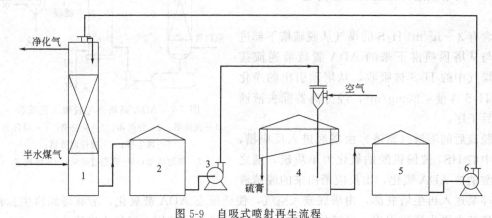

图 5-9　自吸式喷射再生流程

1—脱硫塔；2—富液槽；3—富液泵；4—再生槽；5—贫液槽；6—贫液泵

该法的特点是再生槽顶安装有多组喷射器，而且采用双级喷射器，可通过调节喷射器组数以确保再生时溶液流速和吹风强度。采用喷射再生可以在短时间内使溶液充分氧化，有效地抑制副反应的进行，快速把悬浮硫从溶液中分离出来。

二、栲胶法

栲胶法是利用碱性栲胶-钒酸盐水溶液脱除硫化氢。栲胶是由植物的皮、果、叶和秆等水的萃取液熬制而成，主要成分是聚酚类（单宁）物质，大多具有酚式结构（THQ 酚态）和醌式结构（TQ 醌态）的多羟基化合物，TQ 醌态为氧化态，THQ 酚态为还原态。栲胶法吸收脱硫的原理与改良 ADA 法相同，用栲胶代替 ADA 做载氧体将焦钒酸钠氧化为偏钒酸钠，再生时将还原态的栲胶氧化。栲胶本身是良好的钒配位剂，无需添加酒石酸钾钠等配位剂。

栲胶法的气体净化度、溶液硫容量、硫回收率等项主要技术指标，均可与改良 ADA 法相媲美。它的突出优点是运行费用低、无硫磺堵塔问题，是目前国内使用比较多的脱硫方法之一。

由于栲胶水溶液是胶体溶液，在将其配制成脱硫液之前，必须对其进行预处理，以消除共胶体性和发泡性，并使其由酚态结构氧化成醌态结构，这样脱硫溶液才具有活性。在栲胶溶液氧化过程中，伴随着吸光性能的变化。当溶液充分氧化后，其消光值则会稳定在某一数值附近，这种溶液就能满足脱硫要求。通常制备栲胶溶液的预处理条件列举在表 5-6 中。

表 5-6　制备栲胶溶液的预处理条件

项　目	用 Na₂CO₃ 配制溶液	用 NaOH 配制溶液
栲胶浓度/(g/L)	10~30	30~50
碱度/(mol/L)	1.0~2.5	1.0~2.0
氧化温度/℃	70~90	60~90
空气量	溶液不翻出器外	溶液不翻出器外
消光值	稳定在 0.45 左右	稳定在 0.45 左右

进行预处理时，将纯碱溶液用蒸汽加热，通入空气氧化，并维持温度 80~90℃，恒温 10h 以上，让单宁物质发生降解反应，大分子变小，表面活性物质变成为非表面活性物质，达到预处理目的。NaOH 与 Na_2CO_3 相比，它能够提供更高的 pH 溶液。因此用 NaOH 配制的栲胶水溶液 pH 高，氧化速率快，显然使用 NaOH 进行预处理，其效果要比 Na_2CO_3 好。

1. 基本原理

根据栲胶主组分的分子结构，按醌（酚）类物质，栲胶法脱硫的反应过程如下。

碱性水溶液吸收 H_2S

$$Na_2CO_3 + H_2S \longrightarrow NaHS + NaHCO_3 \tag{5-35}$$

五价钒络合物离子氧化 HS^- 析出硫磺，五价钒被还原成四价钒。

$$2V^{5+} + HS^- \longrightarrow 2V^{4+} + H^+ + S \tag{5-36}$$

同时醌态栲胶氧化 HS^- 亦析出硫磺，醌态栲胶被还原成酚态栲胶。

$$TQ(醌态) + HS^- \longrightarrow THQ(酚态) + S \tag{5-37}$$

醌态栲胶氧化四价钒成五价钒，空气中的氧氧化酚态栲胶使其再生，同时生成 H_2O_2。

$$TQ(醌态) + V^{4+} + H_2O \longrightarrow THQ(酚态) + V^{5+} + OH^- \tag{5-38}$$

$$2THQ + O_2 \longrightarrow 2TQ + H_2O_2 \tag{5-39}$$

H_2O_2 氧化四价钒和 HS^-

$$H_2O_2 + 2V^{4+} \longrightarrow 2V^{5+} + 2OH^- \tag{5-40}$$

$$H_2O_2 + HS^- \longrightarrow H_2O + S + OH^- \tag{5-41}$$

当被处理气体中含有 CO_2、HCN、O_2 时，所产生的副反应，以及因 H_2O_2 引起的副反应，都与改良 ADA 法相同。

2. 栲胶法工艺操作条件的选择

(1) 溶液的组成　溶液的主要组成包括溶液的 pH、$NaVO_3$ 的含量和栲胶的浓度。

① 溶液的 pH　栲胶法脱硫液的 pH 一般控制在 8.5~9.2。

② $NaVO_3$ 的含量　$NaVO_3$ 的含量取决于脱硫液的操作硫容，即富液中 HS^- 的浓度。符合化学计量关系，但配制溶液时常过量，过量系数为 1.3~1.5。

③ 栲胶的浓度　作为氧载体并从络合作用考虑，要求栲胶浓度与钒浓度保持一定的比例，根据实际经验，适宜的栲胶与钒的比例为 1.1~1.3。

工业上典型的栲胶溶液的组成如表 5-7 所示。

表 5-7　工业上典型的栲胶溶液的组成

溶　　液	总碱度/(mol/L)	Na_2CO_3/(g/L)	栲胶/(g/L)	$NaVO_3$/(g/L)
稀溶液	0.4	3~4	1.8	1.5
浓溶液	0.8	6~8	8.4	7

(2) 温度　通常吸收与再生在同一温度下进行，当温度超过 45℃时，$Na_2S_2O_3$ 的生成率会急剧升高，所以操作温度一般不超过 45℃。其他操作条件与改良 ADA 法相同。

3. 栲胶法脱硫的工艺流程

栲胶法脱硫的工艺流程与 ADA 法脱硫基本相同。目前用得较多的是自吸式喷射再生流程。

4. 工艺特点

栲胶资源丰富，价格低廉，费用低；栲胶脱硫液组成简单，而且不存在硫磺堵塔问题；

栲胶水溶液在空气中易被氧化。酚态栲胶易被空气氧化生成醌态栲胶，当 pH 大于 9 时，单宁的氧化能力特别显著；在碱性溶液中单宁能与铜、铁反应并在材料表面上形成单宁酸盐的薄膜，从而具有防腐作用；栲胶脱硫液特别是高浓度的栲胶溶液是典型的胶体溶液。

栲胶组分中含有相当数量的表面活性物质，导致溶液表面张力下降，发泡性增强。所以栲胶溶液在使用前要进行预处理，否则会造成溶液严重发泡。

三、PDS 法

PDS 的主要成分是双核酞菁钴磺酸盐，酞菁钴为蓝色，酞菁钴对 H_2S 的催化作用是作为载氧体加入到 Na_2CO_3 溶液中，加入催化剂后水溶液的吸氧速率是衡量其活性的重要标志。酞菁钴四磺酸钠的活性最好。

此法是用高活性的 PDS 催化剂代替 ADA。PDS 催化剂既能高效催化脱硫，同时又能催化再生，是一种多功能催化剂。PDS 法的反应原理如下。

(1) 碱性水溶液吸收 H_2S（在 PDS 催化作用下）

$$Na_2CO_3 + H_2S \longrightarrow NaHCO_3 + NaHS \tag{5-42}$$

$$NaHS + (x-1)S + NaHCO_3 \longrightarrow Na_2S_x + CO_2 + H_2O \tag{5-43}$$

$$RSH + Na_2CO_3 \longrightarrow RSNa + NaHCO_3 \tag{5-44}$$

$$COS + 2Na_2CO_3 + H_2O \longrightarrow Na_2CO_2S + 2NaHCO_3 \tag{5-45}$$

(2) 再生反应

$$2NaHS_4 + O_2 \longrightarrow 8S + 2NaOH \tag{5-46}$$

$$Na_2S_x + \frac{1}{2}O_2 + H_2O \longrightarrow S_x + 2NaOH \tag{5-47}$$

$$2RSNa + \frac{1}{2}O_2 + H_2O \longrightarrow RSSR + 2NaOH \tag{5-48}$$

$$Na_2CO_2S + \frac{1}{2}O_2 \longrightarrow Na_2CO_3 + S \tag{5-49}$$

PDS 法的优点是脱硫效率高，在脱硫除 H_2S 的同时，还能脱除 60% 左右的有机硫，再生的硫磺颗粒大，便于分离，硫回收率高，不堵塔，成本低。PDS 无毒，脱硫液对设备无腐蚀。目前我国中型氨厂使用较多。工业上，PDS 可单独使用，也可与 ADA 或栲胶配合使用。当 ADA 脱硫液中 ADA 降至 0.1g/L 以下时，加入 3~5mg/kg 的 PDS，脱硫效果显著增大。在栲胶溶液中加入 1~3mg/kg 的 PDS，脱硫效果良好。

第三节　脱硫的主要设备

湿式氧化法脱硫的主要设备有脱硫塔和再生设备。

一、脱硫塔

目前用于脱硫的塔设备有填料塔、湍球塔、喷射塔以及近年发展起来的旋流板塔、喷旋塔等。

1. 填料塔

填料塔具有较大的气液接触面积，操作稳定可靠，结构简单便于制造，压力降小等优点，是最早使用的脱硫塔。后来各种高效板式塔的出现逐渐取代了古老的填料塔。但近年来，由于高效填料的开发使填料塔又恢复了生机。在一定塔径范围内（$\phi<1500$mm）使用可获得良好的经济效果。

2. 湍球塔

湍球塔内装有 2～4 层聚乙烯制成的空心浮球（$\phi15\sim38$mm），每层有筛板支承。脱硫液由塔顶喷下，气体由塔底进入以 3～4m/s 的速度通过脱硫塔，使筛板上的浮球剧烈湍动，气液接触表面迅速更新，吸收速度加快，气体经除沫器除去夹带的液滴后自塔顶引出。湍球塔脱硫效率高，体积小于填料塔，且不易堵塞。但操作弹性小、阻力大、浮球易破裂。

3. 喷射塔

喷射塔结构如图 5-10 所示。全塔分三部分：上部为喷射装置，中部为吸收管，下部为分离器。喷射装置的主要构件是向下逐渐缩小的锥形喷射管，称为喷杯。脱硫液由两侧进入喷杯外的空间，均匀地溢流入喷杯，呈膜状沿杯内壁向下流动。原料气由塔顶进入喷杯，至喷杯出口处流速达 20～25m/s。脱硫液因气体的喷射而被高度分散成雾状，气液接触面积大大提高，吸收过程迅速进行。气液混合物以 2～8m/s 的速度通过吸收管继续进行吸收。在分离段中由于气流速度降到 0.5 m/s 左右和气流方向突然改变，而使气液分离。喷射塔结构简单，气液接触面积很大，接触时间短，用氨水脱硫时硫化氢的吸收选择性好，脱硫效率高，不易堵塞，因而得到广泛应用。

4. 旋流板塔

旋流板塔是一种新型塔设备。塔内设置若干层旋流板式塔板。塔板的结构见图 5-11，是由一组风车型的固定板片组成。板片以一定角度焊在盲板的圆周上（一般沿切线方向），并有一定的仰角。气体通过各块塔板间隙螺旋上升。液体从盲板流到板片上形成薄液层，被气流分散成细小液滴，气体旋转的离心力将液滴甩到塔壁上，然后因重力作用而沿塔壁下流，再通过溢流装置流到下块塔板的盲板上。从液体溢流到板片开始，至沿溢流装置流下为止，都与气体有较好的接触。特别是以细滴状态穿过气流时，气液接触面积很大，处理气量大，脱硫效率高。由于接触时间短，对选择吸收很有利，且不易堵塔，操作弹性宽。因而旋流板塔适用于脱高硫，在改良 ADA 法、栲胶法等脱硫工艺中广泛应用。

5. 喷旋塔

为了进一步提高脱硫效率，适应高硫气体的脱硫，近年来在旋流板塔的基础上发展了一种高效脱硫喷旋塔。结构见图 5-12 所示。喷旋塔由喷射器和旋流板塔组成，脱硫液高速通过喷射器的喷嘴，并吸入原料气。此时气液两相被高速分散，处于高度湍动状态，强化了传热、传质过程。可将原料气中 50%～80% 的硫化氢除去，然后气液混合物进入旋流板塔下部，溶液借重力和离心力的作用与气体分离，由塔底流出。气体沿旋流板塔上升，与塔上部喷淋下来的脱硫液再次接触，除去剩余的硫化氢。生产实践证明，一个喷旋塔可将原料气中高达 15～20 g/m³ 的硫化氢脱到 0.1g/m³ 以下，脱硫效率达 99% 以上，因此可用喷旋塔单塔代替三塔脱硫。

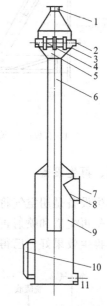

图 5-10　喷射塔

1—气体进口；2—脱硫液进口；3—锥形喷射管；4—多孔分液板；5—管板；6—吸液管；7—气体出口；8—捕液挡板；9—分离器；10—液面计；11—脱硫液出口

109

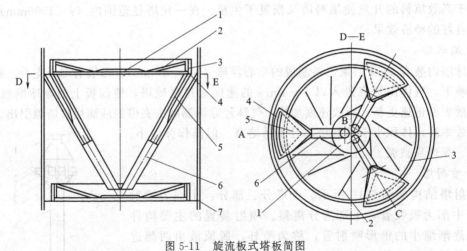

图 5-11　旋流板式塔板简图

1—盲板；2—旋流板片；3—罩筒；4—溢流口；5—溢流槽；6—圆形溢流管；7—塔壁

二、再生设备

再生设备是用空气将还原态的催化剂氧化为氧化态，并将析出的硫浮选出来。常用的再生设备是再生塔和喷射再生槽，后者结构简单，不需要塔式再生所用的空气压缩机，再生时间短，再生效果好，已得到广泛应用。

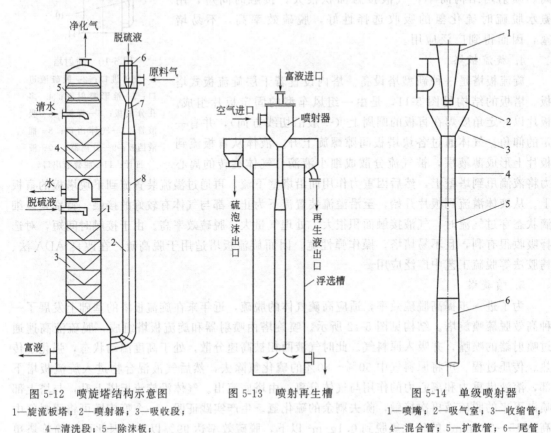

图 5-12　喷旋塔结构示意图

1—旋流板塔；2—喷射器；3—吸收段；
4—清洗段；5—除沫板；
6—喷嘴；7—喉管；8—尾管

图 5-13　喷射再生槽

图 5-14　单级喷射器

1—喷嘴；2—吸气室；3—收缩管；
4—混合管；5—扩散管；6—尾管

110

喷射再生槽如图 5-13 所示，由喷射器（见图 5-14）和浮选槽组成。喷射器包括喷嘴、吸气室、收缩管、扩散管等组成。脱硫后的富液或靠加压脱硫的压差或由泵加压高速通过喷嘴，形成射流并产生局部负压将空气吸入。此时由于两相流体立即被高速分散而处于高湍状态，气液接触表面积大且不断更新，强化了再生过程，缩短了再生时间（仅用 7～8min），生产强度大，脱硫液再生效果好。

目前，已开发了双级自吸喷射再生槽，该喷射再生槽采用两级喷射，富液射流的能量得到充分的利用，自吸空气量增加近一倍，富液再生效率得到进一步提高。

三、湿式氧化法脱硫生产操作要点

1. 原始开车

（1）开车前的准备　对照图纸，检查验收各设备、管道、阀门、分析取样点及电器、仪表等必须正常完好；检查系统内所有阀门的开关位置应符合开车要求；与供水、供电部门及造气、压缩工段联系，做好开车准备。

（2）运转设备的单体试车　对罗茨鼓风机、贫液泵、富液泵单体试车合格。

（3）系统的吹除及清扫　吹除前应按气、液流程，依次拆开与设备、阀门连接的法兰，吹除物由此排放。吹洗时用高速压缩空气分段吹除。吹净一段后，紧好法兰继续往后吹，直至全系统都吹净为止。对于放空管、排污管、分析取样管和仪表管线都要吹洗。对于溶液储槽等设备，要进行人工清扫。

（4）水压试验　关闭排放阀，开启系统所有放空阀，向塔内加入清水，当放空管有水溢出时就关闭放空阀，然后用水压机向系统打压，并使系统压力控制在操作压力的 1.25 倍，在此压力下对设备及管道进行全面检查。发现泄漏，做下记号，卸压后处理，直至无泄漏。

（5）装填料　脱硫塔经检查吹扫后，即可向塔内装填料。木格填料应按规定高度自下而上分层装填，每两层之间的夹角为 45°，装完后顶层填料用工字钢压牢，以免开车时气流将填料吹翻。当装瓷环填料时，应先向塔内注满水，将瓷环从人孔装入，装至规定高度后，将水面漂浮的杂物捞出，把水放净，瓷环表面扒平，即可封闭人孔。装填瓷环要轻拿轻放，以免破碎。

（6）气密试验和试漏

① 系统气密试验　气密试验的方法是用压缩机向系统内送空气，并逐渐将压力提高到操作压力的 1.05 倍，然后用肥皂水对所有法兰、焊缝进行涂抹查漏，发现泄漏时，做好标记，卸压处理，直到完全消除泄漏为止。无泄漏后保压 30min，压力不下降为合格，最后将气体放空。

② 再生系统的试漏　贫液槽、再生槽加清水，用贫液泵、富液泵打循环，检查各泄漏点无泄漏为合格，然后将系统设备及管道内的水排净。

（7）运转设备的联动试车及系统的水洗　联动试车是为了检验生产装置连续通过物料的性能，检查溶液泵、阀门及仪表是否正常好用。联动试车能暴露设计和安装中的一些问题，在这些问题解决后再进行联动试车，直到流程畅通为止。在联动试车的同时对系统进行水洗，除去固体杂质。联动试车后将水排干净。

（8）碱水洗和木格填料的脱脂　为了除去设备中的油污和铁锈，还要进行碱水洗涤。方法是启动溶液泵，使 5％的碳酸钠溶液在系统内连续循环 18～24h，然后放掉碱液，再用软水清洗直至水中含碱量小于 0.01％时为止。当用木格填料时，必须进行脱脂处理。由于木材中含有树脂，会与碱液发生皂化反应产生皂沫，使硫膏不易分离，碱耗增加，影响正常生产。

（9）脱硫液的制备　新鲜脱硫液的制备在溶液地下槽进行。根据每次所用的软水量按比例计算出各组分的加入量一次加入，用压缩空气进行搅拌，待各组分完全溶解后，用泵打入溶液循环槽，直至循环槽、脱硫塔、再生塔建立正常液位为止。

（10）系统的置换　在开车前常用惰性气体进行置换，直至系统内氧含量小于 0.5% 为止。在置换时，塔系统的溶液管线用溶液充满，并使塔建立正常的液位，以免形成死角。

（11）正常开车　向脱硫塔内充压至操作压力；启动溶液循环泵，使循环液按生产流程运转；调节塔顶喷淋量至生产要求及液位调节器，使液面保持规定高度；系统运转稳定后，可导入原料气，并用放空阀调节系统压力；当塔内的原料气成分符合要求时，即可投入正常生产。

2. 正常操作要点

（1）保证脱硫液质量

① 脱硫液成分符合工艺指标　根据脱硫液成分及时制备脱硫液进行补加，保证脱硫液成分符合工艺指标。

② 稳定自吸空气量　保持喷射再生器进口的富液压力，稳定自吸空气量，控制好再生温度，使富液氧化再生完全，并保证再生槽液面上的硫泡沫溢流正常，降低脱硫液中的悬浮硫含量，保证脱硫液质量。

（2）保证半水煤气脱硫效果　应根据半水煤气的含量及硫化氢的含量变化及时调节，当半水煤气中硫化氢的含量增高时，如果增大液气比仍不能提高脱硫效率，可适当提高脱硫液中碳酸钠含量。

（3）严防气柜抽瘪和机泵抽负、抽空

① 气柜高度变化　经常注意气柜高度变化，当高度降至低限时，应立即与有关人员联系，减量生产，防止抽瘪。

② 鼓风机进出口压力变化　经常注意罗茨鼓风机进出口压力变化，防止罗茨鼓风机和高压机抽负压。

③ 液位的正常　保持贫液槽和脱硫塔液位正常，防止泵抽空。

（4）防止带液和跑气　控制冷却塔液位不要太高，以防气体带液；液位也不要太低，以防跑气。

3. 停车

（1）短期停车　通知前后工序，停止向系统补充脱硫液。关闭泵出口阀，停泵后，关闭其进口阀；停止向系统送气，同时关闭系统出口阀和其他设备的进出口阀。系统临时停车后仍处于正压状况，保持塔内压力和液位，做好开车准备。

（2）紧急停车　立即与压缩工段联系，停止送气；同时按停车按钮，停罗茨鼓风机，迅速关闭出口阀，然后按短期停车方法处理。

（3）长期停车　按短期停车步骤停车，然后开启系统放空阀，卸掉系统压力；将系统中的溶液排放到溶液储槽或地沟，用清水洗净；用惰性气体对系统进行置换，当置换气中易燃物含量小于 5%，含氧量小于 0.5% 时为合格；最后对系统用空气进行置换，当置换气中氧含量大于 20% 为合格。

4. 异常现象及处理

异常现象及处理见表5-8。

表 5-8　异常现象及处理

序号	异常现象	原　因	处 理 方 法
1	脱硫效率低	(1)液组分浓度低 (2)循环量低 (3)进口 H_2S 高 (4)再生效率低 (5)吸收溶液压力过低 (6)吸收塔填料部分堵塞 (7)吸收塔喷嘴堵	(1)迅速补充新鲜溶液 (2)提高循环量 (3)维持各项指标在指定范围上限 (4)提高再生能力 (5)提高吸收压力 (6)向有关部门汇报等待处理 (7)清洗喷嘴
2	再生效率低	(1)吹风强度不够 (2)溢流不好 (3)溶液组分浓度过低	(1)提高吹风强度 (2)调节泡沫溢流量达到最佳 (3)提高溶液组分浓度
3	新鲜液制备不好	(1)温度太低 (2)空气量不足 (3)制备时间短	(1)提高制备温度 (2)增大空气量 (3)延长制备时间
4	再生喷射器倒液	(1)富液泵抽空 (2)富液泵跳闸	(1)迅速通知泵房处理抽空问题,同时关富液泵出口阀 (2)迅速通知泵房处理跳车的同时关富液泵出口阀

第四节　硫 磺 回 收

采用湿法脱硫时,除湿式氧化法可以直接回收硫磺以外,其他方法都会在吸收剂再生时解吸出酸性气体硫化氢,所以在脱硫工段后设置有硫回收工段,对解吸出的酸性气(H_2S)进行处理,使其可以达标排放,并回收其中的硫。目前工业上回收的方法有克劳斯硫磺回收法、超级克劳斯法、Shell-Paques 生物脱硫法回收硫磺和湿式接硫法制取工业硫酸。

一、克劳斯硫磺回收法

1. 基本原理

早期的克劳斯法,是在催化反应器中用空气将 H_2S 直接进行氧化得到硫磺。

$$3H_2S + \frac{3}{2}O_2 \longrightarrow 3S + 3H_2O \tag{5-50}$$

该反应是一强放热反应,温度高不利于反应的进行,一般要求维持在 $250\sim300℃$,如果酸性气中 H_2S 含量高,会使催化床层温度难以控制,这就限制了克劳斯法的广泛使用。后经改进,将反应式分成两步进行。

首先,在燃烧炉内三分之一的 H_2S 与 O_2 燃烧,生成 SO_2:

$$H_2S + \frac{3}{2}O_2 \longrightarrow SO_2 + H_2O + Q \tag{5-51}$$

其次,剩余的 H_2S 与生成的 SO_2 在催化剂作用下,进行克劳斯反应生成硫磺:

$$2H_2S + SO_2 \longrightarrow 3S + 2H_2O + Q \tag{5-52}$$

第一步是燃烧反应,可将含硫气体直接引入高温燃烧炉,其反应热由废锅加以回收,并使气体温度降至适合于第二步进行催化反应的温度。然后再进入催化床层反应生成硫磺。从经过改进后的二步法克劳斯反应式可以看出:第一步仅反应掉 H_2S 总量的 1/3,第二步为 2/3,这是克劳斯法的一项技术控制关键。因此人们将第二步反应式(5-52) 称为克劳斯反应。

克劳斯法另一项重大改进是:当酸性气中 H_2S 含量足够高时,可在一台独立的燃烧炉中,进行 H_2S 的非催化法直接氧化制硫磺,制硫产率约为总硫含量的 $60\%\sim70\%$,其尾气经废锅冷却，气态硫冷凝回收之后，再进入催化反应器进行克劳斯反应，进行硫回收。

克劳斯反应催化剂目前已形成 LS 和 CT 两大系列，已在克劳斯回收工业装置上获得推广应用，实践证明铝基催化剂的性能较好。因为硫的凝固点仅为 114.5℃，为防止单质硫在催化剂表面上沉积，影响催化剂活性，实际操作温度需控制在硫的露点以上。比较典型的是控制一段床层的入口温度为 230～240℃，出口温升约 1.0℃，而将二、三段的入口温度逐渐降低，以利于化学平衡。若处理气体中有机硫含量比较高的场合下，应使其通过加氢和水解反应，尽量使其转化成 H_2S 以便于除去。为满足 COS 和 CS_2 的加氢和水解，要求催化剂床层的出口温度需控制在 300～400℃ 的范围内。

2. 工艺流程

为满足含硫气体燃烧后，其出口混合气体中 H_2S/SO_2 的摩尔比为 2∶1，符合克劳斯反应所要求的控制比例，根据进料酸性气体中 H_2S 含量不同而采用三种不同的工艺流程。

（1）部分燃烧法　该法是让绝大部分酸性气体送入燃烧炉，控制空气加入量进行燃烧，出燃烧炉的反应气体，经冷却冷凝除硫后进入转化器。由少量未送入燃烧炉的酸性气体与适量的空气，在各级再热炉中发生燃烧反应，以提供和维持转化器的反应温度。其工艺流程见图 5-15。

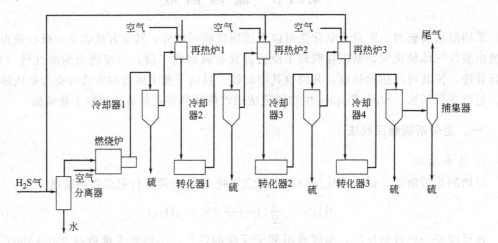

图 5-15　部分燃烧法克劳斯工艺流程

反应混合气体经三级转化及四级冷却分离后，H_2S 的总转化率可达到 96％ 以上，其尾气放空。该法适用于进料酸气中 H_2S 含量在 50％ 以上的场合。

（2）分流法　当进料酸气中 H_2S 含量在 15％～50％ 时，采用部分燃烧法反应放出的热量不足以维持燃烧炉的温度，在这种情况下可采用分流法工艺。该流程如图 5-16 所示。将 1/3 酸性气体送入燃烧炉中，加入足量的空气让 H_2S 完全燃烧转化为 SO_2。然后与其余的 2/3 酸性气体混合，配成为 $n(H_2S)/n(SO_2)=2∶1$ 的混合气体，再进入二级转化器进行转化，其总转化率可达到 90％ 以上。该工艺流程具有反应条件容易控制、操作简易可行等优点。

（3）直接氧化法　若进料酸气中 H_2S 含量＜15％ 时，可采用图 5-17 所示的直接氧化法工艺流程。

由于进料气中 H_2S 含量低，难以使用燃烧炉，而用预热炉将气体加热到所要求的反应温度，给进料气中配入需要的空气量，混合后直接进入催化反应器，进行反应式(5-50)的氧化反应，H_2S 直接转变成硫磺，该法虽经二级转化，其总转化率仅能达到 70％ 以上。欲提高转化率，可采取三级或四级转化，这时硫回收成本将大幅度上升，但对降低环境污染有好处。若在直接氧化法流程中使用燃烧炉，则需要利用回收的部分产品硫磺，在炉内进行完全燃烧生成 SO_2 气体，然后再与经预热的含硫再生气配成 2 : 1 的混合气，将其送入转化器发生克劳斯反应，转化率可达到 80% 以上。

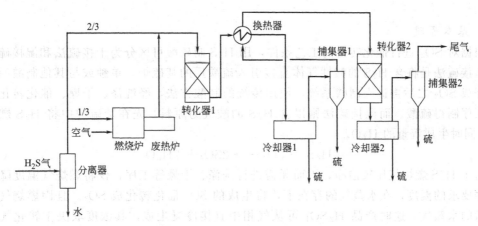

图 5-16　分流法克劳斯工艺流程

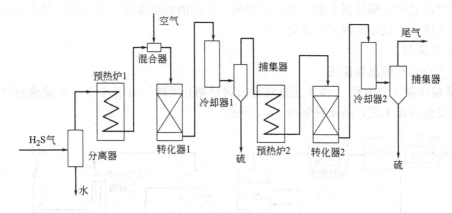

图 5-17　直接氧化法克劳斯工艺流程

受化学平衡及多种操作因素的限制，克劳斯装置的硫回收率无法达到理论值。对含 25% H_2S 的进料酸性气而言，采用三级克劳斯反应的总回收率，一般仅能达到 96% 左右。因此克劳斯尾气中，尚残余一定数量的低含量 H_2S，这不仅降低了硫的回收量，更为重要的将会对大气环境造成严重污染，因而针对克劳斯装置开发出多种低含量 H_2S 尾气的处理技术如超级克劳斯法·斯科特法等。

尽管经处理后的尾气中 H_2S 含量已很低，亦需在排放之前必须进行焚烧处理，将尾气中的少量 H_2S 氧化成为 SO_2 后再排空。焚烧是在一种结构特殊的焚烧炉中进行的，为保证 H_2S 的完全燃烧，需给炉内通入过量的空气。焚烧后的 SO_2 浓度达到环保要求的指标时，方能进行排放。

二、湿式接硫法

利用含硫酸性气生产工业硫酸，不仅使硫资源得到合理的回收利用，而且有利于保护大气环境。该种制酸技术可省去不少工艺过程，降低投资和生产成本，使产品具有更强的市场竞争力，因而这是一种很有吸引力的硫回收途径。用 H_2S 制硫酸是 1931 年由前苏联学者 M.E. 阿杜罗夫提出来的，德国鲁奇公司将其付诸实施，于 20 世纪 30 年代实现工业化。近年来，随着工艺技术的不断发展和进步，拓宽了其对含硫原料气的适应范围，提高了产品酸浓度，并使工艺废热得到合理的回收利用，从而使采用 H_2S 制酸技术获得了更为广泛的应用。

1. 基本原理

根据对 SO_2 进行催化转化的工艺条件，用 H_2S 制硫酸可区分为干接硫法和湿接硫法两种。干接硫法是将含 H_2S 的酸性气体直接引入硫酸厂的焚硫炉，单独或与其他制酸原料一起焚烧成 SO_2 之后再进入制酸系统，使用传统的制酸方法，经洗涤、干燥、催化转化及吸收等工序制得硫酸。而湿接硫法则含 H_2S 的酸气为原料，先在焚硫炉中将 H_2S 燃烧成 SO_2，同时生成等量的 H_2O。

$$2H_2S + 3O_2 \longrightarrow 2SO_2 + 2H_2O \qquad (5-53)$$

由于 H_2S 燃烧气比较洁净，因而无需进行洗涤、干燥等工序，仅将燃烧气温度降至转化工序要求的温度，在水蒸气的存在下，将生成的 SO_2 催化转化成 SO_3。且因燃烧气中含有大量的水蒸气，这时产品 H_2SO_4 可从气相中直接冷凝生成，其浓度取决于转化气中的 H_2O 与 SO_3 比例和冷凝成酸的温度。通过控制 SO_2 的转化温度和凝结成酸温度，比较合理地解决了产品硫酸在催化剂上的冷凝，并提高了产品酸的浓度等技术难题，开发出比较先进的制酸工艺流程，成功实现了工业化生产。

2. 工艺流程

(1) 鲁奇公司的湿接硫法

① 低温冷凝工艺流程　该工艺是鲁奇公司早期开发的，由于其 SO_3 冷凝成酸的温度较低，称为低温冷凝工艺，其流程如图 5-18 所示。

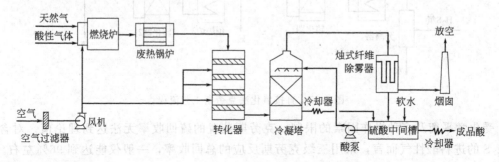

图 5-18　湿接硫法低温冷凝制酸工艺流程

含 H_2S 的洁净气体在 $500 \sim 1000℃$ 下，与过量的空气一起燃烧，生成含 SO_2 5% 左右的燃烧气，潮湿的燃烧气经废锅冷却至约 $450℃$，不经干燥直接进入四段冷激式转化器，与钒催化剂接触，使气体中的 SO_2 转化成 SO_3，转化率达 98.5%。出转化器的气体温度为 $420 \sim 430℃$，不经冷却直接进入冷凝塔，与塔顶喷淋的循环冷硫酸逆流接触，在气-液界面发生硫酸蒸气的瞬间冷凝，同时生成少量的酸雾，出冷凝塔的温度限制在 $80℃$ 以下。酸经冷却后循环使用，尾气经纤维除雾器后通过烟囱放空。

低温冷凝工艺生产的酸浓度为 80%～90%，考虑到材料腐蚀问题，通过进一步稀释制得浓度为 78% 左右的成品硫酸。该工艺的缺点是不能处理燃烧后 SO_2 浓度低于 3% 的酸性气体，使该工艺应用范围受到限制。目前主要用于含 H_2S 废气的处理，其装置规模也比较小。

② **高温冷凝工艺流程** 该工艺是让 SO_3 气体与水蒸气在高温下凝结成酸，这样随硫酸冷凝析出的水蒸气越少，因而制得的产品酸浓度越高。该流程中一级冷凝选用文丘里冷凝器，二级冷凝选用填料塔，循环酸与气体由上而下并流通过文丘里冷凝器，在其颈部气-液相密切接触，使硫酸的生成热和冷凝热充分消散，如图5-19所示。

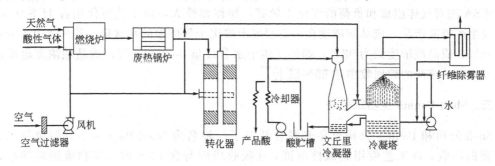

图 5-19 湿接硫法高温冷凝制酸工艺流程

文丘里冷凝器在 $80 \sim 230℃$ 下操作，气体中大部分 SO_3 和硫磺在这里被除去。循环酸中的热量通过冷却器后移去，并抽出部分硫酸作为产品。在文丘里与填料塔的连接处向气体中通入空气以稀释气体，避免更多的水蒸气凝结。在填料塔中采用稀的硫酸喷淋。其中的水蒸发使气体冷却，让残余的硫酸冷凝析出。离开填料塔的气体，经纤维除雾器除酸雾，收集到的酸液返回填料塔的循环酸系统。

高温冷凝工艺能够处理含 $SO_2 < 1\%$ 的酸性气体，且能维持自热平衡。若进料气体中 $n(H_2O)/n(SO_2) < 5$，就能生产浓度 93% 的硫酸产品。采用二段床或三段床转化器，排放尾气中的 $SO_2 < 0.02\%$，总脱硫率 $> 99.5\%$。

（2）**托普索公司的WSA法** 20世纪80年代，托普索公司开发成功WSA湿式制酸工艺。WSA工艺由原料酸气的催化焚烧或热焚烧，SO_2 催化氧化成 SO_3，以及 SO_3 与水在湿式成酸塔中吸收并浓缩成产品酸等三部分组成。图5-20为典型的处理重油脱硫过程中酸性气体的WSA工艺流程。

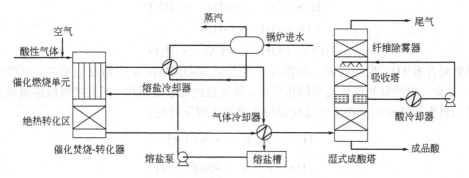

图 5-20 处理酸性气体的WSA法工艺流程

含硫原料气与过量空气混合，不经预热直接进入催化焚烧-转化炉，该炉上部为催化焚烧区。将特制耐硫燃烧催化剂装入浸没在导热熔盐的管式反应器中。原料气进入管内被加热到 $200℃$ 即开始进行氧化反应，将所有硫燃烧成 SO_2 或 SO_3，其反应热由管外的循环熔盐移走。反应气体进入下部转化区，将剩余的 SO_2 催化转化成 SO_3，所用催化剂为托普索公司的VK系列，该催化剂要求进气温度在 $400℃$ 左右。

转化器出口的 SO_3 经气体冷却器冷却到 $300℃$，进入湿式成酸塔。成酸塔的下段为浓缩段，在此进行硫酸冷凝，浓缩得到成品酸，上段为吸收段，喷入酸液进一步冷凝硫酸蒸气并收集酸雾，经塔顶部除雾器后的尾气由烟囱排放。喷淋酸从吸收段与浓缩段之间的溢流堰引出，经酸冷却器移走热量，浓缩制得温度为 250℃ 的热酸从塔底部导出，冷却之后作为硫酸产品。

WSA 法对气体组成和负荷的变化不敏感，操作弹性大，该工艺可使用含 H_2S 0.05% 的废气生产硫酸产品。成品酸浓度在一定程度上取决于气体中的水含量，若气体中水分过量 5%～8%，成品酸浓度约为 98%，即使气体中水分过量 30%～50%，成品酸浓度也能达到 93%～94%。该法的硫回收率达 99% 以上。

三、Shell-Paques 生物脱硫法

Shell 公司和 Paques 公司近年来联合开发了一种名为 Shell-Paques 生物脱硫技术，用于硫磺的回收，该工艺使用弱碱性溶液，在吸收塔内与含 H_2S 的气相物流逆向接触，然后富液中的 HS^-，在空气和繁殖能力很强的微生物共同作用下生成元素硫，以元素硫的形式进行硫磺回收。同时溶剂得到再生返回到吸收塔中。该工艺对于每天硫磺回收量在 0.05～15t 的范围，具有很强的优势，尾气中 H_2S 含量 $< 50 \times 10^{-6}$，可直接达标排放。

Shell-Paques 工艺最重要的特点在于使用活性菌，突破了传统催化剂的不足。用于氧化 H_2S 的有机体是硫杆菌的混合菌群，这是一种自给型细菌，繁殖能力很强，每 2h 细菌数量可以加倍，对于多变的工艺环境具有很强的抵抗力。仅需 CO_2 即可满足其对于碳元素的需要，硫化物氧化过程中产生的能量即可满足其生长的能量需求。该生物菌的生存及生长需要一定的营养物。营养物以溶液形式注入装置，其使用量根据硫化物负载率确定。

1. Shell-Paques 法基本原理

一定压力下可高达 10MPa 的含 H_2S 气体进入吸收塔与碱性溶液逆向接触，首先完成 H_2S 气体的化学吸收过程，在吸收塔中发生如下反应：

$$H_2S + OH^- \rightleftharpoons HS^- + H_2O \tag{5-54}$$

$$H_2S + CO_3^{2-} \rightleftharpoons HS^- + HCO_3^- \tag{5-55}$$

$$CO_2 + OH^- \rightleftharpoons HCO_3^- \tag{5-56}$$

$$HCO_3^- + OH^- \rightleftharpoons CO_3^{2-} + H_2O \tag{5-57}$$

吸收后含有 HS^- 的吸收液（即富液）进入到 Shell-Paques 生物反应器中，可溶性硫化物 HS^- 在空气中的氧和硫杆菌共同作用下，被氧化成元素硫析出，同时使吸收溶液恢复弱碱性，得到再生循环使用。在生物反应器内主要发生以下反应：

$$HS^- + \frac{1}{2}O_2 \longrightarrow S + OH^- \tag{5-58}$$

$$HS^- + 2O_2 \longrightarrow SO_4^{2-} + H^+ \tag{5-59}$$

$$CO_3^{2-} + H_2O \longrightarrow HCO_3^- + OH^- \tag{5-60}$$

$$HCO_3^- \longrightarrow CO_2 + OH^- \tag{5-61}$$

其中反应式(5-58)是氧和硫杆菌作用下发生的生物化学反应主反应，对吸收后的碱液进行再生，反应式(5-59)是在低 HS^- 浓度的条件下发生的副反应。

从上面的化学反应可以看出，碱液用来吸收气体中的 H_2S，并在产生元素硫的过程中得到再生。通常，仅有小于 3.5% 的硫化物发生副反应被氧化成硫酸盐和硫代硫酸盐。为了避免盐聚积，需要连续地排出液体或不断补充新鲜水。

2. Shell-Paques 工艺流程

Shell-Paques 生物脱硫工艺流程见图 5-21。

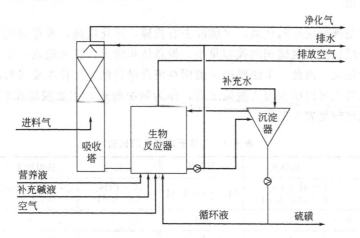

图 5-21　Shell-Paques 生物脱硫工艺流程

聚乙二醇二甲醚（NHD）或低温甲醇洗脱硫后副产的酸性气或合成气，首先进入分液罐分离出所携带的液体，然后进入吸收塔与塔内的弱碱性溶液逆向接触。为了使吸收溶液在塔内分布均匀，吸收塔可以是板式塔或填料塔。

由于吸收溶液中 H_2S 浓度几乎为零，气液两相存在很大的浓度差，因此酸性气中的 H_2S 几乎可以被 100％ 吸收。吸收过程中 H_2S 从气相转移到液相，并以 HS^- 的形式存在。

含有 HS^- 的吸收溶液在重力的作用下进入到反应器，反应器底部不断地通入空气。吸收溶液中的 HS^-，在空气和细菌的作用下，直接生成元素硫，同时吸收液得到再生。在生物反应器底部取出一定量的液体，分成几路。一部分液体循环液循环到吸收塔作为再生溶液使用；另一部分液体进入到沉淀器中，为了保持生物反应器中液体悬浮硫质量浓度在 5～15g/L，从沉淀器底部还要有一定量的液体返回到生物反应器，另外一部分液体进入到一个离心式分离器中分离出硫磺。

与传统脱硫-硫磺回收工艺流程相比，Shell-Paques 生物脱硫工艺具有以下优势：生物脱硫工艺流程简单、可靠、容易操作且可以满足脱硫要求，H_2S 可以被 100％ 吸收；整个操作过程均为在线操作，没有复杂的回路系统，因此无需太多监控。对于高 CO_2 与 H_2S 比值（体积比），Shell-Paques 工艺仍能表现出很好的适应性，第一套 Shell-Paques 生物脱硫工艺应用于沼气脱硫，沼气中 CO_2 与 H_2S 比值高达 80：1，溶剂消耗没有明显的增加；解决了NHD 和低温甲醇洗装置溶剂再生后副产酸性气 H_2S 浓度低，给传统克劳斯硫磺回收装置带来的问题，并将脱硫和硫磺回收一步完成，从而节省投资；无二次污染产生，避免了传统湿法氧化脱硫技术由于废液的排出而造成的二次污染。

第五节　脱硫方法的选择

由于甲醇生产原料品种多、流程长，原料气中硫化物的状况及含量不同，不同过程对气体净化度的要求不同，用同一种方法在同一部位一次性从含硫气体中高精度脱除硫化物是困难的。因此，在流程中何处设置脱硫，用什么方法脱硫没有绝对的标准，应根据原料含硫的多少、硫的形态、各种经济指标及流程的特点来决定。

一、干法脱硫

干法的优点是既能脱除硫化氢，又能除去有机硫，净化度高，操作简便、设备简单、维修方便。但干法脱硫所用脱硫剂的硫容量小，设备体积庞大，且脱硫剂再生较困难，需定期更换，劳动强度较大。因此，干法脱硫一般用在硫含量较低、净化度要求较高的场合。对于硫含量较高的原料气可以串在湿法脱硫之后，作为精细脱硫，主要脱除原料气中的有机硫。常用的干法脱硫比较见表 5-9。

表 5-9　几种干法脱硫的比较

方　　法	活性炭	氧化铁	氧化锰	钴钼加氢	氧化锌
能脱除的硫化物	H_2S、CS_2、COS、RSH	H_2S，COS，RSH	H_2S，COS，CS_2、RSH	CS_2、COS、RSH、C_4H_4S	H_2S，COS、CS_2、RSH
净化度(出口总硫)/$\times 10^{-6}$	<1	<1	<3	<1	<0.1~0.2
脱硫温度/℃	常温	300~400	400	350~430	350~400
操作压力/MPa	0~3.0	0~3.0	0~2.0	0.7~7.0	0~5.0
空速/h^{-1}	400		1000	500~2000	400
硫容量(质量分数)/%		2	10~14	转化为 H_2S	15~25
再生情况	过热蒸汽再生	过热蒸汽再生	不再生	析炭后可再生	不再生
杂质影响	C_3 以上烃类影响脱硫效率	水蒸气对平衡影响大	CO 甲烷化反应显著	CO，CO_2 降低活性，氧是毒物	水蒸气对平衡与硫容量有影响

二、湿法脱硫

湿法脱硫具有吸收速率快、生产强度大、脱硫过程连续、溶液易再生等特点，适用于硫化氢含量较高、净化度要求不太高的场合。其中湿式氧化法无需对解吸的硫化物二次处理，可直接回收硫磺。

常用的几种湿式氧化法经济指标比较见表 5-10。

表 5-10　几种湿式氧化法技术经济指标比较

项　　目	改良 ADA 法	TV 法(栲胶)	MSQ 法	KCA 法	PDS 法	GTS 法
气体处理量/(m³/h)	36000	5000	36000	10000~12000	27000	27000
入口 H_2S/(g/m³)	2~4	2.35	2~4	5~8	1.3~2.2	3.0
出口 H_2S/(mg/m³)	<50	5~10	10.8	≤70	≤43.3	<70
脱硫温度/℃	30~40	35~50	35~42	30~40	30~40	20~60
再生温度/℃	—	—	40~42	30~45	30~40	20~60
溶液循环量/(m³/h)	480	—	480	400	200~300	200~300
脱硫效率/%	96	97	94~97	99	93~99	<98
硫磺回收率/%	79	85~90	约 60	—	>90	>90
有机硫脱除率/%	—	—	—	—	50~60	30~40
硫容/(kg/m³)	<0.36	0.15~0.2	0.375	约 0.2	0.3~0.5	0.75~1.15
堵塔情况	常堵	不堵	不易堵	不堵	不堵	不堵
腐蚀情况/(mm/a)	0.6	0.46	0.32	不	不	不
脱硫剂成本比较	1.0	0.89	1.64	0.45	0.61	—

以天然气、轻油为原料合成甲醇时，在蒸汽转化之前就需脱硫，以避免蒸汽转化镍催化剂中毒。当原料总硫含量不高，脱硫要求达到 0.2×10^{-6} 以下时以满足烃类蒸汽转化和甲醇

合成催化剂的要求时，一般用干法脱硫。对总硫含量不高，又含有硫醚、噻吩等复杂有机硫化物的天然气、油田气和轻油，通常先用钴钼（镍钼）加氢转化催化剂将有机硫化物转化为硫化氢，然后用氧化锌吸收脱除。对总硫高的天然气、石油加工气，先用湿法（乙醇胺等溶液）在洗涤塔中将酸性气体硫化氢脱除，然后用钴钼（镍钼）加氢对有机硫转化，氧化锌吸收，最后得到合格的净化气。

当以重油、焦、煤为原料时，气化制得的粗煤气，先湿法脱硫，再经变换工序，后经脱碳工序，最终以干法精脱硫，所得气体方可送往合成工序。当原料气中含有较高的 CO_2 且含一定量的硫化氢时，为选择性脱除硫化氢，可采用湿式氧化法如 ADA 法、栲胶法等。当气体中硫化氢、二氧化碳含量都高时，可用物理吸收法，如低温甲醇洗，聚乙二醇二甲醚法等脱硫/脱碳一起进行，此类方法蒸汽消耗低，净化度高，腐蚀小。

本章小结

原料气中硫化物的存在不仅腐蚀设备和管道，而且会使甲醇生产所用的多种催化剂中毒而失去活性。因此，原料气中的硫化物必须脱除干净。脱硫的方法有很多，本章着重论述了干法脱硫和湿式氧化法脱硫的原理，工艺操作条件，脱硫的主要设备的结构，正常操作、开停车操作要点，并对各种脱硫的方法进行了比较。由于各种湿法脱硫工艺中只有湿式氧化法在脱除 H_2S 时能够直接回收硫磺，其他各种物理和化学吸收法，在其吸收液再生时会放出含高浓度 H_2S 的酸性气，因此还介绍了各种硫回收处理方法，以达到环保要求的排放标准。

思考与练习题

1. 合成甲醇原料气为什么要脱硫？原料中一般含有哪几种硫化物？

2. 脱硫的方法有哪些？干法脱硫的特点是什么？

3. 什么是原料气的加氢转化反应？

4. 钴钼（镍钼）加氢催化剂对加氢脱硫有什么作用？其原理如何？

5. 一般加氢脱硫的氢含量为多少？氢含量的高低对反应及设备有何影响？

6. 为什么要对加氢催化剂进行预硫化？

7. 氧化锌脱硫的原理是什么？其硫容的大小受哪些因素的影响？

8. 简述活性炭脱硫的原理。脱硫后的活性炭如何再生？

9. 画出活性炭脱硫及过热蒸汽再生流程图，并加以叙述。

10. 湿式氧化法脱硫有何特点？简述 ADA 脱硫的基本原理。

11. 影响 ADA 脱硫的工艺条件有哪些？溶液的 pH 如何影响脱硫？

12. 画出高塔再生和喷射再生脱硫工艺流程图，并指出各设备的名称。

13. 简述栲胶法脱硫工艺有何特点？

14. 影响栲胶法脱硫的工艺条件有哪些？

15. 简述克劳斯硫磺回收法的基本原理，其工艺流程是怎样的？

16. 木格填料为什么要脱脂？其方法是什么？

17. 溶液循环量如何调节？脱硫后原料气中的硫化氢含量高的原因有哪些？如何处理？

18. 脱硫塔顶带液的原因有哪些？如何处理？

第六章　原料气的脱碳

学习目标

1. 了解脱碳在甲醇生产中的意义。

2. 掌握典型脱碳方法的基本原理，能够对工艺条件的选择进行分析。

3. 掌握典型脱碳方法的工艺条件的选择、工艺流程的组织原则及主要设备的结构与作用。

4. 掌握典型脱碳方法中吸收剂的组成与再生原理。

5. 明确技能训练的课题、目标和要求。通过同步练习，使学生掌握脱碳生产的主要设备的结构、操作控制要点，生产工序的开停车操作、正常生产中异常现象的判断及故障的排除方法。

各种原料制取的粗原料气，经脱硫、变换后，仍然有相当量的二氧化碳。$n(CO_2)/n(CO)$ 高，气体组成不符合 $\dfrac{n(H_2)-n(CO_2)}{n(CO)+n(CO_2)}=2.1\sim2.2$ 甲醇合成的要求。因此，必须脱除大部分二氧化碳。工业生产中脱除二氧化碳的方法很多，一般采用溶液吸收法。根据吸收剂性能不同可分为物理吸收法、化学吸收法和物理化学吸收法三大类。化学吸收法常用的方法有氨水法、改良热钾碱法（如本菲尔法）等；物理吸收法一般用水和有机溶剂为吸收剂，常用的方法有加压水洗法、碳酸丙烯酯法、低温甲醇法、聚乙二醇二甲醚（NHD）法等；物理化学吸收法兼有物理吸收和化学吸收的特点，方法有环丁砜法、甲基二乙醇胺（MDEA）法等。这些方法都可用于甲醇生产中。

第一节　低温甲醇洗脱除二氧化碳

一、基本原理

1. 吸收原理

甲醇吸收二氧化碳是一个物理吸收过程，它对二氧化碳、硫化氢等酸性气体有较大的溶解能力，而粗原料气中的一氧化碳在其中的溶解度很小。因此用甲醇吸收原料气中的 CO_2、H_2S 等酸性气体，而 CO 的损失很少。二氧化碳在甲醇中溶解度的大小与温度和压力有关。不同压力和温度下 CO_2 在甲醇中的溶解度如表 6-1 所示。

从表 6-1 可以看出，压力升高，二氧化碳在甲醇中的溶解度增大，溶解度几乎与压力成正比关系。而温度对溶解度的影响更大，尤其是温度低于 −30℃ 时，溶解度随温度的降低急剧增大。

表 6-1　不同温度、压力下二氧化碳在甲醇中的溶解度　　　　　　　　单位：cm³/g

$p(CO_2)$/MPa	t/℃				$p(CO_2)$/MPa	t/℃			
	−26	−36	−45	−60		−26	−36	−45	−60
0.101	17.6	23.7	35.9	68.0	0.912	223.0	444.0		
0.203	36.2	49.8	72.6	159.0	1.013	268.0	610.0		
0.304	55.0	77.4	117.0	321.4	1.165	343.0			
0.405	77.0	113.0	174.0	960.0	1.216	385.0			
0.507	106.0	150.0	250.0		1.317	468.0			
0.608	127.0	201.0	362.0		1.418	617.0			
0.709	155.0	262.0	570.0		1.520	1142.0			
0.831	192.0	355.0							

因此，用甲醇吸收 CO_2 宜在高压和低温下进行。此外，二氧化碳在甲醇中的溶解度还与气体成分有关。当气体中含有氢气时，会降低二氧化碳在甲醇中的溶解度。不同气体在甲醇中的溶解度如图 6-1 所示。

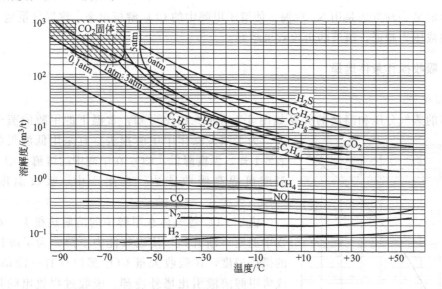

图 6-1　不同气体在甲醇中的溶解度（1atm＝101.325kPa）

由图 6-1 可知，随着温度的降低，CO_2、H_2S 等气体在甲醇中的溶解度增大，而 CO、H_2 变化不大。因此，此法易在较低温度下操作。H_2S 在甲醇中的溶解度比 CO_2 更大。硫化氢在甲醇中的溶解度见表 6-2。

表 6-2　硫化氢在甲醇中的溶解度

压力/×133.32Pa	溶解度/(cm³/g)			
	0℃	−25.6℃	−50.0℃	−78.5℃
50	2.4	5.7	16.8	76.4
100	4.8	11.2	32.8	155.0
150	7.2	16.5	48.0	249.2
200	9.7	21.8	65.6	
300	14.8	33.0	99.0	
400	20.0	45.8	135.2	

当气体中同时含有 H_2S、CO_2 和 H_2 时，由于 H_2S 在甲醇中的溶解度大于 CO_2，而且甲醇对 H_2S 的吸收速率远大于 CO_2，所以，H_2S 首先被甲醇吸收。当甲醇中溶解有 CO_2 气体时，则 H_2S 在该溶液中的溶解度比在纯甲醇中降低 10%～15%。所以用甲醇脱除 CO_2 的同时也能把气体中的 H_2S 一并脱除掉。在甲醇洗的过程中，原料气体中的 COS、CS_2 等有机硫化物也能同时被脱除。

2. 再生原理

甲醇溶液吸收了 CO_2、H_2S、COS、CS_2 等气体后，吸收能力下降，需要将溶液再生恢复吸收能力循环使用。通常在减压加热的条件下，解吸出所溶解的气体，使甲醇得到再生。由于在同一条件下，硫化氢、二氧化碳、氢气、一氧化碳等气体在甲醇中的溶解度不同，所以应采用分级减压膨胀再生的方法，回收硫化氢及二氧化碳等气体。采用分级减压膨胀再生时，氢氮气体首先从甲醇中解吸出来，将其回收。然后适当控制再生压力，使大量二氧化碳解吸出来，最后再用减压、汽提、蒸馏等方法使 H_2S 解析出来，送往硫磺回收工序，予以回收。

再生的另一种方法是用 N_2 汽提，使溶于甲醇中的 CO_2 解析出来，汽提气量越大，操作温度越高或压力越低，溶液的再生效果越好。

二、吸收操作条件选择

1. 温度

甲醇的蒸气分压和温度的关系如图 6-2 所示。由图可知，常温下的甲醇的蒸气分压很大。为了减少操作中甲醇损失，宜采用低温吸收。而由表 6-1 知，温度降低，CO_2 在甲醇中的溶解度增大，降低温度可提高吸收能力。在生产中，吸收温度一般为 -70～$-20℃$。

由于 CO_2 等气体在甲醇中的溶解热很大，在吸收过程中温度不断升高，使吸收能力下降。为了维持吸收塔的操作温度，在吸收大量 CO_2 部位设有一冷却器降温，或将甲醇溶液引出塔外冷却。吸收过程放出的热量，可以与再生时甲醇节流效应的结果和气体解吸时吸收的热量相抵，使甲醇的温度降低。冷量损失可由氨冷器或其他冷源补偿。

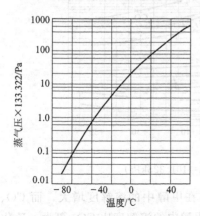

图 6-2 甲醇蒸气分压和温度的关系

2. 压力

由表 6-1 可知，压力增加，CO_2 在甲醇中的溶解度增大，但操作压力过高，对设备强度和材质的要求高。目前低温甲醇洗涤法的操作压力一般为 2～8MPa。

三、工艺流程

1. 低温甲醇法脱除 CO_2 的工艺流程

低温甲醇洗涤法脱除二氧化碳的流程如图 6-3 所示，压力约为 2.5MPa 的原料气，在预冷器中被净化气和二氧化碳气冷却至 $-20℃$ 后进入吸收塔下部，与吸收塔中部加入的 $-75℃$ 甲醇溶液（半贫液）逆流接触，大部分二氧化碳被吸收。为了提高气体的净化度气体进入吸收塔上部，与从塔顶喷淋下来的甲醇（贫液）逆流接触，脱除原料气中剩余的 CO_2，净化气从吸收塔顶部引出与原料气换热后去下一工序。

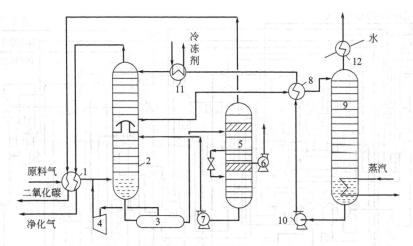

图 6-3　低温甲醇洗涤法脱除二氧化碳流程

1—原料气预冷器；2—吸收塔；3—闪蒸器；4—压缩机；5—再生塔；6—真空泵；
7—半贫液泵；8—换热器；9—蒸馏塔；10—贫液泵；11—冷却器；12—水冷器

由于二氧化碳溶解时放热，塔底部排出的甲醇溶液（富液）温度升至 -20℃。将该吸收液从吸收塔底部引出送往闪蒸器解吸出氢气、一氧化碳气，用压缩机送回原料气总管。甲醇液由闪蒸器进入再生塔，经两级减压再生。第一级在常压下再生，首先解吸出二氧化碳，二氧化碳气经预冷器与原料气换热后回收利用；第二级在真空度为 20kPa 下再生。此时将所吸收的 CO_2 大部分解吸，得到半贫液。由于二氧化碳解吸吸热，半贫液温度降到 -75℃，经泵加压后送往吸收塔中部，循环使用。

从上塔底排出的甲醇液（富液）与蒸馏后的贫液换热后进入蒸馏塔，在蒸汽加热的条件下进行蒸馏再生。再生后的甲醇液（贫液）从蒸馏塔底部排出，温度为 65℃，经换热器、冷却器被冷却到 -60℃ 以后，送到吸收塔顶部循环使用。

低温甲醇法的特点是：能同时脱除原料气中的 CO_2、H_2S 及有机硫等杂质，并能分别回收高浓度的 CO_2 和 H_2S，吸收能力强，气体净化度高；由于 CO_2 和 H_2S 在甲醇中的溶解度高，溶液循环量小，能耗低；吸收剂本身不起泡、不氧化、不降解、不腐蚀设备；吸收过程无副反应发生；甲醇价格低廉，操作费用低；低温下操作时对设备材质要求高。缺点是流程较复杂，而且甲醇有毒，对操作维修要求严格，对废水须进行处理。

2. 低温甲醇法同时脱除 H_2S 和 CO_2 的工艺流程

同时脱除 H_2S 和 CO_2 的工艺流程如图 6-4 所示，自变换工序来的原料气，为了防止原料气中的水蒸气在低温下结冰，向原料气中喷入少量甲醇，然后原料气经换热器 1 冷却，再经水分离器 2 分离出甲醇水溶液，由洗涤塔 3 的底部进入塔内与上部下来的低温甲醇逆流接触，原料气中的硫化氢、二氧化碳等酸性气体被逐级除去。净化后的气体由塔顶排出送往后工序。

洗涤塔 3 分为上塔和下塔两部分，上塔又可分为上、中、下三段。贫甲醇由上塔上段加入后，吸收气体中尚存少量硫化氢及二氧化碳。溶解热使甲醇温度升高，经中间冷却器降温后进入上塔中段。大部分二氧化碳在上塔的中段和下段被吸收，因此中段和下段又称为吸收段。由上塔底部排出的甲醇溶液，51% 的甲醇经冷却器冷却减压后，进入第二闪蒸槽，其中溶解的氢及少量的二氧化碳被闪蒸出来。上塔底部排出其余 49% 的甲醇溶液进入下塔，吸收原料气中的硫化氢、硫氧化碳，溶液温度升高。下塔底部排出的甲醇溶液，经甲醇冷却器

125

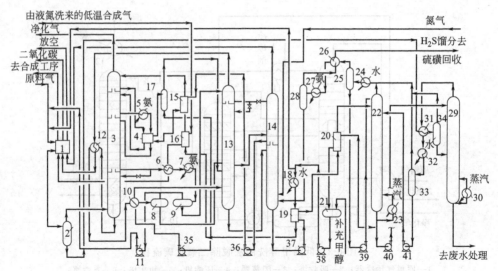

图 6-4　同时脱除硫化物和二氧化碳的低温甲醇洗涤流程

1—原料气换热器；2,17,25,28,33,34—分离器；3—洗涤塔；4—中间冷却器；5,7,27—氨冷器；
6,12—甲醇冷却器；8—第一闪蒸槽；9—第二闪蒸槽；10,15,16—换热器；11—压缩机；13—二氧化碳解吸塔；
14—硫化氢浓缩塔；18,32—水冷却器；19,20—贫甲醇冷却器；21—甲醇收集槽；22—甲醇再生塔；
23—甲醇再生塔再沸器；24,31—回流冷却器；26—硫化氢馏分冷却器；29—甲醇蒸馏塔；
30—甲醇蒸馏塔再沸器；35,36,37,38,39,40,41—甲醇泵

12、换热器 10 冷却并减压后，进入第一闪蒸槽 8 解吸出氢及少量二氧化碳。第一、第二闪蒸槽排出的闪蒸气，送原料气总管。

由第二闪蒸槽底部排出的 含有二氧化碳的甲醇溶液，降压后送至二氧化碳解吸塔 13 顶部，解吸出溶解的大部分二氧化碳。由第一闪蒸槽排出的含有硫化氢和二氧化碳的甲醇溶液，降压后送二氧化碳解吸塔中部，解吸出硫化氢和二氧化碳。其中硫化氢被上段来的甲醇溶液吸收，二氧化碳由塔顶排出。由硫化氢浓缩塔 14 上塔排出的甲醇溶液，经换热器 15、中间冷却器 4、换热器 10 加热后，送往二氧化碳解吸塔下段，解吸出其中的二氧化碳，与上段和中段解吸出的二氧化碳汇合，经甲醇冷却器 12、原料气换热器 1 换热后，送回收工序。下段解吸出的硫化氢由上段来的甲醇溶液吸收。

从二氧化碳解吸塔 13 中段排出的甲醇溶液减压后，进入硫化氢浓缩塔的上塔下部，从二氧化碳解吸塔底部排出的甲醇溶液，经减压后进入硫化氢浓缩塔的下塔上部，解吸出二氧化碳和硫化氢。为回收硫化氢，在硫化氢浓缩塔上段，用从二氧化碳解吸塔上段送来的甲醇溶液吸收硫化氢。含二氧化碳的尾气经原料气换热器回收冷量后放空。

由硫化氢浓缩塔底部排出的含硫化氢的甲醇溶液，经贫甲醇冷却器 19、20 加热后送至甲醇再生塔 22 顶部。在甲醇再生塔再沸器 23 内用蒸汽将溶液加热。靠蒸发出来的甲醇蒸气汽提，溶解的硫化氢和二氧化碳完全解吸出来，与部分甲醇蒸气一同从塔顶引出，在回流冷却器 24 中大部分甲醇蒸气被冷凝下来。经分离器 25 分离出的甲醇送到甲醇再生塔顶部。气体经硫化氢馏分冷却器 26 和氨冷器 27，温度降低使甲醇蒸气冷凝下来，在分离器 28 中进行气液分离后，溶液送至硫化氢浓缩塔下部。由分离器 28 出来的气体，经硫化氢馏分冷却器 26 换热后，送往克劳斯硫磺回收工序。由再生塔底部排出的贫甲醇经贫甲醇冷却器 20 冷却后进入甲醇收集槽 21，用泵加压经水冷却器 18、贫甲醇冷却器 19、换热器 16、换热器 15 降低温度后，进入洗涤塔顶部。

为回收甲醇水分离器 2 分离出的甲醇水溶液中的甲醇，在甲醇蒸馏塔 29 中用蒸汽间接加热进行蒸馏。从再生塔底部引出少量贫甲醇作为蒸馏塔的回流液。从蒸馏塔顶部排出的蒸气经回流冷却器 31、水冷却器 32 冷却后，大部分甲醇蒸气冷凝为液体，经分离器 33 分离出的甲醇用泵 41 送至再生塔顶部作为回流液。从分离器 33、34 分离出的气体汇合后，作为硫化氢的馏分加以回收。从蒸馏塔底部排出含有极少量甲醇的水，送往水处理工序。

低温甲醇法的吸收塔，再生塔内部都用带浮阀的塔板，根据流量大小，选用双溢流或单溢流，塔板材料选用不锈钢。由于甲醇腐蚀性小，采用低温甲醇洗时所用设备不需涂防腐涂料，也不用缓蚀剂。

第二节 碳酸丙烯酯法脱除二氧化碳

一、碳酸丙烯酯的性质

1. 物理性质

碳酸丙烯酯是一种无色（或带微黄）、无毒、无腐蚀性、性质稳定的透明液体，结构式为 相对分子质量 102.09。沸点为 238.4℃（0.1MPa），冰点 −48.89℃，相对密度为 1.2047（20℃），蒸汽压为 13.3Pa（30℃），黏度为 $2.76×10^{-3}$Pa·s（20℃），是有一定极性的有机溶剂。

2. 化学性质

水解性：

$$C_3H_6CO_3 + 2H_2O \longrightarrow C_3H_6(OH)_2 + H_2CO_3$$
$$H_2CO_3 \longrightarrow H_2O + CO_2 \uparrow$$

碳酸丙烯酯水解成 1,2-丙二醇。溶剂含水量越多，溶剂被水解的量越多。温度升高能加快水解速率，增加碳酸丙烯酯的水解量。在酸性或碱性介质中，水解速率加快。在生产中应控制好溶剂水含量、操作温度，避免碱性物质带入。

二、基本原理

1. 吸收原理

碳酸丙烯酯吸收二氧化碳是一个物理吸收过程，它对二氧化碳、硫化氢等酸性气体有较强的溶解能力，而氢气、一氧化碳等气体在其中的溶解度很小，不同气体在碳酸丙烯酯中的溶解度如表 6-3 所示。

表 6-3 不同气体在碳酸丙烯酯中的溶解度（25℃、0.101MPa）

气体	CO_2	H_2S	H_2	N_2	CO	CH_4	COS	C_2H_2
溶解度/(L/L)	3.47	12.0	0.03	0.02	0.5	0.3	5.0	8.6

由表 6-3 可知，二氧化碳在碳酸丙烯酯中的溶解度比氢气、一氧化碳大得多。因此可用碳酸丙烯酯从粗原料气中选择吸收二氧化碳。

二氧化碳在碳酸丙烯酯中的溶解度，与温度和压力有关，随压力的升高和温度的降低而增加。当二氧化碳分压小于2MPa时，其平衡溶解度与二氧化碳分压的关系服从亨利定律。不同温度和压力下，二氧化碳在碳酸丙烯酯中的溶解度如表6-4所示。

表 6-4 　不同压力和温度下 CO_2 在碳酸丙烯酯中的溶解度　　　　单位：L/L

$p(CO_2)$（绝对）/Pa	温　度/℃				
	−10	0	15	25	40
2×10^5	14.0	11.4	7.3	6.1	4.0
6×10^5	46.8	34.8	23.3	19.4	12.5
10×10^5	86.0	61.4	39.8	34.5	24.0

从表6-4可以看出，二氧化碳分压越高，溶剂吸收能力越强；反之，压力低，吸收能力显著降低。同时，由于溶剂的蒸气压低，可在常温下吸收。因此，用碳酸丙烯酯脱碳时，可在常温、加压的条件下进行。

2. 再生原理

在常温下，吸收了二氧化碳的碳酸丙烯酯溶液（富液）经减压解吸或者用鼓入空气的方法即可得到再生。由于吸收和再生均在常温下进行，脱碳过程不需消耗热量。

硫化物和烃类在碳酸丙烯酯中的溶解度也很大，因此当原料气中含有烃类及硫化物时，应采用逐级降压的再生方法。分别回收吸收的二氧化碳、硫化物和烃类。碳酸丙烯酯有一定的吸水性，溶剂中的含水量降低溶液对二氧化碳的吸收能力。溶液再生时可靠再生气体将水分带出。

碳酸丙烯酯无腐蚀性，设备可用碳钢制作，溶剂的饱和蒸气压低，化学性质稳定，不产生降解反应，溶剂的损耗少。

三、工艺条件

1. 吸收压力

二氧化碳在碳酸丙烯酯中的溶解度，随压力的升高而增加，提高吸收压力，可以提高吸收能力，提高气体的净化度；吸收压力提高，在相同温度条件下变换气中饱和蒸气量少，带入脱碳系统的水量减少，有利于系统的水平衡。在生产中操作压力取决于原料气的压力，一般为1.5～3MPa。

2. 液气比

吸收液气比是指处理 $1m^3$ 原料气（标准状况）所需溶剂的体积（L）。液气比大，溶剂喷淋量大，提高脱碳效率。但液气比过大，脱碳效率的增加就不明显了，却增加了动力消耗。生产中液气比一般为25～33L/m^3。

3. 二氧化碳的含量

再生后的碳酸丙烯酯溶液中残余二氧化碳含量越低，脱碳后气体的净化度越高，一般要求残余二氧化碳（标准状况）含量小于 $0.35m^3/m^3$ 溶液。溶液中二氧化碳的残余量取决于再生时的空气用量，再生时空气用量越大，残余二氧化碳越少，再生空气用量一般为12～15 m^3/m^3。

4. 氢气回收压力

为了回收溶剂中溶解的氢气，提高解吸气中二氧化碳的浓度，由吸收塔出来的富液，首先进入氢气回收罐，在一定压力下闪蒸出所吸收的氢气。该压力过高氢气解吸不完全，过低有部分二氧化碳将被解吸出来,因此要合理控制。氢气回收压力一般控制在 0.3~0.9MPa。

四、工艺流程

碳酸丙烯酯脱碳工艺流程如图 6-5 所示。变换气由吸收塔下部进入;温度约30℃的碳酸丙烯酯由溶液泵送往塔顶,在吸收塔内于 1.7~1.9MPa 的操作压力下,气液逆流接触,除去粗原料气中二氧化碳,净化气由塔顶引出,送往后工序。

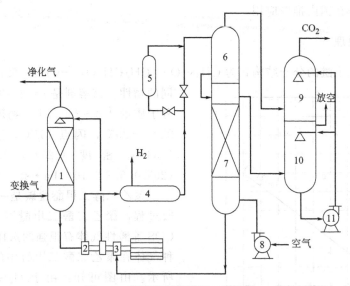

图 6-5 碳酸丙烯酯脱碳工艺流程

1—吸收塔;2—水力透平;3—溶液泵;4—氢气回收罐;5—过滤器;6—常压解吸塔;

7—汽提塔;8—鼓风机;9—CO₂ 溶液回收塔;10—汽提溶液回收塔;11—稀溶液泵

吸收了二氧化碳后的溶液(富液),由吸收塔底部排出,经水力透平回收能量后,进入氢气回收罐,在 0.3~0.6MPa 的压力下解吸出所溶解的氢气,回收利用。由回收罐出来的溶液,进入常压解吸塔,解吸出溶液中二氧化碳,二氧化碳进入二氧化碳溶液回收塔,除去气体中夹带溶液回收利用。经常压解吸后的溶液,进入汽提塔顶部,与塔底部鼓入的空气逆流接触,使溶液进一步再生,再生后的溶液(贫液)用溶液泵送往吸收塔循环使用。汽提塔顶部排出的二氧化碳和空气,经汽提溶液回收塔回收所夹带的溶液后放空。回收塔所用的碳酸丙烯酯稀溶液含量一般不超过 10%,含量高时抽出部分稀溶液回收利用,并补充相应的水量。当溶液中机械杂质增多时,可用过滤器除去杂质。

碳酸丙烯酯脱碳的优点是溶剂无毒、性质稳定、吸收二氧化碳能力强,生产工艺流程简单,常温吸收再生不消耗热量,目前中小型厂常采用此法脱碳。但碳酸丙烯酯较贵,二氧化碳回收率较低。

第三节 聚乙二醇二甲醚法

聚乙二醇二甲醚(简写为 DMPE)是 20 世纪 60 年代美国联合化学公司(Allied Chemical Corp.)开发的一种酸性气体物理吸收溶剂,其商品名为 Selexol。聚乙二醇二甲醚一般指有一定同系物分布的混合物,该溶剂本身无毒,对碳钢等金属无腐蚀性,吸收 CO₂、

H_2S、COS 等酸性气体的能力强。美国 20 世纪 80 年代初将此法用于以天然气为原料的大型合成氨厂，至今世界上已广泛采用。我国杭州化工研究所和南化（集团）公司研究院分别于 20 世纪 80 年代从溶剂筛选开始研究，找出了用于脱硫、脱碳的聚乙二醇二甲醚的最佳溶剂组成，命名为 NHD。NHD 的物化性质与 Selexol 相似，但其组分含量与分子量都不同，并成功地用于以煤为原料制的合成气的脱硫和脱碳的工业生产装置。NHD 溶剂吸收 CO_2、H_2S 的能力优于国外的聚乙二醇二甲醚溶剂，价格较为便宜。NHD 净化技术与设备已全部国产化，目前正在国内推广应用。

一、基本原理

聚乙二醇二甲醚的分子结构式为 $CH_3-O-(CH_2CH_2O)_n-CH_3$，聚合度 n 不同，有不同的物性。该溶剂是 $n=2\sim9$ 的混合物，相对分子质量 $250\sim280$。主要物理性质：凝固点 $-22\sim-29℃$，闪点 151℃，蒸气压（25℃）$<1.33Pa$，密度（25℃）1.031g/L，黏度（25℃）$5.8\times10^{-3}Pa\cdot s$。

聚乙二醇二甲醚脱碳是一个典型的物理吸收过程，聚乙二醇二甲醚溶剂对 H_2S、CO_2、COS 等酸性气体有很强的选择性吸收性能。几种气体在聚乙二醇二甲醚中的溶解度如图 6-6 所示。由图可知：由于 H_2S、COS、CH_3SH 在聚乙二醇二甲醚中的溶解度高于 CO_2，所以用聚乙二醇二甲醚溶剂吸收 CO_2 时，可同时吸收原料气中的 H_2S、COS、CH_3SH。

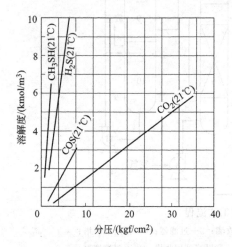

图 6-6　几种气体在聚乙二醇二甲醚中的溶解度
$1kgf/cm^2=98.06kPa$

NHD 在吸收 H_2S、CO_2、COS 的同时，H_2、CO 也会被吸收，但是这些气体在 NHD 中的溶解度要小得多。各种气体在 NHD 中的相对溶解度如表 6-5 所示。

表 6-5　各种气体在 NHD 中的相对溶解度

组分	H_2	CO	CH_4	CO_2	COS	H_2S	CH_3SH	CS_2	H_2O
相对溶解度	1.3	2.8	6.7	100	233	893	2270	2400	73000

由表 6-5 可知，NHD 既能脱除大量的二氧化碳，又能将硫化物脱除至微量，而且 H_2、CO 的损失很少。

CO_2 在聚乙二醇二甲醚中的溶解度，与温度和压力有关，其溶解度随温度的降低、压力的升高而增大。压力一定时，不同温度下，CO_2 在该溶剂中的溶解度如表 6-6 所示。

表 6-6　不同温度下 CO_2 在聚乙二醇二甲醚溶剂中的溶解度（分压 0.5MPa）

温度/℃	-10	-5	5	20	40
平衡溶解度/（m^3CO_2/m^3 溶剂）	37	28	21	16	10.5

由表 6-6 可知，当分压一定时 CO_2 在溶液中的溶解度随温度的降低而增大，低温有利于 CO_2 的吸收。

温度一定时，不同压力下，聚乙二醇二甲醚溶剂中 CO_2 平衡溶解度如表 6-7 所示。

表 6-7　不同压力下聚乙二醇二甲醚溶剂中 CO_2 平衡溶解度（温度 5℃）

CO_2 分压/MPa	0.2	0.4	0.6	0.8	1.0
平衡溶解度/($m^3 CO_2/m_3$ 溶剂)	10.1	21.1	33.4	46.2	60.2

由表 6-7 可知，在相同温度条件下，CO_2 在聚乙二醇二甲醚中的溶解度随压力的升高而增大，提高压力可以提高溶液的吸收能力。

吸收了 CO_2 的聚乙二醇二甲醚的溶液（富液）要进行再生循环使用，通常采用减压加热和汽提的方法再生。

二、工艺条件的选择

1. 压力

提高脱碳压力，可以提高二氧化碳在聚乙二醇二甲醚中的溶解度，减少变换气中饱和水蒸气的含量，减少变换气带入系统的水量，有利于二氧化碳的吸收，提高气体的净化度。因此，选择较高的压力对脱碳有利。但压力过高，设备投资、压缩机能耗都将增加。生产中操作压力一般为 1.6～1.7MPa。

脱碳后的富液分级减压再生。高压闪蒸压力控制在 0.8～1.0 MPa，有利于氢气的解吸回收，提高低压闪蒸气二氧化碳的纯度。低压闪蒸气压力控制在 0.03～0.05 MPa。

2. 温度

溶液的温度降低，二氧化碳在溶液中的溶解度增大，脱碳效率提高，气体的净化度高。反之，溶液温度高气体中饱和水蒸气多，带入脱碳系统的水分增加，溶剂吸水后被稀释，脱碳能力和气体的净化度降低。所以降低温度对操作有利。生产中 NHD 溶剂温度一般为 −2～−5℃。

3. 溶剂的饱和度

在脱碳塔底部的聚乙二醇二甲醚富液中的二氧化碳的浓度（c^0）与达到相平衡时的浓度（c^*）之比称为二氧化碳的吸收饱和度 R

$$R = \frac{c^0}{c^*} \leqslant 1$$

饱和度的大小对溶剂循环量和吸收塔高度都有较大的影响。对填料塔而言，增大气液两相的接触面积，可以提高吸收饱和度。要增大气液两相的接触面积，一方面可选用适当的填料，另一方面主要是通过增大填料体积，即提高塔的高度来实现，但塔高增大，投资增大，而且输送溶剂和气体的能耗增大。所以工业上吸收饱和度一般在 75%～85%。

4. 气液比

吸收气液比是指单位时间内进脱硫塔的原料气体积与进塔的贫液体积之比。一般表示气体体积为标准状况下的体积，贫液体积为工况下的体积。当处理原料气量一定时，若增大气液比，所需的溶剂量减少，输送溶液的能耗降低。对于一定的脱碳塔，吸收气液比增大，净化气中的二氧化碳含量增加，气体的净化度降低。生产中应依据对净化气质量的要求，选择合适的气液比。

汽提的气液比是指汽提单位体积溶剂所需惰性气体的体积。汽提的气液比主要是控制溶剂的贫度。溶剂贫度是指 CO_2 在贫液中的含量。汽提气液比愈大，即汽提单位体积溶剂所用的惰性气体体积愈大，则溶剂的贫度愈小，再生后溶液的吸收能力越强。但汽提气液比过大，风机电耗增大，随汽提气带走的溶剂损失增大。因此一般汽提气液比控制在 6～15。

三、工艺流程与主要设备

1. 工艺流程

聚乙二醇二甲醚脱碳工艺流程有两类：一类是聚乙二醇二甲醚单独脱碳工艺流程；另一类是同时脱除含有二氧化碳和硫化氢的原料气的工艺流程。

（1）NHD 单独脱碳工艺流程　如图 6-7 所示。由脱硫来的气体经气-气换热器冷却之后进入脱碳塔，与塔上部喷淋下来的温度为 $-5℃$ 贫液逆流接触，吸收掉其中的部分 CO_2 后，净化气从脱碳塔顶部引出分离液体后经气-气换热器加热后送往后工序。

吸收了 CO_2 的溶液（富液）从塔底引出，在塔内吸收 CO_2 过程中，由于溶解热和气体放热使溶液温度升高，出塔底的富液温度升高达 $7.2℃$，富液进入水力透平，回收静压能，压力降至 $0.78MPa$ 后进入高压闪蒸槽，闪蒸槽压力为 $0.75MPa$，部分溶解的 CO_2 和大部分氢在此解吸出来，从高压闪蒸槽底部出来的溶液减压进入低压闪蒸槽，低压闪蒸槽内压力 $0.078MPa$，此时有大部分溶解的 CO_2 解吸出来。闪蒸出来的 CO_2 送回收工序。低压闪蒸槽底部出来的溶液由富液泵送往再生塔，用氮气或是空气进行汽提，汽提后的贫液经贫液泵加压、氨冷器冷却后送往脱碳塔顶部。

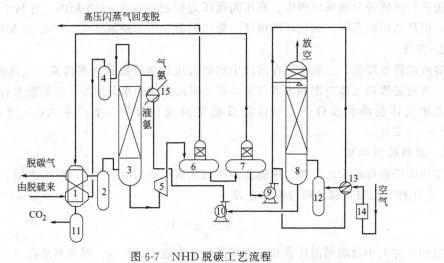

图 6-7　NHD 脱碳工艺流程

1—气-气换热器；2—气水分离器；3—脱碳塔；4—脱碳气液分离器；5—水力透平；6—高压闪蒸槽；
7—低压闪蒸槽；8—再生塔；9—富液泵；10—贫液泵；11—CO 气液分离器；
12—空气水分离器；13—空气冷却器；14—空气鼓风机；15—氨冷器

空气作为汽提气由罗茨鼓风机加压后，先去空气冷却器，与富液泵出口的一部分富液进行热量交换。空气温度降至 $8～10℃$，经气水分离器分离液滴后，进入汽提再生塔下部。空气在塔内自下而上与塔顶喷淋而下的溶液逆流接触，然后经塔顶除去夹带液滴后放空。

由冰机液氨储槽来的液氨进入氨冷器。在氨冷器内与溶剂换热蒸发，气氨经雾沫分离器分离后送冷冻工段。

（2）同时脱除硫化物和二氧化碳的流程　图 6-8 所示的是 NHD 法同时脱除硫化物和二氧化碳流程，原料气从吸收塔底部进入，与塔中部喷淋下来的 NHD 溶液逆流接触，吸收掉原料气中的硫化物后，气体进入吸收塔上部，与塔顶喷淋下来的 NHD 溶液逆流接触，脱除原料气中的二氧化碳后，净化气去后工序。

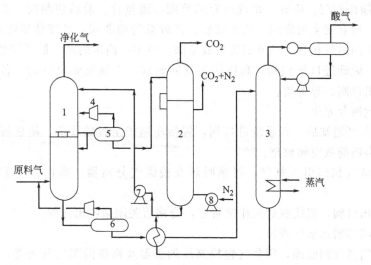

图 6-8　聚乙二醇二甲醚用于净化重油部分氧化法制合成气的工艺流程

1—吸收塔；2—汽提塔；3—热再生塔；4—压缩机；5,6—闪蒸器；7—泵；8—鼓风机

从吸收塔底部排出的 NHD 溶液（富液），送入闪蒸器解吸出的气体，经压缩后送回原料气总管。NHD（富液）溶液由闪蒸器进入热再生塔，解吸出的酸气从塔顶排出。再生后的 NHD（贫液）从热再生塔底部排出，经泵加压后送往吸收塔循环使用。

吸收了气体中二氧化碳的富液，一部分进入下塔继续吸收硫化氢，另一部分经闪蒸和常压解吸后，去汽提塔用氮气汽提，汽提后的溶液经泵加压后送往吸收塔顶部。

2. 主要设备

NHD 脱碳的主要设备为脱碳塔和汽提塔，二塔均采用操作稳定、检修方便的填料塔，填料选用增强聚丙烯阶梯环。另外，在脱碳塔溶液出口设置水力透平，回收脱碳富液的位能，可节省部分能量消耗。

NHD 脱碳工艺特点为：对 CO_2、H_2S 的吸收能力强，溶液循环量小，减压或汽提即可再生，可以降低能耗；溶剂的化学稳定性、热稳定性好，不起泡；NHD 蒸气压低，挥发损失小、气相夹带少，可省去复杂的回收装置，流程简单；NHD 溶剂无腐蚀，设备可全部采用碳钢制作，因此投资省；洒落地下时可被生物降解，对人及生物环境无毒害，因此 NHD 气体净化技术为清洁生产工艺。

四、生产操作

1. 原始开车

（1）开车前的准备工作

① 检查并清除系统各设备、管道、阀门、安全装置存在的缺陷，使之处于良好状态。

② 检查各通讯照明设备是否齐全好用，通道清洁畅通。

③ 检查各消防器材等是否齐全好用，并放置在指定地点。

④ 检查分析仪器、药品是否齐全，是否构成分析条件。

⑤ 检查各机泵润滑油，必要时加以补充或更换，并联系电工对电机进行绝缘检查，合格后向各电机送电。

⑥ 联系仪表工检查并开启所有仪表，检查全部调节阀及气动执行器，使之处于良好的备用状态。

⑦ 检查各岗位阀门。应开：系统所有调节阀、流量计、前后切断阀、关其副线；所有压力表根部阀，所有安全阀底阀，放空总管、排放总管切断阀，各液体回收阀，塔前放空、塔后放空，高压闪蒸气相自动调节装置后放空阀。应关：高压闪蒸、低压闪蒸槽排气阀，系统进、出口阀，脱碳进口气相阀，高压闪蒸气回收阀，二氧化碳出口阀，各级泵进、出口阀，所有设备出口阀、导淋阀。

（2）贫气置换及充压

① 接到送贫气通知后，开系统进口阀，置换压缩机至脱碳管道、换热器及脱硫气体水分离器，贫气由塔前放空阀放空。

② 慢开入塔气相阀引入贫气，置换脱碳及脱碳气分离器、换热器，逐渐关闭塔前放空阀。

③ 开系统出口阀，置换脱碳至压缩管道，合格后关闭系统出口阀。

④ 向高压闪蒸槽送贫气置换。

⑤ 开高压闪蒸气回收阀，用贫气置换高压闪蒸器及高压闪蒸气分离器，合格后关闭回收阀。

⑥ 脱碳塔、高压闪蒸槽置换合格后，逐渐关小塔后放空阀，缓慢提高脱碳压力至 0.3～0.5MPa，关闭脱碳塔液位自调，必要时关闭后切断阀。关闭高压闪蒸气相调节阀前放空阀。

⑦ 将高闪压力、低闪压力分别控制在 0.5MPa 和 0.03MPa 投自动。

（3）建立溶液循环

① 启动一台溶液泵，向汽提塔充液。

② 汽提塔液位补液自调约 100% 后，启动一台贫液泵向脱碳塔充液。

③ 脱碳塔液位有液后，向高压闪蒸槽充液。

④ 高压闪蒸槽液位有液后，向低压闪蒸槽充液。

⑤ 低压闪蒸槽有液位后，向真空解吸槽充液，当真空解吸槽液位达到 20% 后，启动富液泵，向汽提塔充液。

⑥ 启动风机向汽提塔送空气，注意控制负压，以保证低闪段正常下液。

⑦ 汽提塔液位开始逐渐上升或下降速度减慢时，溶液循环已建立，可根据需要缓慢调节贫液泵出口阀，控制贫液流量。

⑧ 调节脱碳塔、高压闪蒸槽、低压闪蒸槽、真空解吸槽液位至正常值后投自动；

⑨ 汽提塔液位提至一较高液位时（50%～80%），关闭补液阀，停溶液泵。

（4）开车 溶液循环建立后，逐渐关小塔后放空阀，缓慢提高脱碳塔压力，通知压缩加大气量；当脱碳压力达 1.00MPa 后，开贫液泵出口阀加大贫液流量，根据气量，控制合适的气液比；在升压过程中注意调节各塔液位使压力稳定。

2. 正常操作要点

（1）压力控制 压力控制高低与系统阻力及生产负荷相适应，主要控制高压闪蒸槽压力、低压闪蒸槽压力及气氨压力。

（2）温度控制 主要控制再生塔、脱碳塔贫液温度。

（3）流量控制 主要控制入塔脱碳液循环量、入塔汽提空气循环量。

（4）气液比的控制 脱碳的目的是使原料气达到合成甲醇的要求，而气液比的大小直接影响到合成气的成分是否合甲醇要求，气液比主要包括粗原料气与贫液流量之比和空气与富液之比。

（5）脱碳液中水含量的控制 合格的 NHD 脱碳液的 pH 为 6～8，当系统中水含量升高

134

时，会加速设备的腐蚀，降低 NHD 溶液的吸收效率。所以应最大限度控制带入系统水含量。

3．停车

（1）长期停车

① 停车前的检查　检查所有消防器材完好齐备；检查各排液排放管线、退液管线是否畅通，阀门是否好用；检查地下槽液位及液下泵是否备用，地下槽液位抽至最低；检查溶液槽液位及溶液泵情况；检查开停脱水系统；检查软水管线是否畅通；停车前降低氨冷器液位，停 CO_2 后停氨冷耗尽液氨。

② 切气　接调度通知后，关死高压闪蒸气回收阀，开高压闪蒸气放空阀；通知压缩机切气，关闭入塔气相阀、系统进出口阀，开塔后放空阀，脱碳压力约 0.5MPa 后关闭放空。

③ 停溶液循环　关闭脱碳塔液位、高压闪蒸液位自调、低压闪蒸液位自动控制；停贫液泵、富液泵、风机。

④ 系统卸压及退液　检查岗位阀门的开关位置应符合系统退液的要求，在排液过程中，开启脱碳塔塔后放空、高闪放空，系统卸压。

⑤ 贫气置换　用贫气置换脱碳至压缩净化气管道、脱碳塔、高闪槽等设备，置换过程中，注意开各分离器导淋，置换干净。

⑥ 空气置换　贫气置换结束后，通知压缩进行空气置换，当各设备出口气中 $O_2 > 20\%$ 时，空气置换合格。

（2）紧急停车　当系统发生重大故障无法维持本岗位自身运转时，必须进行紧急停车处理。此类情况包括：贫液泵跳闸、断电、断仪表空气、无法启动备用泵、着火、爆炸、系统发生重大泄漏等。

4．吸收与再生常见事故及处理

（1）贫液泵跳闸　发紧急停车信号，通知压缩机岗位停车。迅速关闭脱碳塔液位自动控制、高压闪蒸液位自动控制、低压闪蒸液位自动控制。迅速关闭二氧化碳回收、高压闪蒸气回收阀，脱碳塔液位自动控制后切断阀，高压闪蒸液位自动后切断阀。关闭系统进、出口阀。其余按保压、保液处理。

（2）富液泵跳闸无法启用备用泵　当真空解吸槽、低压闪蒸槽液位高时，用排液管线排入溶液槽；发紧急停车信号，通知压缩机岗位停车；迅速关闭脱碳塔液位自动控制、高压闪蒸液位自动控制；迅速关闭二氧化碳回收、高压闪蒸气回收阀，脱碳液位自动控制切断阀，高压闪蒸液位自动控制后切断，入塔气相阀；关闭系统进、出口阀；其余按保压、保液处理。

（3）断电　迅速关闭脱碳塔液位自动控制、高压闪蒸液位自动控制、二氧化碳回收阀、高压闪蒸气回收阀、入塔气相阀；停氨冷器液位自动控制；迅速停各机、泵；其余按保压、保液处理。

（4）断仪表空气　发紧急停车信号，通知压缩机停车；迅速关闭脱碳塔液位自动控制、高压闪蒸液位自调切断阀，二氧化碳、高压闪蒸气回收阀，停氨冷，入塔气相阀、系统进出口阀。其余按保压、保液处理。

（5）着火、爆炸　迅速关闭所有阀门，按紧急停车按钮，通知压缩岗位紧急停车；视情况关闭着火处通道阀门，用灭火机灭火，停两泵一机；待火势小后，按长期停车处理。

（6）系统发生重大泄漏　通知压缩机岗位停车，按着火、爆炸处理。

（7）系统严重超压　发紧急停车信号，通知压缩机岗位紧急停车；迅速开启塔后放空，系统卸压至正常范围；注意调节系统自控使系统稳定；其余各项均按保压循环处理。

物理吸收法是利用 CO_2 能溶于有机溶剂的特性来进行的，吸收能力的大小取决于 CO_2 在该溶剂中的溶解度。在低温甲醇法、聚乙二醇二甲醚法和碳酸丙烯酯法中，聚乙二醇二甲醚法比碳酸丙烯酯法对 CO_2 的溶解度大，而且对 H_2S 的溶解度很大。所以聚乙二醇二甲醚法尤其适合于含 CO_2 的气体中选择性地吸收 H_2S 的场合。甲醇是吸收 CO_2、H_2S 和 COS 等酸性气体的良好溶剂，尤其在低温下，上述气体在甲醇中的溶解度更大，当温度低于 $-30℃$，溶解度随温度的降低而剧增，所以低温下适合采用甲醇吸收气体中的 CO_2。此外，物理吸收法中的 NHD 法成本最低，其次是碳酸丙烯酯法。

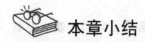 本章小结

本章主要学习了几种物理吸收法脱碳：低温甲醇洗、碳酸丙烯酯法、聚乙二醇二甲醚法。

1. 脱碳基本原理

（1）吸收原理　利用二氧化碳在低温甲醇、碳酸丙烯酯、聚乙二醇二甲醚溶液中有较大溶解度的特性吸收原料气中的二氧化碳。

（2）再生原理　吸收了二氧化碳的富液，在减压、加热的条件下解吸出吸收质使溶液再生。

2. 工艺条件

（1）低温甲醇洗　温度、压力。

（2）碳酸丙烯酯　吸收压力、液气比、二氧化碳的含量、氢气的回收压力。

（3）聚乙二醇二甲醚　压力、温度、溶液的饱和度、气液比。

3. 工艺流程及设备

（1）低温甲醇洗　低温甲醇洗单独脱碳工艺流程、同时脱除二氧化碳及硫化氢的流程。

（2）碳酸丙烯酯　碳酸丙烯酯脱碳工艺流程。

（3）聚乙二醇二甲醚　NHD法单独脱碳工艺流程、同时脱除二氧化碳及硫化氢的流程。

主要设备：吸收塔、再生塔。

4. 操作训练

NHD法脱碳生产操作，原始开车、停车、正常操作要点、常见事故处理。

 思考与练习题

1. 低温甲醇脱碳基本原理是什么？
2. 如何选择低温甲醇脱碳的温度？脱碳后的甲醇溶液如何再生？
3. 低温甲醇法脱除二氧化碳的特点是什么？
4. 低温甲醇法脱除二氧化碳的工艺流程是怎样的？
5. 碳酸丙烯酯脱碳基本原理是什么？
6. 压力对碳酸丙烯酯脱碳有何影响？
7. 温度对碳酸丙烯酯脱碳有何影响？
8. 碳酸丙烯酯被稀释后有何危害？

9. 碳酸丙烯酯脱碳工艺流程是怎样的?

10. NHD 脱碳基本原理是什么?

11. 温度、压力对 NHD 脱碳有何影响?

12. NHD 法脱除二氧化碳特点是什么?

13. 画出 NHD 脱碳的工艺流程图,并指出各设备的名称及作用。

第七章　甲醇的合成

学习目标

1. 了解原料气合成在甲醇生产中的意义。
2. 掌握原料气合成的基本原理、影响合成反应的因素。
3. 了解原料气合成催化剂的组成和作用，掌握合成催化剂的还原与氧化机理。
4. 掌握合成塔结构及结构元件的作用。

甲醇合成是整个甲醇生产中的核心部分，它的任务是在一定的温度、压力及催化剂存在的条件下，将精制后的原料气合成为粗甲醇，反应后的气体分离甲醇后循环使用。

甲醇合成的工艺方法有三种：高压法、中压法、低压法。其发展的过程与新催化剂的应用、净化技术的进步分不开。最早实现的是铬、锌催化剂的高压流程，高压法是在压力30MPa、温度在350～400℃下操作。此法技术成熟，投资和生产成本较高。自铜基催化剂技术发现及脱硫净化技术解决后，出现了低压工艺流程。操作压力为 4～5MPa，温度为200～300℃。其代表性流程有德国鲁奇公司低压法和英国帝国工业公司低压法。由于反应温度及压力都比高压法低，所以设备管道材料宜得，能量消耗少，生产成本较低。中压法是在低压法基础上发展起来的，中压法生产投资、操作费用和占地面积有所下降，综合经济指标比低压法更好。也有将合成氨与甲醇联合生产的联醇工艺流程。从生产规模上来看，目前世界甲醇装置日趋大型化，大型装置年产甲醇60万～100万吨以上，新建厂普遍采用中、低压流程。

第一节　合成反应

一、反应原理

一氧化碳加氢为多方向反应，随反应条件及所用催化剂的不同，可生成醇、烃、醚等产物，因而在甲醇合成过程中可能发生以下反应。

1. 主反应

$$CO + 2H_2 \rightleftharpoons CH_3OH \qquad\qquad \Delta H_{298}^{\ominus} = -90.8 \text{kJ/mol} \qquad (7\text{-}1)$$

$$CO_2 + 3H_2 \rightleftharpoons CH_3OH + H_2O \qquad\qquad \Delta H_{298}^{\ominus} = -58.6 \text{kJ/mol} \qquad (7\text{-}2)$$

合成甲醇反应是可逆放热反应，反应时体积缩小，并且只有在催化剂存在条件下，反应才能较快进行。

2. 副反应

$$CO + 3H_2 \longrightarrow CH_4 + H_2O \qquad\qquad\qquad\qquad\qquad (7\text{-}3)$$

$$2CO+4H_2 \longrightarrow (CH_3)_2O+H_2O \tag{7-4}$$

$$2CO+4H_2 \longrightarrow C_2H_5OH+H_2O \tag{7-5}$$

$$4CO+8H_2 \longrightarrow C_4H_9OH+3H_2O \tag{7-6}$$

这些副反应的产物还可能进一步反应，生成微量醛、酮、酯等副产物，也可能形成少量的 $Fe(CO)_5$。

副反应不仅消耗原料，而且影响粗甲醇的质量和催化剂的寿命。特别是生成甲烷的反应，是一个强放热反应，不利于操作控制，而且生成的甲烷不能随产品冷凝，存在于循环系统中更不利于主反应的化学平衡和反应速率。

二、反应的热效应

一氧化碳加氢合成甲醇的反应是放热反应，反应热与温度和压力的关系如图 7-1 所示。从图 7-1 可以看出，在高压下温度低时的反应热大，且反应温度低于 200℃时，反应热随压力变化的幅度大于反应温度高时，25℃、100℃等温线比 300℃等温线斜率大。所以合成甲醇在低于 300℃条件下操作，比在高温条件下操作要求严格，温度与压力波动时容易失控。由图 7-1 还可以看出，当压力为 20MPa 左右、温度为 300～400℃进行反应时，反应热随温度与压力变化甚小，采用这样的条件合成甲醇，反应控制是比较容易的。以上是 CO 与 H_2 反应时的热效应，将 CO_2 与氢气的反应热考虑在内时，总的反应热效应取决于合成过程中 CO 与 CO_2 的反应量之比。

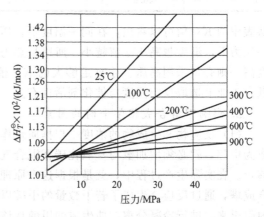

图 7-1　反应热与温度和压力的关系

三、甲醇合成反应的化学平衡

1. 平衡常数

已知在气相反应中，由逸度表示的平衡常数 K_f 与逸度系数、分压、摩尔分数表示的平衡常数 K_r、K_p、K_N 和总压有下述关系：

$$K_f=K_r K_p=K_r K_N p^2 \tag{7-7}$$

$$K_r=\frac{r_{CH_3OH}}{r_{CO} r_{H_2}^2} \tag{7-8}$$

$$K_p=\frac{p_{CH_3OH}}{p_{CO} p_{H_2}^2} \tag{7-9}$$

$$K_N=\frac{N_{CH_3OH}}{N_{CO} N_{H_2}^2} \tag{7-10}$$

K_f 与温度的关系可以由下式直接求得：

$$\lg K_f=3921T^{-1}-7.971\lg T+2.499\times10^{-3}T-2.953\times10^{-7}T^2+10.20 \tag{7-11}$$

K_r 可由相关图表查得，由式(7-7)～式(7-11)可算出平衡常数值，合成甲醇反应的平衡常数如表 7-1。

表 7-1　合成甲醇反应的平衡常数

温度/K	压力/MPa	K_f/atm²	K_r	K_p/atm⁻²	K_N
463	10.0		0.453	4.21×10^{-2}	4.20
	20.0	1.909×10^{-2}	0.292	6.53×10^{-2}	26
	30.0		0.177	10.80×10^{-2}	97
	40.0		0.130	14.67×10^{-2}	234
573	10.0		0.576	3.58×10^{-4}	3.58
	20.0	2.42×10^{-4}	0.486	4.97×10^{-4}	19.9
	30.0		0.338	7.15×10^{-4}	64.4
	40.0		0.252	9.60×10^{-4}	153.6
673	10.0		0.782	1.378×10^{-5}	0.14
	20.0	1.079×10^{-5}	0.625	1.726×10^{-5}	0.69
	30.0		0.502	2.075×10^{-5}	1.87
	40.0		0.400	2.695×10^{-5}	4.18

从表中的 K_N 值可以看出，在同一温度下，压力越高 K_N 越大，甲醇的平衡产率越高。在同一压力下，温度越高 K_N 值越小。所以从热力学看，低温高压对合成反应有利。如果反应温度高，则必须采用高压，才有足够大的 K_N 值，降低反应温度，则所需压力就可以相应降低。工业上选取反应温度与催化剂活性有关。

2. 影响甲醇合成化学平衡的因素

（1）反应物和生成物的浓度　根据质量作用定律的原理，要使氢、一氧化碳气体不断合成为甲醇，就必须增加氢与一氧化碳在混合气中的含量，同时应不断地将反应所生成的甲醇移走。在实际生产过程中，就是根据这个原理进行操作的。先使氢、一氧化碳混合气体进入合成塔，通过反应，生成了若干数量的甲醇以后，就将反应后含有甲醇的混合气体从合成塔内引出来，进行冷凝分离，使生成的甲醇从该混合气体中分离出来，然后再向混合气体中补充一部分新鲜的氢气和一氧化碳气。这样，一面补充参加反应的物质，一面除去反应的生成物，就可以使反应向着生成甲醇的方向不断进行。

（2）反应温度　甲醇合成反应是一放热反应。根据平衡转移原理，当反应温度升高时，会促使反应向逆反应方向移动（即向甲醇分解为一氧化碳和氢气的方向）移动。同时温度升高也引起一系列的副反应，主要是生成甲烷、高级醇等，因此，在较低的温度下进行甲醇的合成反应，将使反应进行得更加完全。

（3）压力　甲醇的合成过程，是体积缩小的反应，同时，甲醇的可压缩性（系指气体状态的甲醇）又比一氧化碳和氢大得多。因此，按照平衡转移的原理，当压力增高时，促使反应向正反应方向进行，甲醇的平衡产率（反应达到平衡时，甲醇在混合气中的平衡含量称为甲醇的平衡产率）就高；反之，如果降低反应时的压力，就会促使反应向逆反应方向移动，这时已经生成的甲醇又会分解成氢、一氧化碳气体，则甲醇的平衡产率就低。

实践证明：温度越低，压力越高，气体混合物中 CH_3OH 的平衡浓度也就越高。因此，从反应的平衡观点出发，采用低温催化剂和高压，是能够大大强化 $CO + H_2$ 合成甲醇生产的。

四、甲醇合成的反应速率

1. 甲醇合成反应速率

在单位时间内由氢、一氧化碳合成为甲醇的数量，称为合成反应速率。在实际生产中，人们希望合成反应进行得快些，在单位时间合成甲醇越多越好。甲醇合成的反应速率与温度、压力、催化剂及惰性气体的浓度有关。

2. 影响甲醇合成反应速率的因素

（1）温度　大多数化学反应的速率，均随着温度的升高而加快，甲醇的合成反应速率也是如此。但随着温度的升高，正反应、逆反应和副反应的速率均增大，因此，总的反应速率与温度的关系比较复杂，并非随温度的升高而简单地增大。

（2）压力　反应速率是由分子之间的碰撞机会的多少来决定的。在高压下，因气体体积缩小了，则氢与一氧化碳分子间的距离也随之缩短，分子之间相碰的机会和次数就会增多，甲醇合成反应的速率也就会因此而加快。

（3）催化剂　由氢与一氧化碳直接合成甲醇是在适当的温度、压力和有催化剂存在的条件下进行的。催化剂的存在使反应能在较低温度下加快合成反应速率，缩短反应所需要的时间（但不能改变达到合成时的平衡率）。如果没有催化剂，即使在很高的温度和压力之下，反应速率仍然很慢。所以由氢与一氧化碳合成为甲醇必须使用催化剂。

（4）惰性气体的浓度　在温度、压力和催化剂一定的条件下，惰性气体含量的增加使合成反应的瞬时反应速率降低。

第二节　影响合成反应的因素

一、影响合成反应的因素

1. 温度

甲醇合成反应是一个可逆、放热反应，提高反应温度虽然有利于反应速率的增加，但不利于反应的平衡，同时，提高温度会引起副反应的发生。这样，既增加了分离困难，又导致了催化剂表面积炭而降低活性。

生产中的操作温度是由多种因素决定的，尤其是取决于催化剂的活性温度。一般锌铬催化剂的活性温度为 620～690K，铜基催化剂的活性温度 470～560K。每种催化剂在活性温度范围内，都有较适宜的操作温度区间，如锌铬催化剂为 640～650K 左右，铜基催化剂为 520～540K 左右。而同一催化剂在不同的使用时期，其适宜温度也会改变。使用初期催化剂活性较强，反应温度可低些，随着时间的增长，应逐步提高反应温度。

2. 压力

合成甲醇的反应是体积缩小的反应，增加压力，有利于向正反应方向进行。另外，增加压力，还可以提高甲醇合成反应速率。这样，不仅可以减小反应器尺寸和减少循环气体积，而且还可以增加产物甲醇所占的比率。但是，压力增加，能量消耗与设备强度都要随之增大，生产中的反应压力必须与反应温度相适应。采用锌铬催化剂反应温度较高，压力一般在 25～35MPa；而采用铜基催化剂，由于它活性高，反应温度低，故反应压力相应地降到 5.07MPa。目前，大型工厂都倾向于采用 15.2MPa 左右压力，中、小型厂采用 5.07MPa 的压力，这样投资和操作费用都省。

3. 原料气的组成

由合成甲醇的反应式可知 $n(H_2):n(CO)=2:1$，生产中 CO 过量容易生成羰基铁，生成的羰基铁积聚于催化剂表面，使催化剂失去活性。而工业生产原料气除 H_2 和 CO 外，还有一定量的 CO_2，原料气中含有一定量的 CO_2，可以减少反应热量的放出，利于床层温度

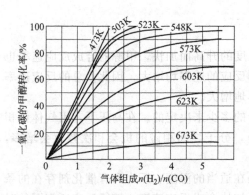

图 7-2　原料气中 $n(H_2)/n(CO)$ 与
一氧化碳的转化率的关系

控制，同时还能抑制二甲醚的生成。常用 $\dfrac{n(H_2)-n(CO_2)}{n(CO)+n(CO_2)}=2.1\sim2.2$ 作为合成甲醇新鲜原料气组成。而实际进入合成塔的混合气中 $n(H_2)/n(CO)\gg2$。其原因是，氢含量高可提高反应速率；降低副反应的生成；而且氢气的热导率大，有利于反应热的导出，易于反应温度的控制。而氢气过量对生产是有利的，既可以防止或减少副反应的发生，又可带出反应热，防止催化剂局部过热，从而延长使用寿命。因此，实际生产中氢碳比大于2。

原料气中 $n(H_2)/n(CO)$ 对一氧化碳的转化率有很大的影响，如图 7-2 所示。增加氢的浓度，可提高 CO 的转化率。对不同催化剂，$n(H_2)/n(CO)$ 值也不同，以铜基为催化剂时，$n(H_2)/n(CO)$ 为 2.2~3.0，采用锌铬催化剂时，$n(H_2)/n(CO)$ 为 4.5 左右。过高的 $n(H_2)/n(CO)$ 会降低设备的生产能力。

4. 原料气的纯度

甲醇原料气中除主要成分 H_2、CO 外，还含有惰性气体杂质及能使催化剂中毒的毒物。其中，CH_4、Ar 不参加甲醇合成反应为惰性气体。但随合成反应的进行，在系统中逐渐积累而增多，从而降低 H_2、CO 的分压，使反应的转化率降低。一般控制原则是在催化剂使用初期活性较好，或者是合成塔负荷较轻，操作压力较低时，可将循环气中的惰性气体控制在 20%~25% 左右，否则，应控制在 15%~20% 左右。

原料气中的硫化物能使催化剂中毒，此外，硫化物进入合成系统还会发生副反应，生成硫醇、硫二甲醚等杂质，影响粗甲醇的质量，而且带入精馏系统会引起设备腐蚀。对于锌铬系催化剂，原料气中硫的含量应控制在 $50mL/m^3$ 以下，对于铜基催化剂，原料气中的硫含量应小于 $0.1mL/m^3$。

原料气中夹带的油污进入合成塔，在高温下分解形成碳和高碳胶质物，沉积于催化剂表面，堵塞催化剂内空隙，减少活性表面，使催化剂活性下降。

5. 空速

合成甲醇空速的大小不仅影响原料的转化率，而且也决定着生产能力和单位时间放出的热量。如果采用较低空速，反应气体与催化剂的接触时间长，单程转化率高，气体循环的动力消耗较少，预热未反应气体所需换热面积小，并且离开反应器气体温度高，其热能利用价值较高，但空速过低副反应增加，设备生产能力下降。

如果采用高空速，催化剂的生产强度虽然可以提高，但增大了预热所需的传热面积，出塔气热能利用价值降低，系统阻力增大，压缩循环气功耗增加，增加了分离反应产物的费用，当空速增大到一定程度后，催化剂床温度难以控制。

适宜的空速与催化剂活性、反应温度及进塔气体组成有关。标准状况下在锌铬催化剂上一般为 $35000\sim40000h^{-1}$，在铜基催化剂上则为 $10000\sim20000h^{-1}$。

二、甲醇合成催化剂

自从 CO 加氢合成甲醇工业化以来，合成催化剂和合成工艺不断研究改进。虽然实验室研究出了多种甲醇合成催化剂，但工业上使用的催化剂只有锌铬和铜基催化剂。

1. 锌铬催化剂（ZnO/Cr$_2$O$_3$）

锌铬催化剂是最早用于工业合成甲醇的，1966 年以前的甲醇合成几乎都用锌铬催化剂。

锌铬催化剂一般采用共沉淀法制造。将锌与铬的硝酸盐溶液用碱沉淀，经洗涤干燥后完型制得催化剂；也可用氧化铬溶液加到氧化锌悬浮液中，充分混合，然后分离水分、烘干，掺进石墨成型；还可用干法生产，将氧化锌与氧化铬的细粉混合均匀，添加到少量氧化铬水溶液，和石墨压片，然后烘干压片制得成品。

锌铬催化剂使用寿命长，使用范围宽，耐热性好，抗毒能力强，机械强度好。但是锌铬催化剂活性温度高，操作温度在 590～670K 之间，为了获得较高的转化率，必须在高压下操作，操作压力可达 25～35MPa，目前逐步被淘汰。

2. 铜基催化剂（CuO/ZnO/Al$_2$O$_3$ 或 CuO/ZnO/Cr$_2$O$_3$）

铜基甲醇催化剂是 20 世纪 60 年代开发的产品，它具有良好的低温活性，较高的选择性，通常用于低、中压流程。近年国内在高压合成流程上，也采用铜基催化剂。

（1）组成　铜基催化剂的主要化学成分是 CuO/ZnO/Al$_2$O$_3$ 或 CuO/ZnO/Cr$_2$O$_3$，其活性组分是 Cu 和 ZnO，同时还要添加一些助催化剂，促进催化剂的活性。Cr$_2$O$_3$ 的添加可以提高铜在催化剂中的分散度，同时又能阻止分散的铜晶粒在受热时被烧结、长大，延长催化剂的使用寿命。添加 Al$_2$O$_3$ 助催化剂使催化剂活性更高，而且 Al$_2$O$_3$ 价廉、无毒，用 Al$_2$O$_3$ 代替 Cr$_2$O$_3$ 的铜基催化剂更好。

（2）还原与氧化　氧化铜对甲醇合成无催化活性，投入使用之前需将氧化铜还原成单质铜，工业上采用氢气、一氧化碳作为还原剂，对铜基催化剂进行还原。其反应如下：

$$CuO + H_2 \longrightarrow Cu + H_2O + Q \qquad (7\text{-}12)$$

$$CuO + CO \longrightarrow Cu + CO_2 + Q \qquad (7\text{-}13)$$

氧化铜的还原反应是强烈的放热反应，而且铜基催化剂对热比较敏感，因此要严格控制氢及一氧化碳浓度和温度，还原升温要缓慢，出水均匀，以防温度猛升和出水过快，影响催化剂的活性和寿命。

还原后的催化剂与空气接触时，产生下列反应：

$$Cu + \frac{1}{2}O_2 \longrightarrow CuO + Q \qquad (7\text{-}14)$$

如果与大量的空气接触，放出的反应热将使催化剂超温烧结。因此，停车卸出之前，应先通入少量氧气逐渐进行氧化，在催化剂的表面形成一层氧化铜保护膜，这一过程称为催化剂的钝化。

铜基催化剂最大的特点是活性高，反应温度低，操作压力低。其缺点是对合成原料气中杂质要求严格，特别是原料气中的 S、As 必须精脱硫。

（3）其他类型的催化剂　铜锌铝、铜锌铬催化剂是当前甲醇合成工业的主要催化剂，但近年来，新型催化剂的研制一刻也没停歇过，新型催化剂的研制方向在于进一步提高催化剂的活性，改善催化剂的热稳定性以及延长催化剂的使用寿命，如钯系催化剂、钼系催化剂和低温液相催化剂。这些催化剂虽然在某些方面弥补了铜锌铝、铜锌铬催化剂的不足，但因其活性不理想或对甲醇的选择性差等自身缺点，还只停留在研究阶段而没有实现工业化的应用。

3. 铜基催化剂的中毒和寿命

铜基催化剂对硫的中毒十分敏感，一般认为其原因是 H$_2$S 和 Cu 形成 CuS，也可能生成 Cu$_2$S，反应如下：

$$Cu + H_2S \longrightarrow CuS + H_2 \tag{7-15}$$

$$2Cu + H_2S \longrightarrow Cu_2S + H_2 \tag{7-16}$$

因此原料气中硫含量应小于 0.1ppm，与此类似的是氢卤酸对催化剂的毒性。

催化剂使用的寿命与合成甲醇的操作条件有关，铜基催化剂比锌铬催化剂的耐热性差得多，因此防止超温是延长寿命的最重要措施。

第三节　甲醇合成工艺流程和合成塔

一、工艺流程

甲醇合成的工艺流程有多种，其发展的过程与催化剂的应用以及净化技术的进展分不

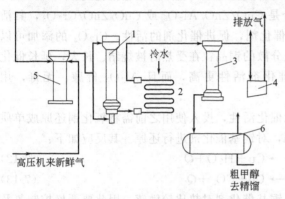

图 7-3　高压法合成甲醇的工艺流程
1—合成塔；2—水冷凝器；3—甲醇分离器；4—循环压缩机；
5—铁油分离器；6—粗甲醇中间槽

开。最早的是应用锌铬催化剂的高压工艺流程，1966 年，英国建立了世界上第一个以铜基催化剂合成甲醇的低压流程。之后低压流程的基础上，又发展出了中压法生产甲醇的工艺流程。

1. 高压法工艺流程

高压法工艺流程如图 7-3 所示。由有多段压缩机送来的压力为 31.39MPa 的新鲜气与循环机送来的循环气，同时进入铁油分离器，油污、水雾及羰基化合物等杂质在此被除去，然后进入甲醇合成塔，CO 与 H_2 在塔内于 30MPa 左右压力和 663～693K 温度下，在锌铬催

化剂上反应生成甲醇。转化后的气体经塔内热交换预热刚进入塔内的原料气，温度降至 433K 以下，甲醇含量约为 3%。经塔内热交换后的转化气体混合物出塔，进入喷淋式冷凝器，出冷凝器后混合物气体温度降至 303～308K 左右，再进入高压甲醇分离器。从甲醇分离器出来的液体甲醇减压至 0.98～1.568MPa 后送入粗甲醇中间槽。由甲醇分离器出来的气体，压力降至 30MPa 左右，送循环压缩机以补充压力损失，使气体循环使用。

为避免惰性气体（N_2、Ar 及 CH_4）在反应系统中积累，在甲醇分离器后设有放空管，以维持循环气中惰性气体含量在 15%～20% 左右。

原料气分两路进入合成塔。一路经主线（主阀）由塔顶进入，并沿塔壁与内件之间的环隙流至塔底，再经塔内下部的热交换器预热后，进入分气盒；另一路经过副线（副阀）从塔底进入，不经热交换器而直接进入分气盒。在实际生产中可用副阀来调节催化层的温度，使 H_2 和 CO 能在催化剂的活性温度范围内合成甲醇。

2. 低压法工艺流程

低压工艺流程是指采用低温、低压和高活性铜基催化剂，在 5MPa 左右压力下，由合成气合成甲醇的工艺流程，如图 7-4 所示。天然气经加热炉加热后，进入转化炉发生部分氧化反应生成转化气，转化气经废热锅炉和加热器换热后，进入脱硫器，脱硫后的转化气经水冷

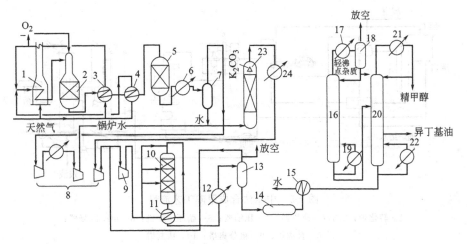

图 7-4 低压法合成甲醇工艺流程

1—加热炉；2—转化炉；3—废热锅炉；4—加热器；5—脱硫器；6,12,17,21,24—水冷器；
7—气液分离器；8—合成气压缩机；9—循环气压缩机；10—甲醇合成塔；11,15—热交换器；
13—甲醇分离器；14—粗甲醇中间槽；16—脱轻组分塔；18—分离塔；
19,22—再沸塔；20—甲醇精馏塔；23—CO₂吸收塔

却和气液分离器，分离除去冷凝水后进入合成气三段离心式压缩机，压缩至稍低于 5MPa。从压缩机第三段出来的气体不经冷却，与分离器出来的循环气混合后，在循环压缩机中压缩到稍高于 5MPa 的压力，进入合成塔。循环压缩机为单段离心式压缩机，它与合成气压缩机一样都采用汽轮机驱动。

合成塔顶尾气经转化后含 CO_2 量稍高，在压缩机的二段后，将气体送入 CO_2 吸收塔，用 K_2CO_3 溶液吸收部分 CO_2，使合成气中 CO_2 保持在适宜值。吸收了 CO_2 的 K_2CO_3 溶液用蒸汽直接再生，然后循环使用。

合成塔中填充 $CuO\text{-}ZnO\text{-}Al_2O_3$ 催化剂，于 5MPa 压力下操作。由于强烈的放热反应，必须迅速移出热量，流程中采用在催化剂层中直接加入冷原料的冷激法，保持温度在 513～543K 之间。经合成反应后，气体中含甲醇 3.5%～4%（体积分数），送入加热器以预热合成气，塔釜部物料在水冷器中冷却后进入分离器。粗甲醇送中间槽，未反应的气体返回循环气压缩机。为防止惰性气体的积累，把一部分循环气放空。

粗甲醇中甲醇含量约 80%，其余大部分是水。此外，还含有二甲醚及可溶性气体，称为轻馏分。水、酯、醛、酮、高级醇称为重馏分。以上混合物送往脱轻组分塔，塔顶引出轻馏分，塔底物送甲醇精馏塔，塔顶引出产品精甲醇，塔底为水，接近塔釜的某一塔板处引出含异丁醇等组分的杂醇油。产品精甲醇的纯度可达 99.85%（质量）。

3. 中压法合成工艺流程

中压法是在低压法基础上进一步发展起来的，所用合成塔与低压法相同，流程也与低压法类似。图 7-5 所示为中压法流程。

原料为天然气，经过重整转化为合成气，原料、燃料天然气和弛放气在转化炉内燃烧加热，转化炉管内填充镍催化剂。从转化炉出来的气体进行热量交换后，送入合成气压缩机，经压缩与循环气一起，在循环压缩机中预热，然后进入合成塔，其压力为 8.106MPa，温度为 490K。在合成塔中，合成气经过催化剂合成粗甲醇。塔为冷激塔，回收合成反应热产生中压蒸汽。出塔气体预热进塔气体，然后冷却，将粗甲醇在冷凝器中冷凝出来。气体大部分

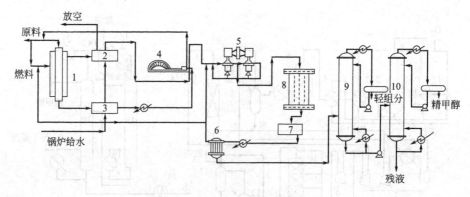

图 7-5　中压法合成甲醇工艺流程

1—转化炉；2,3,7—换热器；4—压缩机；5—循环压缩机；6—甲醇冷凝器；

8—合成塔；9—粗分离塔；10—精制塔

循环，其余弛放气用作转化炉燃料。

二、合成塔

1. 甲醇合成塔内件

甲醇合成塔是甲醇合成的关键设备，作用是使氢气与一氧化碳混合气在塔内催化剂层中合成为甲醇。为了适应甲醇合成条件，甲醇合成塔由内件、外筒及电加热器三部分组成，内件置于外筒之内。内件的核心是催化剂框，它的设计合理与否直接影响合成塔的产量和消耗定额。一个好的催化剂框设计应具有如下要求。

① 能保证催化剂在升温和还原过程中操作正常、还原充分，尽可能地提高催化剂的活性，达到最大的生产强度。

② 能有效地移去反应热，合理地控制催化剂层温度分布，使其逼近最佳操作温度线，提高甲醇净值和催化剂的使用寿命。

③ 能保证气体均匀地通过催化剂层，阻力小，气体处理量大，甲醇产量高。

④ 充分利用高压空间，尽可能多装催化剂，提高容积利用系数。

⑤ 操作稳定、调节方便，能适应各种操作条件的变化。

⑥ 结构简单，运转可靠，装卸催化剂方便，制造、安装和维修容易等。

⑦ 妥善处理各个内件的连接与保温，避免产生热应力，使内件在塔内能自由胀缩等。

为了满足开工时催化剂的升温还原条件，通常设开工加热器，加热器可安装在合成塔内，一般用电加热器，成为内件的组成部分，也可放在塔外。进、出催化剂层气体的热交换器，可以放在塔内，也可以放在塔外。因此合成塔内件主要是催化剂框，也可能包括电加热器和热交换器。

甲醇合成塔内件结构繁多，目前主要有冷管式和冷激式两种塔型。前者属于连续换热式，后者属于多段冷激式。

2. 几种典型甲醇合成塔

（1）三套管并流合成塔　三套管并流合成塔如图 7-6 所示。它主要由外筒和内件两部分组成。

① 外筒　外筒是一个多层卷焊或锻造的高压圆筒 1，最高操作压力为 32MPa，筒体内径为 $800 \sim 1000$mm 左右，高达 $12 \sim 14$m。筒体顶部有上盖 9 及支持圈 11，支持圈与上盖用

螺栓 16 相连接。上盖的密封口处，用钢制的垫圈（楔形）及垫圈上的压瓦 10 压紧，构成自紧密封。在上盖 9 上设有电加热炉的安装和热电偶温度计的插入孔。筒体下部用下盖 22 密封，以螺栓连接在筒体上。下盖上开有气体出口以及冷气入口。筒体材料为低碳钢或合金钢，上下部件为合金钢材料。

② 内件　内件上部为催化剂框 2，框的中心管 19 内，垂直悬挂了电加热器 4，下部为热交换器 3，中间为分气盒 21。催化剂框由合金钢板焊接而成，外包石棉或玻璃纤维保温。催化剂框盖 18 焊在催化剂框的上部，防止泄漏。催化剂框下部有多孔板 20，上面放有铁丝网，在铁丝网上装有催化剂 5。在催化剂床层的中下部装有数十根冷管，顶部为不设置冷管的绝热层。冷管由内管 7 和外管 8 所组成。内管焊接在分气盒 21 的隔板上，由双管组成，上端焊死，下端敞开，中间形成滞气层，所以传热能力小。外管焊在分气盒的顶盖上，为一根单管，这样一组冷管由 3 根管子组成，故称为三套管。此外，框内还装有二根温度计外套管 14 和一根用来装电加热炉的中心管 19。催化剂的装填量与合成塔直径和高度有关，直径为 800～1000mm 的合成塔，一般可装 2～4.5m³ 催化剂。

催化剂框下部经分气盒 21 与热交换器连接。热交换器内装有许多根小直径的热交换管 6。为了增加气流速度，提高传热效果，在热交换管中插有扭成麻花形的铁棒，在管间空隙内装有若干块环形和圆形隔板。为了防止散热，热交换器的外壁也设有保温层。热交换器的中央有一根冷气管 24，从塔副阀来的气体经此管进入分气盒，而不经热交换器，因而温度较低，可以用以调节催化剂层的温度。

电加热炉由镍铬合金制成的电炉丝和磁绝

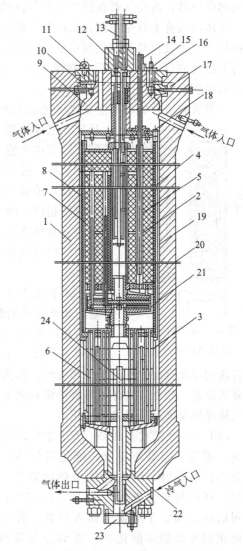

图 7-6　三套管并流合成塔
1—高压筒体；2—催化剂框；3—热交换器；
4—电加热炉；5—催化剂；6—热交换管；
7—三套管内管（双管组成）；8—三套管外管；
9—上盖；10—压瓦；11—支持圈；12—电炉小盖；
13—导电棒；14—温度计外套管；15—压盖；
16，17—螺栓；18—催化剂框盖；
19—中心管；20—多孔板；21—分气盒；
22—下盖；23—小盖；24—冷气管

缘子组成。电炉丝和电源的连接方法可以是单相，也可以是三相，其功率一般为 150～200kW/m³（催化剂）。当开车升温、催化剂还原及操作不正常时，可以开电加热炉以调节进催化剂层的气体温度。在塔外设有电压调节器，可根据不同需要调节电加热炉的电压，以改变其加热能力。

合成塔内气体流程：循环气自塔顶进来，沿外筒与内件之间的环隙顺流而下，从底部进入换热器的管间，与管内反应后的高温气体进行热交换，另一部分气体由塔底副线进来，不经过热交换器，由冷气管直接进入分气盒的下室，与被预热的气体汇合，分配到各冷管的内管。气体由内管上升至顶部，沿内外管间的环隙折流而下，通过外管与催化剂床层的气体并流换热，气体被预热至催化剂的活性温度以上，然后气体经分气盒及中心管进入催化剂层，进行甲醇合成反应。反应后的高温气体，进入热交换器的管内，将热量传给刚进塔的气体后，从塔底引出。

三套管并流合成塔的主要优点是催化剂层温度分布比较合理，催化剂生产强度大，操作稳定，适应性强。缺点是结构复杂，冷管与分气盒占据较多的空间，冷管传热能力强，在催化剂还原时下层温度不易升高，难以还原彻底。近年来逐渐被新型合成塔所取代。

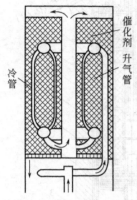

图 7-7　单管并流合成塔
催化剂框结构示意图

（2）单管并流合成塔　这种塔冷管换热的原理与三套管并流合成塔相同，内件结构也基本相似。唯一不同的是冷管的结构。即将三套管之内管输送气体的任务，由几根输气总管代替，使冷管的结构简化节省了材料。单管并流合成塔催化剂框结构如图7-7所示。

单管并流冷管的结构基本上有两种形式：一种是没有分气盒，出热交换器的气体，直接由输气总管引至催化剂层的上部，然后在冷管内由上而下经过催化剂层，进入中心管；另一种是仍采用分气盒。当气体出热交换器后，进入分气盒的下室，从输气总管送到催化剂层上部环形分布管内，因为输气总管根数减少，传热面积很小，所以气体升温并不显著。然后，气体由环管分配到密布的许多根冷管。由上而下通过催化剂层，反应后的气体经热交换器后从塔底引出。

（3）ICI冷激式合成塔　ICI冷激式合成塔如图7-8所示，这种合成塔由塔体、气体喷头、菱形分布器等组成。催化剂分四层填装（层间无空隙）。塔体为单层全焊结构，不分内件、外件，因此简体为热壁容器。要求材料抗氢蚀能力强，抗张强度高，焊接性好。所用材料为含钼0.44%～0.65%的低合金钢；气体喷头为四层不锈钢的圆锥体组焊而成，固定于塔顶气体入口处，使气体均匀分布于塔内。这种喷头可防止气流冲击催化剂床而损坏催化剂；菱形分布器埋于催化剂床中，并在催化床不同高度平面上各安装一组，全塔共三组，它使冷激气体和反应气体均匀混合，以调节催化床层的温度，是全塔最关键的部件。

菱形分布器如图7-9所示。它由内、外两部分组成，内部是一根双套管，其内管朝下钻有一排直径为10mm的小孔，孔间距为80mm。外套管朝上倾斜45°角，钻有直径为5mm小孔，孔间距80mm。外部是菱形截面的气体混合器，它使有四根长的扁钢和许多短的扁钢斜横着焊于长扁钢上构成一个骨架，并在外侧包上两层金属丝网，内层为粗网，外层为细网，网孔小于催化剂颗粒，以防催化剂漏进混合器内将喷管堵死。

冷激气沿导管进入气体分布器，自内套管小孔流出，再通过外套管小孔喷出去，并在混合器内和流过的反应热气体相混合，从而降低了气体温度，向下流动继续进行反应。

在合成塔内，由于采用菱形分布器引入冷激气，气体分布混合均匀，床层的同平面温差很小，有利于延长催化剂使用寿命，另外这种合成塔装卸催化剂很方便，多用于高压法小型合成塔。

（4）低压甲醇合成塔　Lurgi低压（压力5MPa，温度250℃）合成甲醇过程采用管束式合成塔。如图7-10所示，Lurgi式合成塔既是反应器又是废热锅炉。合成塔内部类似于一般

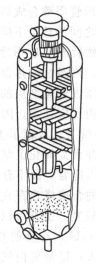

图 7-8 ICI 冷激式合成塔

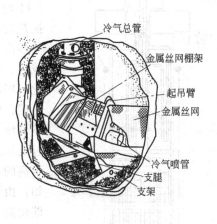

冷气总管
金属丝网棚架
起吊臂
金属丝网
冷气喷管
支腿
支架

图 7-9 菱形分布器结构

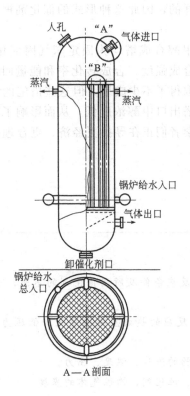

人孔 "A" 气体进口
"B"
蒸汽
蒸汽
锅炉给水入口
气体出口
卸催化剂口
锅炉给水
总入口

A—A 剖面

气体入口分布
"A"剖大样

"B"剖大样

图 7-10 Lurgi 型甲醇合成塔

的列管式换热器,列管内装满催化剂,管外为沸腾水。甲醇反应放出的热很快被沸腾水带走。管外沸腾水与锅炉汽包维持自然循环,通过控制沸腾水上的蒸汽压力,可以保持恒定的反应温度。这种塔的主要特点是,合成塔温度几乎是恒定的,可以有效地抑制副反应,催化剂的寿命长。利用反应热产生的中压蒸汽,经过热后可带动透平压缩机,压缩机用过的蒸汽又送至甲醇精制部分使用,因此整个系统热的利用较好。但是,这种合成塔结构复杂,装卸催化剂不方便。

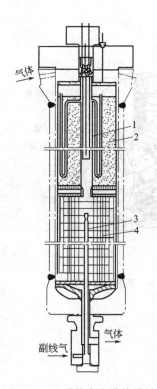

图 7-11　U 形管合成塔催化剂框
1—上中心管；2—U 形冷管；
3—下中心管；4—列管换热器

（5）U 形管合成塔　U 形管甲醇合成塔催化剂框如图 7-11 所示。气体经它与内件之间的环隙下降，在换热器中换热后直接进入上中心管，然后流入 U 形冷管。出冷管的气体由上向下经过催化剂层，再经过换热器，然后离开合成塔。该塔能够有效提高气体进催化剂层的温度。由于催化剂层温度高，可以迅速加快反应速率，因此不再需要绝热层；U 形冷管固定在中心管上，取消了上、下分气盒，不仅增加了催化剂的容积，并大大简化了结构；气体在经过电加热炉预热以后，再进入冷管，故不存在下层温度提不高的缺点。但是此种类型的合成塔也存在一些不足。比如：由于催化剂层高温区域较宽，虽然可以提高产量，但催化剂易衰老，使用寿命短；U 形冷管的自由截面较小，管内流速较大，管内阻力较大；U 形管内气体温度是逐渐上升的，其两侧的上升管和下降管在同一平面上与催化剂层的温差是不一样的，因此这种形式的催化剂框同平面温差较大。

以上介绍的甲醇合成塔均为固定床气固催化合成塔，虽然它们在甲醇合成强度、合成转化率和能量回收上进行了较大的改进，取得了不少成果，但这些措施的合成气单程转化率和合成塔出口甲醇浓度低，从而影响了甲醇合成的经济性。因此学者们正在寻找更经济、更合理的甲醇合成新工艺。

 **本章小结**

一、合成反应

（1）反应原理　一氧化碳加氢为多方向反应，随反应条件及所用催化剂的不同，可生成醇、烃、醚等产物。

（2）反应的热效应　合成甲醇反应是放热反应，反应的热效应随温度的降低压力的升高而增大。

（3）影响甲醇合成化学平衡的因素　反应物生成物的浓度、温度、压力。

（4）影响甲醇合成反应速率的因素　温度、压力、催化剂、惰性气体的浓度。

二、影响合成甲醇反应的因素

1. 影响甲醇合成反应的因素

温度、压力、原料气的组成、原料气的纯度、空间速度。

2. 催化剂

（1）催化剂的种类　锌铬催化剂（ZnO/Cr_2O_3）、铜基催化剂（$CuO/ZnO/Al_2O_3$ 或 $CuO/ZnO/Cr_2O_3$）、其他类型的催化剂。

（2）铜基催化剂的还原、氧化　铜基催化剂还原前没有活性，投入使用前要还原处理，工业上用氢气、一氧化碳还原。生产中利用氧化反应，停车卸出之前做钝化处理。

三、甲醇合成工艺流程

分为高压法工艺流程、低压法工艺流程、中压法工艺流程。

四、合成塔

（1）工业上对合成塔催化剂框的要求　有利升温还原、有效地移除反应热、使气体分布均匀阻力小、充分利用高压空间、操作稳定、调节方便、结构简单、运行可靠。

（2）几种典型合成塔的结构　三套管并流合成塔、单管并流合成塔、ICI冷激式合成塔、低压甲醇合成塔、U形管合成塔。

 阅读材料

正在发展的甲醇合成新技术

1. GSSTFR及RISPR合成

GSSTFR合成技术由荷兰Twente工业大学开发，目的在于提高合成反应的转化率。反应过程包括气-固-固三个活性相：气相是合成气和甲醇；一个固相是Cu基甲醇合成催化剂，固定在合成塔的棚架上；另一个固相是硅铝吸附剂，以滴流状态流过催化剂，用于从反应区吸收甲醇。反应过程中，合成气从塔底加入，通过固相催化剂床层向上流动，粉末状吸附剂则从塔顶加入，以滴流状态递流向下流过催化剂床层，选择性地吸附反应产物甲醇。随着反应产物不断从气相混合物中移出，反应速率不再受可逆反应的阻滞而降低，从而保持高的反应速率和高的转化率。合成气生产甲醇的转化率达到100%，可不必循环，原料消耗和操作费用明显降低。GSSTFR装置目前的生产能力达到1000t/d。

RISPR合成技术属于GSSTFR合成技术的进一步演化形式。反应系统由若干规格依次递减的常规合成塔串接而成，合成塔与合成塔之间设置采用液体吸收剂（如四甘醇二甲醚）的甲醇吸收装置，脱除甲醇后的气体逐级进入下一级反应器。

2. 浆态床合成

气相法合成由于床层温度不易控制，致使在较低的单程转化率和高循环比条件下操作。而且当温度控制不当时，反应易接近化学平衡的极限，限制了甲醇的生成。气相合成甲醇的反应速率控制步骤是催化剂的孔扩散，导致气相反应速率明显降低。液相合成方法为床层温度的控制提供了一个良好的解决方案，从而为提高单程转化率和避免接近化学平衡极限创造了条件。液相合成采用细颗粒催化剂，避免了孔扩散对反应速率的限制。浆态床工艺是液相法合成的经典技术。合成过程中，反应气通过气体分布器进入合成塔内的高浓度催化剂悬浮浆液中，与液、固相保持紧密接触，从而改进了传质。浆态床工艺的优点是合成塔等温操作、单程转化率高、循环量小、操作弹性大、原料气适应范围宽、催化剂时空产率高，是一种非常有前途的甲醇合成方法。目前浆态床存在的主要问题是催化剂失活速率过快，如何保持催化剂的活性已经成为浆态床合成方法商业化应用的关键。

3. 流化床合成

流化床合成包括两种方法，一种是常规流化床方法；另一种是循环流化床方法。循环流化床属于常规流化床的改进型，目的在于解决出塔气流中夹带催化剂颗粒的循环使用问题。流化床合成塔的优点是有良好的传热速率，能够维持等温操作，由于反应速率快，所以时空产率比同等规模的固定床显著增大；缺点是旋风分离器"料腿"内催化剂颗粒返回床层有一定的能力限制，因而气流速度不能过大。目前直径为 $\phi6m$ 的循环流化床反应器生产能力可望达到 9000t/d。

 思考与练习题

1. 甲醇合成反应的主反应和副反应有哪些？
2. 合成甲醇催化剂有哪几种？各有什么特点？
3. 铜基催化剂使用前为什么要还原？
4. 铜基催化剂停车前为什么要进行钝化处理？
5. 简述温度、压力、空速、惰性气体含量对合成反应的影响。
6. 简述高压法合成甲醇流程，并画出工艺流程简图。
7. 简述低压法合成甲醇流程，并画出工艺流程简图。
8. 甲醇合成塔的作用是什么，结构特点是什么？

第八章 粗甲醇的精馏

学习目标

1. 了解粗甲醇的精馏在甲醇生产中的意义。
2. 掌握粗甲醇精馏的基本原理，工艺条件的选择。
3. 了解双级精馏塔的结构及结构元件的作用。
4. 掌握精馏塔的操作。

第一节 精馏的目的和原理

一、精馏的目的

有机合成的生成物与合成反应的条件有密切的关系，虽然参加甲醇合成反应的元素只有碳、氢、氧三种，但是往往由于合成反应的条件，如温度、压力、空间速度、催化剂、反应气的组分以及催化剂中的微量杂质等的作用，都可使合成反应偏离主反应的方向，生成各种副产物，成为甲醇中的杂质。由于 H_2/CO 比例的失调、醇分离差及 ZnO 的脱水作用，可能生成二甲醚；H_2/CO 比例太低、催化剂中存在碱金属，有可能生成高级醇，反应温度过高，甲醇分离不好，会生成醚、醛、酮等羰基物，进塔气中水汽浓度高，可能生成有机酸；催化剂及设备管线中带入微量的铁，就可能有各种烃类生成；原料气脱硫不尽，就会生成硫醇、甲基硫醇，使甲醇呈异臭；特别是联醇生产，原料气中容易混入氨，就有微量的有机胺生成。为了获得高纯度的甲醇，采用精馏与萃取工艺提纯，清除所有的杂质。

用色谱方法将甲醇进行定性、定量分析，可以看到除甲醇和水以外，还有几十种有机杂质。表 8-1 列出用不同方法生产的粗甲醇的主要杂质。

表 8-1　各种方法合成甲醇的主要组分（质量分数）　　　　　单位：%

生产原料		焦炭及焦炉气	轻质油	轻质油	乙烯尾气	天然气	煤
生产工艺	生产方式	联　醇	联　醇	单　醇	单　醇	单　醇	单　醇
	合成压力	13MPa	13MPa	32MPa	5MPa	5MPa	32MPa
	反应温度	285～305℃	260～285℃	260～285℃	210～240℃	约290℃	360～380℃
	催化剂	C-207	C-301	改质 C-301	ICI51-1	铜、锌、硼	锌、铬
甲醇		93.4	90.44	75.82	79.8	81.5	83～97
二甲醚		0.7	0.00085	0.00181	0.0231	0.016	2～4
乙醇		0.1821	0.08	0.02	0.0299	0.035	
异丙醇		0.0113	0.00462		0.00104	0.005	
正丙醇		0.0473	0.00904	0.00183	0.004156	0.008	0.0431
异丁醇		0.0132	0.00043		0.003685	0.007	0.153
正丁醇		0.0165	0.00396	0.00294	0.00114	0.003	0.014

生产原料	焦炭及焦炉气	轻质油	轻质油	乙烯尾气	天然气	煤
异戊醇	0.0058	0.00085				0.007
正戊醇	0.0065	0.00085				
甲酸				0.0521	0.055	0.03
甲酸甲酯	0.0005	0.0008	0.04028		0.055	0.0724
丙酮		0.00428		<0.0002	0.002	0.001
丁酮				0.00066		0.003
正己烷	0.00039	0.00115	0.003			
正戊烷		0.00018	0.00007			
$C_7 \sim C_{10}$烷	0.02856					0.003
水	5.6	8.56	23.18	24.473	18.37	6~13

从表中可以看出，除水之外，各种杂质的量都很少，而从色谱图上看，杂质的峰多达 40～50 个。甲醇作为有机化工的基础原料，用它加工的产品种类也比较多，有些产品生产需要高纯度的原料，如：生产甲醛是目前消耗甲醇最多的一种产品，甲醇中如果含有烷烃，在甲醇氧化、脱氢反应时由于没有过量的空气，便生成炭黑覆盖于银催化剂的表面，影响催化作用；高级醇可使生产甲醇产品中酸值过高；即使性质稳定的杂质——水，由于在甲醇蒸发汽化时不易挥发，在蒸发器中浓缩积累，使甲醇浓度降低，引起原料配比失调而发生爆炸。此外，甲醇还被用作生产塑料、涂料、油漆、香料、农药、医药、人造纤维等甲基化的原料，都可能由于这些少量杂质的存在而影响产品的纯度和产品的性能，所以粗甲醇必须提纯。

二、粗甲醇中的杂质

粗甲醇有如下特点。

① 因反应温度与压力的降低，合成反应中碳原子的接续与异构化明显减少，合成甲醇的杂质也明显地减少。尤其是由于催化剂中的 ZnO 含量降低，脱水反应的倾向减弱了，因此用铜基催化剂的单醇联醇生产中二甲醚的生成量大幅度下降。据测，单醇法用锌铬催化剂生产的甲醇，含二甲醚约为 3.6%；而联醇法用铜基催化剂生产的粗甲醇中，含二甲醚只有 0.4%～0.8%。

② 单醇联醇用铜基催化剂合成甲醇时有烷基化的倾向，在生产的粗甲醇中，各种烷烃明显地增加。用锌铬催化剂的单醇法生产的粗甲醇中，各种烷烃只有痕量；而以铜基催化剂单醇联醇法生产的粗甲醇中，含各种烷烃大致在 0.035% 左右。

③ 由于联醇生产工艺特点，合成甲醇串联在合成氨工艺之中，因压缩机各段间难免有少量内漏、串气，使合成氨渗入到甲醇的原料气中，因此甲醇中有少量的有机胺存在。

④ 联醇原料气经脱碳，二氧化碳一般都维护在 3% 以下，在合成反应中由于二氧化碳和氢反应生成甲醇和水的量比单醇生产减少，因此制得的粗甲醇中含水量低，粗甲醇含醇量相应提高。通常单醇生产的粗甲醇含水约 12%～14%，而联醇生产的粗甲醇含水只有 5%～7%。

粗甲醇中所含的杂质虽然种类很多，但根据其性质可以归纳为如下四类。

1. 还原性物质

这类杂质可用高锰酸钾变色试验来进行鉴别。甲醇之类的伯醇也容易被高锰酸钾之类的强氧化剂氧化，但是随着还原性物质量的增加，氧化反应的诱导期相应缩短，以此可以判断还原性物质的多少。当还原性物质的量增加到一定程度，高锰酸钾一加入到溶液中，立即就会氧化褪色。通常认为，易被氧化的还原性物质主要是醛、胺、羰基铁等。

2. 溶解性杂质

根据甲醇杂质的物理性质，就其在水及甲醇溶液中的溶解度而言，大致可以分为水溶性、醇溶性和不溶性三类。

(1) 水溶性杂质　醚、$C_1 \sim C_5$ 醇类、醛、酮、有机酸、胺等，在水中都有较高的溶解度，当甲醇溶液被稀释时，不会被析出或变浑浊。

(2) 醇溶性杂质　$C_6 \sim C_{15}$ 烷烃、$C_6 \sim C_{16}$ 醇类。这类杂质只有在浓度很高的甲醇中被溶解，当溶液中甲醇浓度降低时就会从溶液中析出，或使溶液变得浑浊。

(3) 不溶性杂质　C_{16} 以上烷烃和 C_{10} 以上醇类，在常温下不溶于甲醇和水，会在液体中结晶析出或使溶液变浑浊。

3. 无机杂质

除在合成反应中生成的杂质以外，还有从生产系统中夹带的机械杂质及微量其他杂质。如由于铜基催化剂是由粉末压制而成，在生产过程中因气流冲刷、受压而破碎、粉化，带入粗甲醇中；又由于钢制的设备、管道、容器受到硫化物、有机酸等的腐蚀，粗甲醇中会有微量含铁杂质；当采用甲醇作脱硫剂时，被脱除的硫也带到粗甲醇中来等。这类杂质尽管量很小，但影响很大，如微量铁在反应中生成的五羰基铁 [$Fe(CO)_5$] 混在粗甲醇中与甲醇共沸，很难处理掉。

4. 电解质及水

纯甲醇的电导率为 $4 \times 10^7 \Omega \cdot cm$，由于水及电解质的存在，使电导率增加。在粗甲醇中电解质主要有有机酸、有机胺、氨及金属离子，如铜、锌、铝、铁、钠等，还有微量的硫化物和氯化物。

如果以甲醇的沸点为界，有机杂质又可以分为高沸点杂质与低沸点杂质。常压下甲醇的沸点为 64.7℃，主要杂质的沸点如表 8-2。

表 8-2　粗甲醇中主要组分的物理性质

名称	结 构 式	沸点/℃	熔点/℃	密度($\rho 20℃$)/(g/mL)
二甲醚	CH_3OCH_3	−23.6	−141.5	
甲醛	HCHO	−21	−92	0.815(−20℃)
一甲胺	CH_3NH_2	−6.7	−92.5	0.6604
三甲胺	$(CH_3)_3N$	2.87	−117	0.7229
二甲胺	$(CH_3)_2NH$	7.3	−96	0.6604
乙醛	CH_3CHO	20.8	−123	0.780
甲酸甲酯	$HCOOCH_3$	32.0	−100	
戊烷	$CH_3(CH_2)_3CH_3$	36.1	−129.7	0.6263
丙醛	CH_3CH_2CHO	48.8	−81	0.807
甲酸乙酯	$HCOOC_2H_5$	54	−81	
丙酮	CH_3COCH_3	56.1	−94.8	0.791
甲醇	CH_3OH	64.7	−97.8	0.791
己烷	$CH_3(CH_2)_4CH_3$	68.7	−95.3	0.6594
乙醇	CH_3CH_2OH	78.3	−114.1	0.789
丁酮	$CH_3COCH_2CH_3$	79.6	−86.4	0.806
丙醇	$CH_3(CH_2)_2OH$	97.2	−127.0	0.803
庚烷	$CH_3(CH_2)_5CH_3$	98.4	−90.6	0.6837

名称	结　构　式	沸点/℃	熔点/℃	密度(ρ20℃)/(g/mL)
异丁醇	$CH_3CH_2CHOHCH_3$	99.5		
水	H_2O	100	0	0.9982
甲酸	$HCOOH$	100.5	8.4	1.22
异戊醇	$CH_3(CH_2)_2CHOHCH_3$	115.3		0.8203
丁醇	$CH_3(CH_2)_3OH$	117.7	−89.8	0.809
乙酸	CH_3COOH	118.0	16.6	1.049
辛烷	$CH_3(CH_2)_6CH_3$	125	−56.8	0.7028
戊醇	$CH_3(CH_2)_4OH$	138.0	−78.5	0.814
壬烷	$CH_3(CH_2)_7CH_3$	150	−53.7	0.7179
异庚酮	$CH_3CHCH_3COCH_3CHCH_3$	153		
癸烷	$CH_3(CH_2)_8CH_3$	174	−29.7	0.7299

通常以甲醇的沸点为界，把沸点低于甲醇沸点 64.7℃ 的组分叫做轻馏分，沸点高于 64.7℃ 的叫做重馏分，甲醇则称为关键组分。

三、精甲醇的质量要求与质量标准

精甲醇的质量是根据用途不同而定，作为工业生产用的甲醇，达到化工产品的国家标准。国际上，对于精甲醇的质量指标，虽然各有自己的特点，归根结底是以杂质含量少、纯度高为上品。特殊的高纯度精甲醇需要特殊的加工工艺，如用离子交换树脂等处理，但由于工艺复杂及加工费用昂贵，提高了生产成本。而且由于甲醇又是吸湿性很强的液体，纯度高、水分含量极低的高纯度产品在储存、包装、运输等都必须采取特殊措施，才能保持质量。

四、精馏的原理与方法

为了得到纯甲醇，利用甲醇与各杂质之间各种物理性质上的差异，将杂质分离，在甲醇精制时，通常用精馏与萃取等方法。

1. 精馏原理

精馏又称分馏，它是蒸馏方法的一种。

精馏的原理系利用液体混合物中各组分具有不同的沸点，在一定温度下，各组分相应具有不同的蒸气压。当液体混合物受热汽化与其蒸汽相平衡时，在气相中易挥发物质蒸汽占较大比重，将此蒸汽冷凝而得到含易挥发物质组分较多的液体，这就是进行了一次简单蒸馏。重复将此液再汽化，又进行一次汽液平衡，蒸汽又重新冷凝得到液体，其中易挥发物质的组分又增加了，如此继续往复，最终就能得到接近纯组分的各物质。因此，精馏原理可用一句话来概括：将液体混合物进行多次的部分汽化，部分冷凝并分别收集，最终达到分离提纯的目的。

精馏实质上就是沸腾着的混合物的蒸汽经过精馏塔进行着一系列的热平衡。操作时，将精馏塔顶凝缩而得到液体的一部分，由塔顶回流入塔内，使其与从蒸馏釜连续上升的蒸汽密切接触，上升蒸汽部分凝缩放出热量使下降的凝缩液部分汽化，两者之间发生了热交换和质交换。如此往复多次，就等于进行了多次热平衡，从而提高了各组分的分离程度，达到了多次蒸馏的目的。精馏过程中,在精馏塔各块塔板上形成了浓度梯度(精馏塔内各块塔板上的组分是不一致的,距离愈远组分的比例愈悬殊),以达到分离液体混合物的目的。

精馏通常可将液体混合物分离为塔顶产品(馏出液)和塔底产品(蒸馏釜残液)两个部分。也可根据混合物中各组分不同的沸点,分别从相应的塔板引出馏分,进行多元组分的分离。

2. 连续精馏与间歇精馏

精馏根据操作方法的不同可分为连续精馏和间歇精馏。

(1)连续精馏 原料液不断地送入连续式的精馏塔内,馏出液和残液不断地排出,并且同时可得到几种馏出液。如在甲醇的精馏操作中,以粗甲醇为原料,在预精馏塔及主精馏塔中连续精馏制得产品精甲醇,同时可副产异丁基油及甲醇油水,就是连续精馏。

连续精馏的典型装置和流程如图 8-1 所示。图中进行精馏的塔由两部分所构成:加料板下部为提馏段 2,上部为精馏段 1,底部的釜称为蒸馏釜。原料液不断地由高位槽 3 经预热器 4 预热至指定的温度而于提馏段的最上层塔板(加料板)加入塔内。进料在此处与精馏段的回流汇合,再逐层下流而入蒸馏釜中。在逐层下降的同时,液体和上升蒸汽互相作用,从液体中分离出易挥发组分,因而下流至塔底的液体几乎全为难挥发的组分。塔底液体的一部分称为残液,不断地被引出,入储槽 9,剩余部分则送入蒸馏釜内间接蒸汽被加热汽化。蒸汽自塔底上升,依次经过所有的塔板,使蒸汽中易挥发组分逐渐增浓,而后进入冷凝器 5 中。一部分蒸汽在此冷凝所得液体送回塔顶作为回流,其余部分蒸汽则进入冷凝冷却器 6,在此将蒸汽全部冷凝并将馏出液冷却,馏出液经观测罩 8 流入储槽 7。有时也可使从塔顶逸出的蒸汽在冷凝器内全部冷凝,再将所得馏出液分为两部分:一部分作为回流送回塔顶,另一部分则送入冷却器加以冷却。

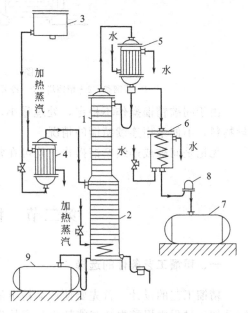

图 8-1 连续精馏流程
1—精馏段;2—提馏段;3—高位槽;
4—原料预热器;5—冷凝器;6—冷却器;
7—馏出液储槽;8—观测罩;9—残液储槽

原料液系连续不断地送入塔内进行精馏,因此当操作达到稳定状态时,每层塔板上液体与蒸汽的组成均保持不变。

为了节省精馏所需要的热量,常将蒸汽和残液中所含热量加以利用,以预热原料液,也可将此热量用于和精馏塔操作无直接关系的其他方面。

精馏塔塔身常要保温,这不但是为了改善劳动环境,提高工作效率,而且能够减少热损失,使塔内的上升蒸汽不致在塔壁上冷凝,导致减少其上升蒸汽量而降低生产能力,更重要的是保持热交换和传质过程在各块塔板上连续正常进行,从而保证精馏塔的分离效果,并且不致过于提高釜底温度,造成一些有机物的碳化和分解。

连续精馏的进料和出料都是连续的,塔内各部分的情况是稳定的,不随时间而变化,因此,连续精馏一旦操作稳定,所得产品质量是稳定的。

(2)间歇精馏 间歇蒸馏的简要操作过程是:将适量的原料液送入间歇式蒸馏釜中用间接蒸汽加热,精馏操作进行到釜中液体达到指定的组分为止,停止加热,排出残液,再送入新的原料液而重新开始蒸馏。见图 8-2。

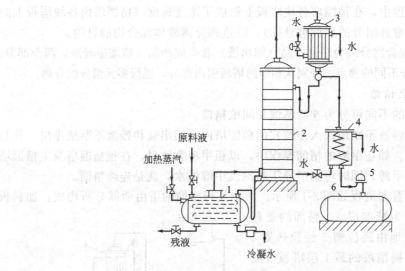

图 8-2 间歇精馏流程

1—蒸馏釜；2—精馏塔；3—冷凝器；4—冷却器；5—观测罩；6—馏出液槽

由于间歇精馏操作不稳定，处理量小，纯度不高，设备利用率低，所以只是用在分离少量物料，不便采用连续精馏的情况。

无论是间歇或连续精馏操作，均可在常压、加压、减压下进行。

第二节　精馏工艺的选择

一、精馏工艺条件的选择

精馏工艺的设计，首先要使产品精甲醇的各项指标达到国家标准的指标要求。其次，精馏及加工过程中甲醇损耗与能耗也是考核生产工艺的重要指标。在精馏过程中，甲醇损耗约占加工费用的三分之二，所以降低加工费用应主要着眼于降低甲醇的损耗。

其次，精馏工艺的设计要根据合成甲醇原料气不同，粗甲醇各种杂质的量不同，例如单醇生产粗甲醇中异丁醇，二甲醚的量相对联醇就多一些，设计流程不容忽视。

另外，对于加工过程中馏出物的回收利用、环境保护及安全技术措施也是十分重要的。在工程投产的同时，必须完成环境保护措施及安全技术措施。

二、几种精馏工艺流程

1. 粗甲醇双塔精馏流程

在粗甲醇储槽的出口管（泵前）上（见图 8-3），加入浓度为 8%～10%NaOH 溶液，其加入量约为粗甲醇加入量的 0.5%，控制经预精馏后的甲醇呈弱碱性（pH＝8～9），其目的是为了促使胺类及羰基化合物的分解，并且为了防止粗甲醇中有机酸对设备的腐蚀。

加碱后的粗甲醇，经过预热器（由各处汇集的冷凝水，约 100℃）用热水加热至 60～70℃后进入预蒸馏塔。为便于脱除粗甲醇中杂质，根据萃取原理，在预精馏塔上部（或进塔回流管上）加入萃取剂，目前，采用较多的是以蒸汽冷凝水作为萃取剂，不少厂利用合成淡甲醇掺入其中，其加入量约为入料量的 20%。预精馏塔塔底侧有循环蒸发器，以 0.3～0.35MPa 蒸汽

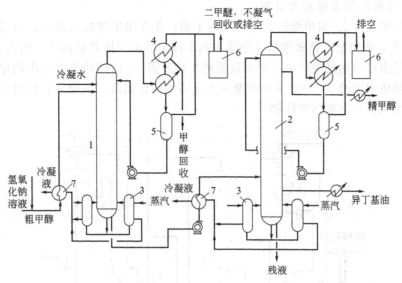

图 8-3 粗甲醇双塔精馏工艺流程

1—预精馏塔；2—主精馏塔；3—再沸器；4—冷凝器；5—回流器；6—液封；7—热交换器

间接加热，供给分馏、回流的热源，塔顶出来的蒸汽（66～72℃）含有甲醇、水及多种以轻组分为主的少量有机杂质。经过冷凝器被冷却水冷却，绝大部分甲醇、水和少量有机杂质冷凝下来，送至塔内回流，回流比 0.6～0.8（与入料比）。以轻组分为主的大部分有机杂质经塔顶液封槽后放空或回收作燃料。塔釜为预处理后粗甲醇，约 75～85℃。

有的流程因对精甲醇有特殊要求，增设了二次冷凝器，将一次冷凝温度适当提高，使沸点与甲醇接近的杂质通过预精馏塔更多地脱除，然后在二次冷凝器内再将被蒸出的甲醇加以回收。

预精馏塔塔板数大多采用 50～60 层，如采用金属丝网波纹填料，其填料总高度应达 6～6.5m。

预处理后粗甲醇，在预蒸馏塔底部引出，经主塔入料泵送入主精馏塔约 19 层塔板（或 17、23、26、30、36 层）。根据粗甲醇组分、温度以及塔板情况调节进料板。塔底侧有循环蒸发器，以蒸汽加热供给热源，甲醇蒸汽和液体在每一块塔板上进行分馏，塔顶部蒸汽出来经过冷凝器冷却，冷凝液流入收集槽，再经回流泵加压送至塔顶进行全回流，回流比（与入料比）为 1.5～2.0。极少量的轻组分与少量甲醇经塔顶液封槽溢流后，不凝部分排入大气。在预塔和主塔顶液封槽内溢流的初馏物入事故槽。精甲醇在塔顶自上数下第 5～8 塔中采出。根据精甲醇质量情况调节采出口。经精甲醇冷却器冷却到 30℃ 以下的精甲醇利用位能送至成品槽。塔下部约 8～14 层板中采出杂醇油。杂醇油和初馏物均可在事故槽内加水分层，回收其中甲醇，其油状烷烃另作处理。塔釜残液主要为水及少量高碳烷烃。控制塔底温度＞110℃，相对密度＞0.993，甲醇含量＜1%。随环保意识增强，甲醇残液不能排入地沟入江中，较合理的方法是经过生化处理。另外也有送造气煤气发生炉夹套锅炉，或一部分送入冷凝水储槽作为蒸馏塔的萃取水，另一部分燃烧处理。

塔中部 26、30、36 层设有中沸点采出口（锌铬催化剂时，称异庚酮采出口），少量采出有助于产品质量提高。

主精馏塔塔板数在 75～85 层，目前采用较多的为浮阀塔，而新型的导向浮阀塔和金属丝网填料塔在使用中都各显示了其优良的性能和优点。

2. 粗甲醇双效法三塔精馏流程

工艺流程见图8-4。粗甲醇进入预蒸馏塔1前，先在粗甲醇换热器中，用蒸汽冷凝液将其预热至65℃，粗甲醇在预蒸馏塔1中除去其中残余溶解气体及低沸物。塔内设置48层浮阀塔板，当然也可采用其他塔型。塔顶设置两个冷凝器5。将塔内上升汽中的甲醇大部分冷凝下来进入预塔回流槽4，经预塔回流泵8送入塔1顶作回流。不凝气、轻组分及少量甲醇蒸汽通过压力调节后至加热炉作燃料。

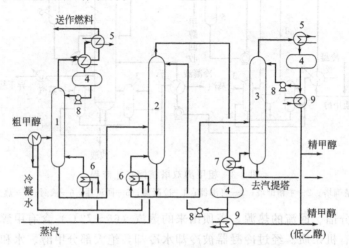

图8-4 双效法三塔粗甲醇精馏工艺流程图

1—预精馏塔；2—第一精馏塔（加压）；

3—第二精馏塔（常压）；4—回流液收集槽；5—冷凝器；6—再沸器；

7—冷凝再沸器；8—回流泵；9—冷却器

预蒸馏塔1塔底由低压蒸汽加热的热虹吸式再沸器向塔内提供热量。

为防止粗甲醇对设备的腐蚀，在预蒸馏塔1下部高温区加入一定量的稀碱液，使预后甲醇的pH保持在8左右。

由预蒸馏塔1塔底出来的预后甲醇，经加压塔进料泵升压后，进入第一主精馏加压塔2，加压塔为85块浮阀塔，塔顶甲醇蒸汽进入冷凝再沸器7，即第一精馏加压塔2的气相甲醇又利用冷凝潜热加热第二精馏常压塔3的塔釜，被冷凝的甲醇进入回流槽4，在其中稍加冷却，一部分由加压塔回流泵8升压至约0.8MPa送至加压塔作回流液，其余部分经加压塔精甲醇冷却器9冷却到40℃后作为成品送至精甲醇计量槽。

加压塔2用低压蒸汽加热的热虹吸式再沸器向塔内提供热量，通过低压蒸汽的加入量来控制塔的操作温度。加压塔操作压力约0.57MPa，塔顶操作温度约121℃，塔底操作温度约127℃。

由加压塔2塔底排出的甲醇溶液送至第二主精馏常压塔3下部，常压塔3也采用85块浮阀塔板。从常压塔顶出来的甲醇蒸汽经常压塔冷凝器冷凝冷却到40℃后，进入常压塔回流槽，再经常压塔回流泵加压，一部分送至常压塔塔顶作回流，其余部分送至精甲醇计量槽。常压塔塔顶操作压力约0.006MPa，塔顶操作温度约65.9℃，塔底操作温度约94.8℃。

常压塔的塔底残液另由汽提塔进料泵加压后进入废水汽提塔，塔顶蒸汽经汽提塔冷凝器冷凝后，进入汽提塔回流槽，由汽提塔回流泵加压，一部分送废水汽提塔塔顶作回流，其余部分经汽提塔甲醇冷却器冷却至40℃，与常压塔3采出的精甲醇一起送至产品计量槽。如果采出的精甲醇不合格，可将其送至常压塔进行回收，以提高甲醇蒸馏的回收率。

汽提塔塔底用低压蒸汽加热的热虹吸式再沸器向塔内提供热量，塔底下部设有侧线，采出部分杂醇油，并与塔底排出的含醇废水一起进入废水冷却器冷却到 40℃，由废水泵送至污水生化处理装置。

第三节　常见的精馏设备

对精馏过程来说，精馏设备是使过程得以进行的重要条件。性能良好的精馏设备，为精馏过程的进行创造了良好的条件。它直接影响到生产装置的产品质量、生产能力、产品收率、消耗定额、三废处理以及环境保护等方面。表 8-3 为常用的精馏塔。

表 8- 3　常用的精馏塔

填料塔	板式塔	
	有溢流	无溢流
拉西环填料塔	泡罩塔板	筛孔穿流塔板
十字环填料塔	浮阀塔板	栅型穿流塔板
鲍尔环填料塔	筛板	波纹塔板
阶梯环填料塔	舌形塔板	
鞍形填料塔	斜孔筛板	
波纹填料塔	浮动喷射塔板	
多管填料塔	浮动舌形板	
斜孔填料塔	导向筛板	
丝网填料塔	导向浮阀板	

国内甲醇精馏大致采用的塔型，最早是泡罩塔，后来很多厂采用浮动喷射塔，近年来上马的装置普遍采用的是浮阀塔和导向浮阀塔。而填料塔中的丝网波纹填料因其在保持高传质效率的前提下，降低了造价，因此，越来越受到生产厂家的欢迎，特别是预精馏塔采用该塔型的不少。精馏塔虽然品种繁多，但对其要求相同，主要要求如下：

① 具有适宜的流体力学条件，达到汽液两相的良好接触；

② 结构简单，制造成本低，安装检修方便，在使用过程中耐吹冲，局部损坏影响较小；

③ 有较高的分离效率和较大的处理量，同时要求在宽广的汽液负荷范围内塔板效率高且稳定；

④ 塔的阻力小，压降小；

⑤ 操作稳定可靠，反应灵敏，调节方便。

每一种设备不可能同时满足所有的要求，在生产中应取长补短，选择比较满意的设备。在此主要讲解浮阀塔、导向浮阀塔和丝网波纹填料塔。

一、浮阀塔

浮阀塔主要由浮阀、塔板、溢流管、降液管、受液盘及无阀区等部分组成。塔板结构如图 8-5 所示，每层塔板上都有溢流管，并开有许多升气孔，它们分别构成塔板间液、汽两种流体的通道。每层塔板上有若干只浮阀，如图 8-6 所示。

浮阀塔有很多优点：

① 由于浮阀塔的允许蒸汽速度大，因此生产能力大，约比泡罩塔提高 20％～40％，与筛板塔相似；

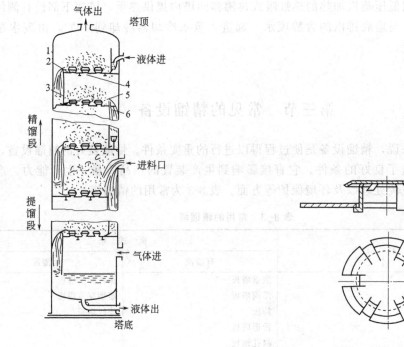

图 8-5　塔板结构　　　　　　　图 8-6　浮阀结构

② 塔板结构简单，安装容易，造价仅为泡罩塔的 60%～80%；

③ 塔板效率可达 60%～80%，比泡罩塔高出大约 10%；

④ 操作弹性大，其最大负荷与最小负荷的比可达 7～9 左右，这是因为浮阀塔的开启高度可随汽速的大小自动进行调节；

⑤ 压力降小；

⑥ 蒸汽分配均匀，这是由于塔板上没有复杂的障碍物，因此液面梯度较小的原因。

但是浮阀塔对浮阀的安装必须严格，对浮阀的三只阀脚要按规定进行弯曲，既不可被塔板的阀孔卡住，也不可被蒸汽吹脱；另外，浮阀塔的浮头容易脱落，严重影响塔板效率；浮阀塔仍然有液体返混现象。

二、导向浮阀塔

导向浮阀塔是在浮阀塔的基础上加以改进，浮阀采用方形，浮片上有导向排气孔。既秉承了浮阀塔的优点，又克服了它的缺点，和浮阀塔相比，特点如下。

（1）塔板压降的比较　导向浮阀塔板的压降明显低于浮阀塔板的压降。

（2）雾沫夹带的比较　导向浮阀塔板的雾沫夹带较浮阀塔板的稍低。

（3）泄漏的比较　在同样条件下，导向浮阀塔板的泄漏较小，这主要是由于导向浮阀塔板的液面梯度较小。

（4）塔板效率的比较　通过比较，导向浮阀的塔板效率明显高于浮阀塔板。

据资料称，中国石油兰州石油化工公司化肥厂使用导向浮阀塔后，每年增产甲醇8640t。浮阀塔的塔板、降液管、受液盘一般都采用碳钢，浮阀采用不锈钢但由于塔底几层板腐蚀严重，因此往往将塔底 10 层板，包括受液盘、降液板改为不锈钢。

162

三、丝网波纹填料塔

填料塔结构如图 8-7，填料塔是由塔体、填料、液体分布器、支撑板等部件组成。塔体一般是用钢板制成的圆桶形，在特殊情况下也可以用陶瓷或塑料制成。塔内填充有一定高度的填料层，填料的下面为支撑板，填料的上面有填料压板及液体分布器，必要时需将填料层分段，段与段之间设置液体再分布器。

填料的作用是为汽液两相提供充分的接触面积。生产中对填料的要求为：①比表面积要大（比表面积是指单位体积填料所具有的总表面积），从而要保证良好的汽液接触；②空隙率要大（空隙率是指在干燥状态下，填料所占有的体积中能流通气体的那部分体积），从而保证气流阻力较小；③具有足够的化学稳定性，不易被腐蚀；④密度要小，并有足够的机械强度；⑤价格便宜易得。

丝网波纹填料是网状填料发展起来的一种高效填料，它具有效率高、生产能力大、阻力小、滞留量小、放大效应不明显、加工易机械化等优点，广泛用于精馏操作。

如图 8-8，丝网波纹填料是由波纹平行、垂直排列的丝网片组成的盘状规则填料，盘高通常为 40～200mm，波纹方向与塔轴倾斜角为 30°或 45°，上下相邻两盘彼此交错 90°排列，其直径比塔径小几毫米，便于紧密地装满塔截面。丝网波纹填料具有如下特性。

① 蒸汽负荷大，处理能力大　丝网波纹填料的液泛点不十分明显，当蒸汽负荷超过液泛点时其阻力降和滞留量也不直线上升，还能继续运行。

② 液体负荷弹性大　由于丝网的毛细管作用，其最大负荷是最小流量的 60 倍，操作弹性很宽。

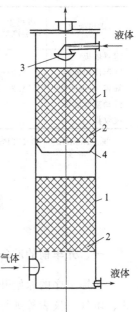

图 8-7　填料塔结构
1—填料；2—支撑板；
3—液体分布器；
4—液体再分布器

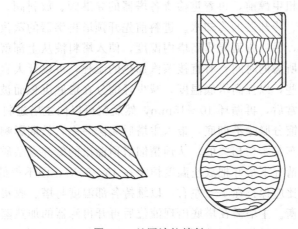

图 8-8　丝网波纹填料

③ 效率高且稳定　由于汽液的透过性好，和丝径的毛细管作用，使汽液分布均匀，可以充分接触，增强传质，使效率提高。另外，丝网波纹填料对蒸汽负荷变化小，几乎不受塔径的影响，非常稳定。

④ 压力降小　丝网波纹填料的压降比板式塔和其他填料塔的压降都小得多。

但丝网波纹填料也有其不足，如易堵塞、造价偏高，对液体的分布有特殊要求等。表8-4 是常见塔板的主要性能比较。

表 8-4　常见塔板的主要性能比较

塔板效率	塔板生产能力（以蒸汽负荷计算）	效率（负荷为最大负荷的 80%时）/%	负荷弹性（最大负荷/最小负荷）	液体阻力（负荷为最大值的 85%）/mmHg	相对造价比较
泡罩塔板	1	80	5	80	1
圆形浮阀塔板	1.2~1.3	80	9	50	2/3
筛板	1.2~1.4	80	3	40	1/2
浮动喷射塔板	3				
波纹板	1.2~1.6	70	5~6	20	1/2

注：1mmHg＝133.322Pa。

第四节　精馏装置的开停及正常操作

一、开车前的准备

精馏工序的原始开工或大修后的开工，按基建或生产有关规定，对所有化工设备工艺管线、电气、仪表等进行全面检查，按开工试车顺序进行清洗、吹扫、试压查漏及各传动设备进行单机试车，接受冷却水、蒸汽、空气，及时进行水、蒸汽介质的联动试车等准备工作。

粗甲醇合成塔开车前，在溶碱槽配制浓度为 2%左右的 NaOH 溶液，并注入扬液器。待塔开车后向粗甲醇储槽中注入碱液，并控制粗甲醇的 pH 在 8.0±0.5。至粗甲醇储槽达到一定量时，精馏工序即可开车。

二、精馏工序的开车

在精馏工序接受粗甲醇前，再着重检查各塔器的导淋阀、放料阀、取样阀是否关闭，防止跑料。打开冷凝器、冷却器的冷却水。进料前先开预塔再沸器的蒸汽，一方面可以有冷凝水预热入塔的粗甲醇，另一方面能提高塔内温度，使入塔料液从上部就开始沸腾，加速轻馏分的脱除，缩短开车所需的时间。有直接蒸汽加热的流程，可以开大直接蒸汽。开车时塔顶冷凝水可以适当多加些，以提高塔底温度，减少轻馏分在塔底沉积而被送入主塔的可能。到回流与各部温度都正常后，再循环 10~15min，然后就可以向主塔进料。以上这些措施主要是防止在预精馏塔轻馏分脱除不彻底，带入主塔后无法除去，长期影响精甲醇质量。开车顺利与否和预精馏塔开车是密切相关的。从预精馏塔顶馏出的低沸点杂质，需要通过冷凝器后排出系统，有条件的情况下最好把放空温度恒定在 45~55℃，但不得低于 40℃。

预精馏塔的回流比应保持在 1.0 左右，以维持各部温度与塔、收集槽液面的稳定，即维持塔的物料与热量平衡。主塔需在塔底出现液位后再开再沸器的加热蒸汽，防止闪蒸。在塔板上没有建立液位时，过早打开再沸器加热蒸汽，重馏分容易上移，影响采出精甲醇质量。浮阀塔、浮喷塔、斜孔塔等不积液的塔板，在投料后很快会在塔底出现液位，而泡罩塔则要比它们慢些。再沸器的给汽量与回流比成比例关系，因此主塔给汽量大约是预塔的两倍，总蒸汽量按每吨精甲醇 2t 左右进行估计，以决定开车时预塔与主塔再沸器的给汽量。

开车正常后，再根据塔的能力进行适应性调整。调整的依据是塔底压力、回流比与精甲醇质量，使塔处于最佳工作状态，在有 75～80 层塔板的精馏塔，塔底压力一般维持在 0.045～0.055MPa 为宜，塔底压力反映精馏塔内的蒸汽流速与塔板液层的高度，也反映了塔内传热、传质的状况。回流比初步可定在 2.0～2.2，以后再根据精甲醇质量进行调整。如果塔侧有窥视孔，则可以观察塔内气液接触的情况以决定蒸汽用量，使塔板既不漏液，又不发生局部喷射或雾沫夹带。

主塔冷凝器是全凝器，所以正常生产时冷凝温度不加严格控制，只要维持回流温度使其接近沸点，以提高全塔板效率与降低蒸汽消耗。为此，经常把冷凝器的冷却水与甲醇蒸汽顺流通过。当回流与各部温度都趋正常后，全回流循环 10min，然后可向循环用粗甲醇罐试采精甲醇，以降低已经进入塔顶的杂质，加快获得合格的精甲醇。精甲醇的采出有两种方法，一是在塔侧距塔顶 3～7 层塔板上采出，可以防止少量低沸点杂质带入产品；或是在脱除轻馏分比较充分的情况下，采用从主塔回流液中按比例采出精甲醇，这里采出的好处是充分发挥了精馏塔顶部几层塔板的作用。有条件时在这里装上一个比例调节器，根据精甲醇的质量，改变回流与采出的比例。

在开车过程中，必须维持全塔的物料平衡，开车过程实际也是建立平衡的过程。就是根据两塔的回流液收集槽液面调节进料量、采出量、回流量。除了量的平衡，还有质的平衡，进料、采出不平衡使塔内料液含醇量发生变化，采出过多，料液含醇降低，各层塔板温度上移，采出精甲醇中高沸点组分增加。所以必须根据塔板温度调节精甲醇采出量。

预塔底的液面不宜过低，防止预塔脱除气卷入塔底进入主塔，同时需保持脱除轻馏分的甲醇在预塔底有一定的停留时间，液位太高又会引起液相循环，回流量下降。

系统的热量平衡是用再沸器的加热蒸汽量来调节的。在进料温度变化不大的情况下，加热蒸汽量与两塔的回流量、采出量、回流比有关系。所以为了维持全塔稳定，一般都采用定量操作，即通过试车，摸索出最佳的工艺条件，当操作一正常就立即维持这些条件，不作大幅度的调节与变更。

当采出精甲醇的质量达到质量标准时，将精甲醇采出由循环罐改向精甲醇成品储槽。通过全分析来测定精甲醇是否合格比较迟缓，根据经验，一般只要测得精甲醇的密度、水溶性，最多再分析 $KMnO_4$ 氧化试验合格，其他各项指标也就不会有什么问题了。

三、精馏工序的停车

停车前尽量把塔内的料液都处理完，以减少反复蒸馏所造成的损失，减少或防止产品质量不合格。

正常停车先停止预塔进料。根据预塔底液位下降情况，逐渐减少到停止向主塔的进料量，随着塔内料液的减少，回流也随之减少。根据收集槽液位，调节回流量，直至各部液位都降至下限，停再沸器蒸汽，把收集槽内的冷凝液全部打入塔内，然后放至事故槽。由于塔内还有余热，冷凝器的冷却水不应急于停止，收集槽内的冷凝还会不断缓慢上升，经常需要开泵送走，直至没有冷凝液，此时预塔才停车完毕。

由于主塔进料减少，相应在回流量下降的同时减少精甲醇采出，并加强对精甲醇质量的检测，如发现质量有变化应立即倒采至甲醇循环罐。由于进料减少以至停止，塔内的料液（指全塔的甲醇量与甲醇含量）减少，水分和高沸点组分的比例增加，沸点随之上升，至 26 层塔板温度上升至 75℃ 以上时，停止精甲醇采往成品储槽，改采至循环罐，第 26 层温度上升至 80℃ 以上时停止采出，停再沸器蒸汽，至收集槽无液位时停回流泵。预塔与主塔内剩余料液分别放入事故槽。为了便于开车，必须把塔内料液排尽，排放前首先关闭主塔塔侧面的进料阀，放料须预塔、主塔分别进行，切忌将预塔料液由排入管倒入主塔。为了防止塔内冷却后吸入空气，引起塔内锈蚀，影响开车时精甲醇中的铁含量增加，在有条件的情况下向塔内充氮，使两塔保持正压。

四、正常操作

1. 正常生产工艺条件（见表 8-5）

表 8-5　精馏操作工艺指标

控制项目		工艺指标	
		预塔	主塔
压力	塔顶压力/mmH₂O①	<600	<600
	塔底压力/MPa	<0.045	<0.055
温度	塔顶温度/℃	65~75	64~67
	塔底温度/℃	75~80	104~110
	进料温度/℃	>65	>85
	回流温度/℃	65~70	60~65
	采出温度/℃		64~67
	26 层温度/℃		70~75
流量	预塔冷凝水加入量/(m³/m³)	加水/入料 20%	
	回流比(回/入)	0.5~1.0	1.5~2.5
	初馏物采出量(体积分数)/%	采/回 2	2
	初馏物萃取加水量(初/水)	1:(0.5~1)	—
密度	预后甲醇密度 ρ₂₀℃/(g/mL)	0.85~0.88	
	主塔残液密度 ρ₂₀℃/(g/mL)		>0.996
pH	预后甲醇 pH	7.5~8.5	

① 1mmH₂O=9.80665Pa。

2. 正常操作与生产管理

精馏操作简单地说主要是维持系统的物料平衡与热量平衡。物料平衡包括两个方面：维持塔进料量、采出量的平衡，操作上控制预塔、主塔及各收集槽液位的稳定，这是在量上的平衡；量的平衡不能代表完全达到了系统的物料平衡，因为系统的甲醇量是

$$C_x = C_m h_x$$

式中　C_m——系统料液总量，t；

C_x——系统甲醇量，t；

h_x——料液中甲醇含量，%（质量分数）。

由式中表明，当料液总量 C_m 相等时，系统甲醇量 C_x 不一定相等，其中还与物料中甲醇的含量有关。这就是反映到料液质的平衡。当时料量不变，进料中的醇含量降低，如果采出量不变，必然会造成全塔各层塔板上料液含醇时的下降，液相中杂质组分增加，影响到上部采出口物料中杂质及水分含量增加。从表面上看，两塔的物料量维持平衡，各部液位都在指标之内，但实际上已经失去了平衡。根据溶液沸点与组成的关系，塔内各点温度会因之上升，应该加大进料量、减少采出量，增加残液的排放。否则将会使物料失去平衡，操作上叫做塔内被"采空"，影响精甲醇的质量。在精馏操作的物料平衡中，质的平衡比量的平衡尤为重要。

在维持物料平衡的同时，也维持着热量平衡。当料液中甲醇含量下降时，被蒸汽加热在再沸器中蒸出的甲醇会相应减少，回流量也随之减少，由塔顶下降的、温度较低的回流液吸收的热量减少，塔板上温度上升。因此要减少采出，保持甲醇蒸汽的冷凝回流，同时增加进料量，才能恢复平衡。

在精馏操作中，对原料液的管理十分重要。粗甲醇中甲醇含量与杂质含量始终有一定的比例，生产操作也是按此比例维持平衡的，但对以下三部分料液需谨慎使用与处理：一是由地下槽回收的废甲醇，其中含有机械杂质与润滑油；二是停车时放入事故槽的料液，其中包括系统生产期内积累的烷烃、杂醇及其他杂质；三是初馏物及侧线馏分采出，经加水萃取后甲醇含量低，杂质含量较高。因此除了要注意区别使用含醇量不同的料液维持物料平衡外，还须防止在稀甲醇溶液中掺入高浓度甲醇。事故槽中的料液含醇较低，因烷烃及高级醇（统称甲醇油）的溶解度小而被萃出，浮于料液的上部，若与浓甲醇混合，这些被萃出的甲醇油又被溶入料液，使料液中杂质含量猛增，当超出精馏塔分离能力时，就会造成精甲醇质量的不合格。这就是开车时不应该用事故槽进行循环的原因。同时，使用稀甲醇料液时，储槽液位不能抽得太低，并注意定期取出上部的油层。

精馏设备都用板式精馏塔，正常生产时每层塔板上的料液都维持一定的浓度和温度，不同高度的塔有不同的温度梯度与浓度梯度，因此保持各层塔板上的浓度或温度的稳定是保证产品质量的重要条件。要尽量减少负荷的变动，使操作稳定在一个较小的范围内，是精馏管理的关键。为此，采用自动调节与自动控制是十分必要的。在确定最佳工艺条件之后，各个量之间的变动大体是简单的比例与和差关系，控制和调节的自动化是容易实现的。

 本章小结

本章介绍了粗甲醇的精馏在甲醇生产中的重要意义，由于粗甲醇中杂质的存在影响产品的纯度和产品的性能，所以粗甲醇必须提纯。对粗甲醇精馏的基本原理作了重点阐述，介绍了双级精馏塔的结构及结构元件的作用和精馏塔的操作。

 思考与练习题

1. 何为粗甲醇？其主要成分有哪些？
2. 精甲醇的质量要求及工业甲醇的质量标准是怎样的？
3. 粗甲醇为何要精制？简述精馏原理。
4. 画出双塔精馏工艺流程并简述之。
5. 简述双塔精馏工艺的优缺点。
6. 简述在精馏操作中主塔和预塔的作用。
7. 精馏塔的结构类型及特点是怎样的？
8. 精馏系统停车时，为什么要向塔内充氮？
9. 简述三塔精馏工艺的优缺点。
10. 画出双效三塔精馏工艺流程并简述之。
11. 常见的精馏塔有哪几种？简述浮阀塔和丝网波纹填料塔的结构及其优缺点。
12. 工业上对精馏塔有何要求？
13. 简述低压法合成甲醇的开、停车步骤。
14. 简述低压法合成甲醇异常现象的判断及处理。
15. 简述三塔精馏工艺的开、停车步骤。
16. 三塔精馏工艺的事故处理原则是什么？

参考文献

[1] 贺永德. 现代煤化工技术手册. 北京：化学工业出版社，2004.

[2] 应卫勇等. 碳一化工主要产品生产技术. 北京：化学工业出版社，2004.

[3] 冯元琦. 甲醇生产操作问答. 北京：化学工业出版社，2003.

[4] 冯元琦. 联醇生产. 北京：化学工业出版社，1994.

[5] 赵育祥. 合成氨工艺. 北京：化学工业出版社，1998.

[6] 林玉波. 合成氨生产工艺. 北京：化学工业出版社，2005.

[7] 窦锦民. 有机化工工艺学. 北京：化学工业出版社，2006.

[8] 王方芹. 煤的燃烧与气化手册. 北京：化学工业出版社，1997.

[9] 张容曾. 水煤浆制浆技术. 北京：科学出版社，1996.

[10] 陈五平. 无机化工工艺学. 北京：化学工业出版社，2002.

[11] 王同章. 煤炭气化原理与设备. 北京：机械工业出版社，2001.

[12] 沈浚. 化肥工业丛书. 合成氨. 北京：化学工业出版社，2001.

[13] 宋维瑞，肖任坚，房鼎业. 甲醇工学. 北京：化学工业出版社，1991.